COURS DE CHIMIE

VOLUMES PARUS DE LA MÊME COLLECTION

SECTION COMMERCIALE

Notions de Physique..	3 fr.	»
Cours de Chimie...	4	»
Éléments de Marchandises. — T. I. Bois, Matériaux, Com-		
bustibles....................... *(paraîtra en Octobre* 1911)		
— T. II. Métallurgie, Métaux........ —		
— T. III. Produits chimiques........................	2 fr.	»
— T. IV. Matières alimentaires.....................	2	50
— T. V. Matières grasses, textiles et diverses........	3	25
Cours de Géographie commerciale......................	4	»
— d'Histoire contemporaine, t. I....................	2	50
— — — t. II....................	3	»
Précis de législation usuelle et commerciale	4	50
First Book of Business English........................	4	50
Fred and Maud (Premier livre d'anglais usuel)...........	3	25
Primer curso de lengua castellana.....................	2	75
Segundo curso de lengua castellana....................	4	50
Vademecum español del comerciante	3	50

SECTION INDUSTRIELLE

Cours d'Arithmétique.....................................	4 fr.	75
Problèmes et Exercices d'Arithmétique avec solutions...	6	»
Éléments d'Algèbre..	3	50
Cours de Géométrie, t. I.................................	3	50
— t. II.................................	4	50
Notions élémentaires de Géométrie descriptive appliquée		
au dessin...	2	50
Éléments de Physique	3	50
Cours de Chimie industrielle............................	3	75
Cours de Mécanique industrielle, t. I....................	4	»
— — t. II....................	4	50
— — t. III....................	2	50
Cours d'Électricité industrielle.........................	4	50
Travaux pratiques d'Électricité industrielle. — T. I. Mesures		
industrielles...	3	»
Technologie. — T. I. Bois..........................	4	50

Tous les volumes de cette collection sont vendus séparément.
Les différents tomes d'un même ouvrage peuvent être également
achetés séparément.

BIBLIOTHÈQUE DE L'ENSEIGNEMENT TECHNIQUE

PUBLIÉE SOUS LA DIRECTION DE

MM. Michel LAGRAVE, Inspecteur général honoraire de l'Enseignement technique
Emile PARIS, Inspecteur général de l'Enseignement technique

SECRÉTAIRE GÉNÉRAL : **Georges BOURREY,** Inspecteur de l'Enseignement technique

COURS

DE

CHIMIE

PAR

Eug. CHARABOT

DOCTEUR ÈS SCIENCES
INSPECTEUR DE L'ENSEIGNEMENT TECHNIQUE
PROFESSEUR A L'ÉCOLE
DES HAUTES ÉTUDES COMMERCIALES

C. MILHAU

PROFESSEUR A L'ÉCOLE PRATIQUE
DE COMMERCE
ET D'INDUSTRIE DE BÉZIERS

Préface de M. **HALLER**, membre de l'Institut.

*A l'usage des Écoles pratiques de Commerce et d'Industrie
rédigé conformément aux programmes du 28 août 1909*

PARIS

H. DUNOD et E. PINAT, ÉDITEURS

47 ET 49, QUAI DES GRANDS-AUGUSTINS (VIe ARR^t)

1911

PROGRAMME OFFICIEL DU COURS DE CHIMIE

DES

ÉCOLES PRATIQUES DE COMMERCE ET D'INDUSTRIE

FIXÉ PAR ARRÊTÉ MINISTÉRIEL DU 28 AOUT 1909

LEÇONS PRÉPARATOIRES

On n'abordera l'étude des lois fondamentales et des généralités qu'après avoir suffisamment familiarisé l'élève avec les phénomènes chimiques les plus simples et passé en revue, au point de vue purement descriptif et expérimental, les propriétés essentielles d'un certain nombre de corps usuels. On reviendra ensuite, au besoin, sur ces questions pour les préciser, au cours de l'étude systématique qui suivra.

Différence entre un phénomène physique et un phénomène chimique. Corps simples, corps composés : mélange, combinaison. La combinaison chimique est régie par des lois.

Symboles, formules, principes de la notation atomique.

Acides, bases, sels ; principes de nomenclature chimique.

Métalloïdes. — Hydrogène.

Chlore. — Acide chlorhydrique, chlorures décolorants.

Oxygène. — Combustion, respiration, eau.

Soufre. — Hydrogène sulfuré, anhydride sulfureux, acide sulfurique.

Azote. — Air atmosphérique. Ammoniaque. Acide azotique. Rôle de l'azote sous ses différentes formes dans la végétation.

Phosphore. — Acide phosphorique et son rôle en agriculture.

Arsenic.

Carbone. — Oxyde de carbone, son rôle industriel, ses dangers. Anhydride carbonique, son assimilation par la plante et sa production pendant la respiration.

Silice, sable, quartz, verre.

Métaux. — Propriétés physiques des métaux et des alliages.

Oxydes et hydrates métalliques, chlorures, sulfates, nitrates, phosphates, carbonates, silicates.

Notions élémentaires de chimie organique. — Composition des matières organiques.

Définition des hydrocarbures de la série grasse : l'acétylène et ses applications.

L'alcool, la glycérine, l'éther, les corps gras.

L'amidon et le sucre.

Le goudron de houille, la benzine.

Le phénol et l'aniline.

PRÉFACE

Il semble à beaucoup d'esprits que l'enseignement des éléments d'une science soit chose aisée et à la portée de quiconque possède bien à fond ces éléments.

C'est là, cependant, une erreur.

Que ce soit par les livres ou par la parole, l'initiation graduelle de la jeunesse aux phénomènes les plus usuels et les plus simples dont la nature est le siège demande, de la part des auteurs, un grand esprit de discernement et un savoir hors de proportion avec le programme qui leur est imposé.

On n'est réellement maitre de son sujet que si on le domine par l'étendue et la profondeur de ses connaissances.

Je dirai plus, pour qu'une œuvre, aussi modeste soit-elle, présente une certaine portée et s'impose à l'attention, il est nécessaire que ceux dont elle émane ne se soient pas bornés à apprendre la science faite, mais que, par leurs recherches personnelles, ils aient eux-mêmes contribué aux progrès de cette science.

A cet exercice, l'esprit s'élargit, acquiert de l'originalité et se garde du dogmatisme.

Le *Cours de Chimie* que nous présentons au public est le fruit d'une collaboration de deux maîtres qui ne sont pas à leurs débuts. Tous deux professent, depuis plusieurs années, dans des écoles techniques, et savent, par une longue pratique, ce qui, en chimie, est utile et nécessaire à la formation des esprits qui leur sont confiés.

Dans la tâche commune, chacun a apporté le fruit de sa propre expérience.

Clarté dans l'exposition, précision dans les faits signalés, ingéniosité dans les exemples cités, adaptation parfaite au milieu auquel l'œuvre est destinée, telles sont les qualités essentielles du livre de MM. Eug. Charabot et C. Milhau.

Elles répondent amplement au but que les auteurs ont poursuivi et assureront, sans aucun doute, le succès de l'ouvrage.

A. Haller,
Membre de l'Institut.

AVERTISSEMENT

———

Le texte de cet ouvrage va se présenter en caractères de deux corps différents.

Toutes les matières comprises dans les programmes de chimie des *Écoles pratiques de garçons* (section commerciale) et des *Écoles pratiques de filles* (section commerciale et section industrielle) sont imprimées en gros caractères.

Nous avons divisé le texte en paragraphes numérotés de façon que MM. les professeurs puissent aisément indiquer à leurs élèves quelles sont les questions dont l'étude est le plus intimement liée aux intérêts matériels de la région, et, au besoin, quelles sont celles qui, en dehors des notions fondamentales, indispensables à chacun, peuvent être laissées de côté. Nous pensons faciliter ainsi l'application des idées qui ont prévalu au sein de la Commission de rédaction des Programmes types des Écoles pratiques, à savoir que l'enseignement dans ces écoles doit être approprié aux besoins locaux et que les programmes — et par conséquent les ouvrages qui en sont l'interprétation — doivent avoir suffisamment d'élasticité pour se prêter à des adaptations conformes à ces besoins variés.

Le texte en petits caractères correspond à des compléments qui n'intéressent qu'exceptionnellement les élèves des écoles techniques élémentaires. Il élargit le cadre de l'ouvrage de façon à englober les connaissances chimiques exigées des aspirantes et des aspirants aux divers ordres de *Professorat dans les écoles pratiques de commerce et d'industrie*. L'un de nous ayant eu l'honneur de participer, par son enseignement à l'école des Hautes-Études commerciales, à la formation d'un corps de maîtres dont il apprécie la valeur et le dévouement, nous ne pouvions nous soustraire à la préoccupation de présenter, au fur et à mesure de notre exposé des connaissances chimiques élémentaires, les arguments et les remarques qui nous paraissent de nature à aider ces maîtres, à soutenir l'attention, à éveiller la curiosité et à développer l'esprit positif d'une clientèle d'élèves qui formera plus tard les cadres ou les rangs de l'armée du travail.

Ainsi complété, notre *Cours de Chimie* pourra s'adresser aussi aux élèves des *Lycées et Collèges* et plus particulièrement à ceux qui désirent avoir, en pénétrant dans le domaine de la chimie, un aperçu des liens étroits existant entre la science pure et ses applications immédiates. Il servira d'introduction aux cours de marchandises, de technologie, d'essais et analyses, qui occupent dans le *haut enseignement commercial* une place de premier plan.

Eug. CHARABOT et C. MILHAU.

COURS DE CHIMIE

PREMIÈRE PARTIE

LEÇONS PRÉPARATOIRES

CHAPITRE I

NOTIONS PRÉLIMINAIRES

La matière et ses divers états.

1. Tout ce qui forme les objets qui nous entourent, tout ce qui constitue aussi bien notre planète que les autres astres, en un mot tout ce que renferme l'univers, est de la *matière*. Et celle-ci possède des qualités si variées, des apparences si diverses, qu'elle est susceptible de permettre à une multitude d'objets différents de répondre aux besoins de notre vie courante.

2. En jetant un regard sur ce qui est et sur ce qui se passe autour de nous, nous n'apercevons pas simplement une infinie variété d'objets nous révélant la matière sous des formes multiples, nous constatons aussi l'accomplissement de faits qui, sans cesse, viennent modifier l'ordre ou l'aspect des choses. Tous ces faits, sans distinction aucune, quelque simples qu'ils soient, du moment qu'ils tombent sous nos sens, sont ce que l'on appelle, en *langage scientifique*, des *phénomènes*.

On observe un phénomène quand on regarde une bougie qui brûle. On observe un phénomène quand on regarde l'eau qui coule.

En réalité, ces notions de *matière* et de *phénomène*, nous les possédions déjà lorsque nous avons ouvert pour la première fois ce livre; nous les avions acquises par l'observation à laquelle nous astreignent nos sens, mais nous avions besoin ici de les préciser par des définitions exactes. D'ailleurs, il faut bien se pénétrer de cette vérité que les phénomènes dont nous allons nous occuper comptent parmi les faits en présence desquels nous nous trouvons constamment dans la vie courante. Leur étude ne présentera donc aucune difficulté particulière, à condition de les envisager avec toute leur simplicité réelle.

3. Si nous regardons ce qui se passe dans une cheminée, nous ne pouvons pas manquer d'être frappés de la différence qui se manifeste entre le bois ou le charbon qui se consument et la pierre qui constitue le foyer : le bois ou le charbon brûlent en produisant de la chaleur; la pierre du foyer résiste au feu. La matière qui constitue notre combustible, bois ou charbon, n'est donc pas identique à celle qui constitue la pierre de notre foyer; et cette différence, que nous observons d'une façon à la fois si aisée et si nette, nous conduit à faire du bois ou du charbon d'une part, de la pierre d'autre part, des emplois tout à fait distincts.

Nous voyons qu'*il existe des matières de nature différente et que l'observation de leurs caractères nous conduit à en faire des applications distinctes.*

Au surplus, une même matière peut, suivant les conditions dans lesquelles elle se trouve placée, se manifester sous diverses apparences. C'est ce fait que nous allons exposer et expliquer.

Divers états de la matière.

4. Examinons un morceau de *craie*, nous lui découvrons une forme, des contours; nous pouvons le prendre, le placer sur une table; il conservera à la fois sa forme extérieure et la place que nous lui aurons donnée. Il s'agit là d'une matière *solide*.

S'il est une matière bien connue de tout le monde, c'est

certainement *l'eau*. Chacun a remarqué que cette matière ne peut être conservée que renfermée dans un vase; sans cela elle s'échapperait de tous côtés pour se répandre sur le sol. Elle épouse la forme du récipient qui la contient, à condition qu'elle soit assez abondante pour le remplir, et elle n'est retenue que par les parois de ce récipient. Sa surface libre demeure toujours horizontale. Une semblable matière est un *liquide*.

Ainsi, à l'état solide, la matière est assez compacte, assez résistante pour conserver la forme et la position d'équilibre qu'on lui a données. A l'état liquide, la matière, cédant à son propre poids, quand elle n'est pas retenue par les parois d'un vase, se répand en tous sens sur le sol.

Il existe un troisième état sous lequel peut se présenter la matière : l'état *gazeux*, un peu plus difficile à caractériser.

Lorsque nous nous penchons en dehors de la portière, en chemin de fer, nous avons l'impression d'une force très violente qui vient nous heurter en sens inverse de la direction du train; lorsque nous montons à bicyclette et que nous atteignons une vitesse suffisante, nous éprouvons une impression tout à fait analogue. Cette résistance que nous trouvons nous est forcément opposée par quelque chose, par une matière; et cette matière que nous ne voyons pas, que nous heurtons toujours sur notre chemin quelle que soit la direction de celui-ci, qui par conséquent est répandue dans tous les sens autour de nous, ne présente ni l'aspect d'un solide, ni celui d'un liquide, c'est un gaz que nous appelons l'*air*.

Précisons mieux encore cette notion que nous venons d'acquérir de l'état gazeux.

Tout le monde connait l'eau de Seltz. Prenons un siphon d'eau de Seltz et versons-en le contenu dans un verre. Nous verrons de nombreuses bulles monter à la surface (*fig.* 1), pour disparaître ensuite: ces bulles sont formées par un gaz, le *gaz carbonique*. Elles sont

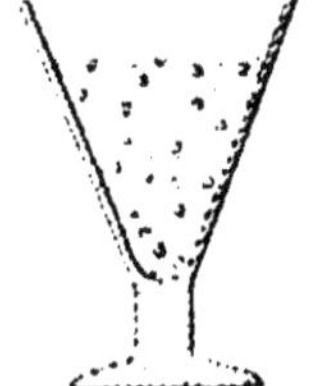

Fig. 1. — Dégagement de bulles de gaz carbonique.

visibles tant qu'elles sont dans la masse liquide, mais elles cessent de l'être quand elles arrivent à la surface. Il s'agit réellement d'une matière, douée de pesanteur. C'est ce qu'une expérience toute simple va faire ressortir.

Prenons un de ces ballons en caoutchouc que les enfants retiennent captifs à l'extrémité d'un fil. Dénouons sa ligature, il se dégonflera et l'enveloppe s'affaissera. Disposons celle-ci sur un plateau d'une balance et rétablissons l'équilibre à l'aide de poids placés sur l'autre plateau.

Nous allons maintenant remplir notre ballon de ce que nous avons appelé gaz carbonique. Pour cela, nous allons nous servir d'un siphon d'eau de Seltz dont nous aurons préalablement chassé une quantité de liquide suffisante pour que, en retournant le siphon, l'orifice du tube qui plonge jusqu'au fond se trouve au-dessus du niveau du liquide. Dans ces conditions le gaz carbonique, qui est emprisonné dans la masse du liquide et dont les bulles s'élèvent à travers celui-ci, va se répandre dans l'espace resté libre à sa surface. Et si l'on ouvre le siphon en appuyant sur le levier, ce gaz carbonique dans lequel plonge le tube va s'échapper (*fig.* 2).

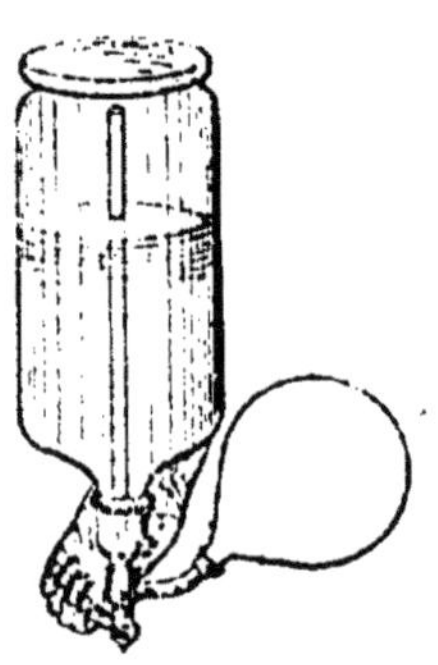

Fig. 2. — Gonflement d'un ballon en caoutchouc à l'aide du gaz carbonique.

Nous pourrons donc gonfler le ballon avec du gaz carbonique en le fixant par son ouverture au tube extérieur du siphon. Faisons à nouveau une ligature au ballon de façon à emprisonner le gaz carbonique que nous y avons amené et plaçons-le ainsi gonflé sur le même plateau de la balance. Nous constatons que l'équilibre est rompu et que la balance penche du côté du ballon. Nous avons donc rempli le ballon d'une matière pesante. C'est ce que nous voulions constater.

Fixons davantage encore notre attention sur ce que nous venons de faire. Nous avons dit qu'un gaz, l'air atmosphérique, est répandu tout autour de nous. Ce gaz enveloppe entièrement le globe terrestre. Lorsque nous avons mis sur la balance le ballon gonflé de gaz carbonique, cet objet a pris la place d'un égal volume d'air qui pesait primitivement sur le plateau de la balance. Comme nous constatons une augmentation de poids, il en résulte que le gaz carbonique est plus lourd que l'air.

Nous voilà donc maintenant familiarisés avec l'état gazeux et habitués à reconnaitre chez les gaz ce caractère essentiel de la matière : la *pesanteur*.

Insistons bien sur ce fait que, comme les liquides, les gaz n'ont aucune forme qui leur soit propre, mais que, à l'inverse de ceux-ci, ils occupent totalement les vases qui les renferment : si dans un flacon nous ne versons que quelques gouttes d'eau, ce liquide restera au fond et ne remplira pas le récipient ; au contraire, une quantité quelconque de gaz remplira tout l'espace qu'on lui offrira. En d'autres termes, si l'on met un récipient contenant un gaz en communication avec un second récipient, le gaz s'y précipite de façon à les remplir tous les deux.

Un gaz tend donc à se répandre pour occuper un volume toujours plus grand. Dans ces conditions, il importe, lorsqu'on veut étudier une matière gazeuse, de recueillir celle-ci dans un récipient clos. Comment, expérimentalement, pourrons-nous y arriver ? Un matériel très simple nous suffira.

Nous ferons arriver le gaz, de l'appareil de production, à l'aide

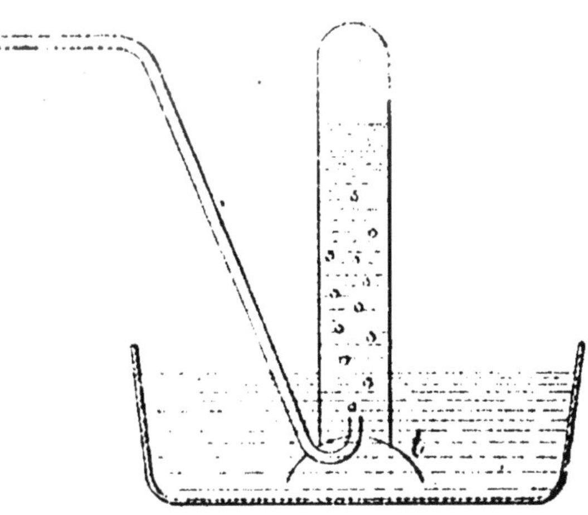

Fig. 3. — Arrivée d'un gaz dans une éprouvette.

d'un tube de verre recourbé de haut en bas, puis de bas en haut à son extrémité (*fig.* 3). Nous ferons plonger l'orifice de ce tube dans une cuve remplie d'eau ou d'un autre liquide tel que le gaz puisse le traverser sans être retenu dans sa masse. Nous remplirons d'eau (ou de cet autre liquide) un flacon ou bien un vase cylindrique en verre (*éprouvette*), puis nous boucherons ce vase par application de la main et nous le retournerons sur la cuve à eau, son orifice en regard de celui du tube d'arrivée du gaz, ainsi que l'indique la figure 3. Pour ne pas avoir besoin de maintenir l'éprouvette en équilibre avec la main, nous la ferons reposer sur un *têt à gaz t* (*fig.* 3 et 4) : c'est une petite soucoupe en terre à encoche latérale dans laquelle s'engage le tube d'arrivée du gaz et à orifice central traversé par l'extrémité verticale du tube.

Fig. 4. — Têt à gaz.

Les bulles de gaz s'échappant du tube s'élèveront à travers le liquide dont le niveau baissera constamment ; elles viendront ainsi remplir le flacon ou l'éprouvette. Pour enlever l'éprouvette remplie, nous la soulèverons légèrement sans la sortir complètement de l'eau, nous appliquerons une soucoupe contre son orifice et nous retirerons le tout. Voilà donc le gaz emprisonné dans l'éprouvette.

Pour pouvoir désormais disposer d'un vocabulaire moins limité, nous donnerons le nom de *substance* à toute matière solide, liquide ou gazeuse.

Les changements d'état, les solutions.

Changements d'état.

Fusion et solidification. — 5. Tout le monde connaît la *glace*. Prenons un morceau de glace dans la main, nous ne tardons pas à nous apercevoir qu'il devient liquide. La chaleur de la main a suffi pour opérer ce changement.

Les autres corps solides se comportent d'une façon analogue ; à condition de les chauffer suffisamment, on peut les rendre liquides.

Ce phénomène, le passage de l'état solide à l'état liquide, est ce qu'on appelle le phénomène de *fusion*. Il réalise un *changement d'état*. Le changement d'état inverse peut aussi se produire. Nous savons, en effet, que lorsqu'on abandonne de l'eau à l'action d'un froid intense, elle se transforme en glace; en d'autres termes, elle passe de l'état liquide à l'état solide.

C'est le phénomène de *solidification*, qui est l'inverse du phénomène de fusion.

Étudions avec plus d'attention la fusion, et apportons à nos observations une précision plus grande.

Nous avons tous vu du *soufre* : cette matière que l'on trouve chez les droguistes, soit sous la forme de bâtons d'un jaune clair, soit sous la forme d'une poudre de même couleur. Prenons un tube de verre mince fermé à l'une de ses extrémités, nous appelons un semblable ustensile un *tube à essai*. Dans ce tube à essai mettons un thermomètre et des morceaux de soufre (*fig.* 5). Faisons plonger le tube à essai dans un ballon contenant de l'huile d'olive et chauffons ce bain d'huile à l'aide d'une lampe à alcool. Le thermomètre va monter petit à petit jusqu'à 114°; à ce moment nous constatons que le thermomètre reste stationnaire malgré que la lampe continue de chauffer. Voilà un fait curieux : nous chauffons toujours et le thermomètre ne monte plus, la température reste invariable ! C'est qu'il se passe quelque chose de particulier. Si nous examinons attentivement le

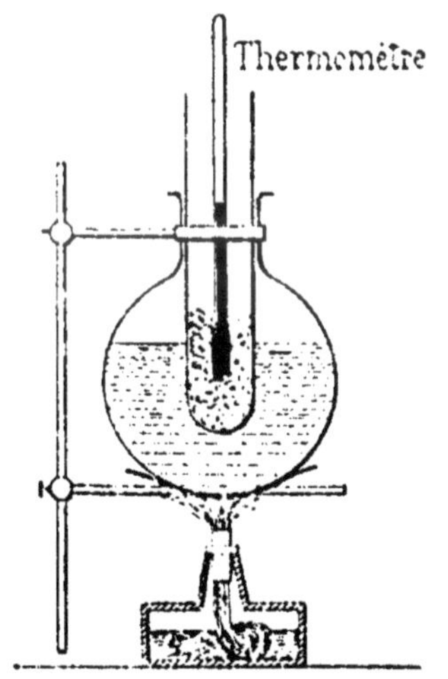

Fig. 5. — Fusion du soufre.

contenu du tube, nous voyons apparaître des gouttelettes liquides: la fusion s'opère, et, si nous avons soin de remuer la masse avec le thermomètre, nous nous apercevrons bientôt que la totalité du soufre a passé à l'état liquide.

A ce moment, mais à ce moment seulement, si nous continuons de chauffer, le thermomètre recommencera à monter. Donc, la fusion s'est effectuée à une température déterminée : on appelle cette température le *point de fusion* du soufre ; de plus, *pendant toute la durée de la fusion, la température est demeurée constante.* A quoi devons-nous attribuer cette invariabilité de la température malgré la continuation du chauffage ? Pour réaliser le passage de l'état solide à l'état liquide, il faut rendre moins adhérentes entre elles les particules de matière et par conséquent effectuer un travail. Or tout travail est le résultat d'un effort ; en d'autres termes, tout travail nécessite l'utilisation d'une certaine quantité d'énergie. Dans notre expérience, c'est la chaleur fournie par la lampe à alcool qui produit le travail correspondant au changement d'état ; cette chaleur, étant ainsi utilisée pendant toute la durée du phénomène, ne se manifeste plus par une élévation de température.

Si nous placions notre thermomètre au contact de morceaux de glace, nous lirions, pendant leur fusion, la température 0°, qui est le point de fusion de la glace [1].

Le point de fusion varie donc selon la nature des substances. Sa connaissance pourra par conséquent nous être utile lorsque nous voudrons nous renseigner sur une matière solide.

Si nous laissons refroidir le soufre fondu, nous constaterons qu'à partir de 114°, il reviendra à l'état solide et nous lui retrouverons toutes ses qualités primitives. Nous remarquons donc dès à présent que le phénomène de fusion ne fait subir à la matière qu'un changement d'état, sans modifier ni sa nature ni son poids : aussitôt que disparaît la cause qui a produit le phénomène observé, nous voyons ce phénomène prendre fin et nous retrouvons la substance telle que nous l'avions à l'origine ; de tels phénomènes seront appelés phénomènes physiques. Nous reviendrons, d'ailleurs, sur cette définition.

Vaporisation, ébullition. — 6. De même que de l'état solide la matière peut être amenée à l'état liquide, de même

[1] C'est d'ailleurs ce point de fusion qui a donné le zéro de la graduation du thermomètre.

une substance liquide peut devenir gazeuse. Et le passage de l'état liquide à l'état gazeux est encore un *changement d'état.* Il prend le nom de *vaporisation.*

Plaçons sur le feu un ballon con-tenant de l'eau, il arrivera un moment où l'on verra de grosses bulles se for-mer sur toutes les parois du ballon; ces bulles grossiront, se sépareront des parois, s'élèveront et viendront crever à la surface en faisant bouil-lonner le liquide (*fig.* 6); c'est ce phé-nomène qui, se produisant dans toute la masse du liquide, aboutit à la vapo-risation de l'eau, réalisant en d'autres termes le passage de l'état liquide à l'état de vapeur. Ce phénomène brusque constaté dans la masse du liquide est désigné sous le nom d'*ébullition.*

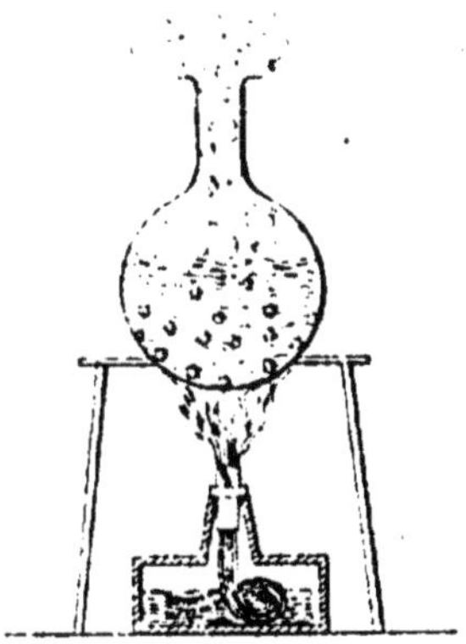

Fig. 6. — Ébullition de l'eau.

Faisons une autre expérience, toujours avec l'eau. Adaptons au ballon précédent un bouchon percé de deux trous, l'un donnant accès à un thermomètre enfoncé de telle façon que

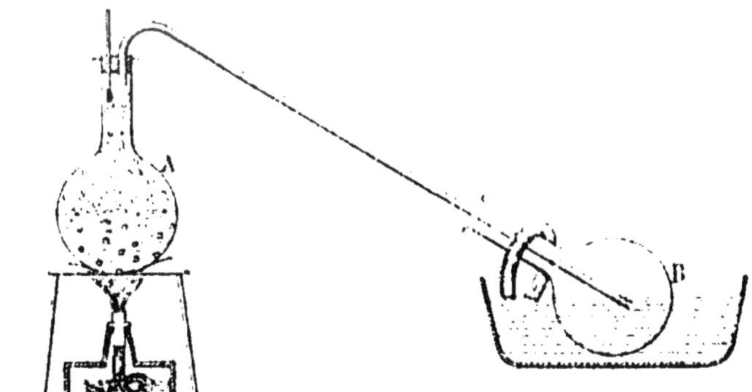

Fig. 7. — Distillation de l'eau.

son réservoir reste dans le col du ballon, c'est-à-dire au-dessus du niveau du liquide, l'autre laissant passer, comme l'indique la figure 7, un long tube de verre recourbé se terminant à l'intérieur d'un autre ballon B. Plaçons ce dernier ballon dans une cuvette remplie d'eau en l'y maintenant à l'aide d'un objet lourd tel qu'un morceau de tuyau de plomb.

Chauffons l'eau du ballon jusqu'à l'ébullition. Le thermomètre plongeant dans la vapeur émise monte jusqu'à 100°, puis demeure stationnaire à cette température, qui est appelée *point d'ébullition* de l'eau. La vapeur s'élève dans le col du ballon, puis vient s'engager dans le tube où, au contact de la paroi froide de celui-ci, elle redevient liquide, ce qu'on exprime en disant qu'elle se *condense*. Si la totalité de la vapeur ne se condense pas dans le tube, la condensation se termine dans le ballon refroidi.

Ainsi, grâce au phénomène de l'ébullition, l'eau a pu, sous forme de vapeur, quitter le premier ballon dans lequel on l'a chauffée pour se rendre dans le ballon froid où, par suite du phénomène inverse, elle s'est condensée, c'est-à-dire est revenue à l'état liquide. Nous avons opéré ce qu'on appelle une *distillation*.

Nous constatons que l'eau du ballon B n'a subi aucune modification, elle est identique à ce qu'elle était dans le ballon A et, de plus, nous en retrouvons un poids exactement égal à celui qui manque dans le premier ballon.

Jusqu'ici nous ne voyons pas quel peut être l'intérêt pratique d'une semblable opération. Nous allons en donner une idée.

Dans l'eau de notre ballon A projetons du sel de cuisine réduit en poudre ; si, avant de monter notre appareil, nous agitons et surtout si l'eau est un peu tiède, nous ne tardons pas à voir notre sel de cuisine disparaître complètement au sein du liquide comme si celui-ci n'avait subi aucun changement. On obtient ce que nous appellerons plus loin une solution. Opérons sur cette solution de sel de cuisine dans l'eau comme nous avons opéré précédemment sur l'eau seule. Lorsque le liquide se transformera en vapeur, celle-ci enveloppera le thermomètre qui indiquera encore la température de 100° ; la vapeur ira se condenser dans le tube et dans le ballon B. Si l'on continue l'opération jusqu'à ce que tout le liquide du ballon A ait disparu, on trouvera dans le ballon B une substance qui aura toutes les qualités de l'eau et son poids sera égal à celui de l'eau primitivement contenue dans le ballon A. Mais que sera devenu le sel de cuisine ? Si nous regardons au fond de notre ballon A, nous l'y trouverons en totalité.

Donc, par cette opération de la distillation, nous avons pu effectuer la séparation de ces deux matières : le sel de cuisine et l'eau, dont l'une s'était si parfaitement dissimulée dans l'autre.

Nous avons constaté, au cours de notre première expérience, que le thermomètre plongeant dans la vapeur d'eau marquait 100° pendant toute la durée de l'ébullition. Si, au lieu d'opérer sur l'eau, nous nous servons de l'alcool, autrement dit de l'esprit-de-vin, nous constatons que le thermomètre indique une température d'ébullition différente, qui est de 78°.

Donc, *pour des substances différentes, nous constatons des points d'ébullition différents*. Nous pouvons donc répéter ici ce que nous avons dit au sujet du point de fusion d'une matière solide : le point d'ébullition d'une substance peut nous renseigner sur la nature de cette substance.

Nous allons d'ailleurs effectuer une expérience intéressante basée sur les faits que nous venons de constater.

Reprenons notre dispositif tel que le représente la figure 7. Dans le ballon A, nous allons mettre du vin que nous allons chauffer avec notre lampe à alcool. Au bout d'un moment, le liquide entre en ébullition. Lorsque la vapeur arrive au contact du réservoir du thermomètre, la température monte à 78°, puis demeure stationnaire. Pendant ce temps-là la vapeur se rend dans le tube et dans le ballon B, et s'y condense. Le liquide ainsi recueilli est incolore, nous lui trouvons toutes les qualités de l'alcool. C'est de l'alcool en effet.

Mais, au bout d'un certain temps, nous voyons brusquement le thermomètre monter pour s'arrêter à 100°, cependant que continue la distillation. Si alors nous enlevons le ballon B et si nous le remplaçons par un autre, nous constatons que le liquide qui s'y est condensé possède toutes les qualités de l'eau. C'est bien de l'eau qui s'y est rendue, et cette eau se trouve maintenant séparée de l'alcool qu'elle accompagnait dans le vin.

Voilà donc une matière, le vin, dont nous avons pu extraire deux substances différentes, l'alcool et l'eau, en nous basant sur le phénomène de distillation et sur la différence que présentent les points d'ébullition des deux substances en question.

Sublimation. — 7. Nous venons de voir qu'une matière solide peut, par fusion, passer à l'état liquide et ensuite, par vaporisation, à l'état de vapeur. Mais certaines substances solides n'ont pas besoin de passer par l'état liquide pour se convertir en vapeurs. Nous allons en donner un exemple.

Il existe une matière solide brune, l'*iode*, qui va nous fournir cet exemple. Nous sommes assez familiarisés avec l'iode, mais nous ne le voyons pas souvent sous la forme solide qu'il possède réellement. C'est surtout la teinture d'iode que nous connaissons et nous savons quels sont ses effets cuisants. Dans cette teinture, l'iode se trouve dissimulé dans l'alcool, absolument comme le sel de cuisine se trouvait, au cours d'une de nos expériences précédentes, dissimulé au sein de l'eau. C'est une solution d'iode dans l'alcool. Prenons donc cette matière solide brune qu'est l'iode et mettons-en quelques fragments au fond d'un ballon. Chauffons légèrement en observant bien ce qui se passe. Nous ne tardons pas à apercevoir de belles vapeurs violettes qui s'élèvent et remplissent le ballon. Et cependant l'iode ne fond pas; ce qui reste conserve très nettement l'état solide. Les vapeurs sont émises directement par la matière solide sans passage par l'état intermédiaire qui est l'état liquide. Un semblable changement d'état, consistant dans le passage direct de l'état solide à l'état de vapeur, est ce qu'on appelle la *sublimation*. L'iode possède la propriété de se sublimer.

Ajoutons, car cela a un intérêt pratique, que si l'on refroidit ces vapeurs violettes, elles déposeront sur la paroi froide des cristaux d'iode identiques aux cristaux primitifs. Si donc l'iode se trouve dissimulé au milieu d'autres substances non sublimables, nous pourrons par sublimation le déplacer et le recueillir plus loin, isolément, à l'état de pureté.

Nous nous trouvons donc, d'une façon tout.à fait incidente, mis en présence d'un procédé de purification des substances susceptibles de se sublimer. Mais ce terme de purification n'a pas encore pour nous un sens bien précis, nous le comprendrons mieux dans la suite.

Solutions, cristallisation.

8. Dans un ballon à fond plat (*fig.* 8), versons 100 grammes d'eau. Ajoutons ensuite de petits morceaux d'une substance qui constitue les « cristaux de soude » des ménagères. Cette substance, nous l'appellerons, peu nous importe de savoir pourquoi, carbonate de sodium.

Suivons les morceaux qui tombent dans le liquide. Nous les voyons laisser derrière eux de véritables sillons sirupeux, des stries ; si nous agitons un peu la fiole, ces stries

Fig. 8. — Ballon à fond plat.

envahissent la masse en s'atténuant, puis disparaissent. Mais en même temps la matière solide, elle aussi, a disparu, et l'eau a conservé toute sa limpidité. Il s'est formé une *solution* de carbonate de sodium dans l'eau.

C'est une solution aussi qui se forme lorsque nous mettons un morceau de sucre dans un verre d'eau.

Étudions de plus près le phénomène que nous venons de décrire. Et pour cela ajoutons à notre solution quelques nouveaux fragments de carbonate de sodium. Ceux-ci continueront de se dissoudre comme les précédents. Mais il n'en sera pas ainsi indéfiniment. Il arrivera un moment où nous aurons beau agiter, le carbonate de sodium ajouté en dernier lieu n'arrivera plus à se dissoudre. Nous le trouverons toujours au fond de la fiole. Il en sera ainsi à partir du moment où l'eau aura dissous environ 60 grammes de carbonate de sodium, en supposant que la température soit de 15°. On dit alors que la *solution est saturée.*

Toutefois, si nous avons le soin de chauffer cette solution, nous voyons que le carbonate de sodium resté au fond de la fiole ne tarde pas à se dissoudre lui aussi. Si nous chauffons jusqu'à 100°, nous arriverons même à obtenir une solution qui pourra contenir environ 100 grammes de carbonate de sodium pour les 100 grammes d'eau employés. Mais au delà de cette proportion nous nous trouverons à nouveau dans l'impossibilité de faire dissoudre la substance ajoutée. On peut dire que *la solubilité d'une substance augmente quand on élève la température de la solution.*

9. Nous allons maintenant partir de notre solution saturée à la température de 100° pour faire une autre constatation.

Laissons refroidir cette solution. A une température plus basse, l'eau, d'après ce que nous avons dit, ne pourra dissoudre qu'une quantité moindre de carbonate de sodium. Qu'arrivera-t-il donc au fur et à mesure que la température baissera? Le carbonate de sodium se séparera, viendra se déposer hors de la solution. C'est en effet ce que nous constatons. Cette séparation d'une matière solide, primitivement dissoute dans un liquide, s'appelle une *précipitation.*

Quel est l'aspect du carbonate de sodium ainsi précipité? Si nous examinons le dépôt qui se forme sur les parois du ballon, nous verrons que les fragments solides paraissent avoir été taillés avec une régularité toute géométrique. Il s'est formé ce qu'on appelle des *cristaux* et la formation de ces cristaux est un phénomène connu sous le nom de *cristallisation.*

Une substance qui existe ainsi sous forme de cristaux est dite *cristallisée.* Par contre, une matière solide, comme le verre, la résine, qui ne présente pas cet aspect régulier, est dite *amorphe.*

Le refroidissement d'une solution saturée de matière susceptible à affecter cette forme régulière qui fait dire qu'il s'agit d'une substance cristallisable, constitue donc une méthode pratique, aisément réalisable, de cristallisation.

10. Mais en quoi une semblable opération peut-elle nous intéresser dans la pratique ? C'est ce que nous allons voir.

Nous nous sommes habitués à rencontrer, à côté les unes des autres, des substances qui affectent nos sens d'une façon si différente que nous ne pouvons absolument pas les considérer comme identiques. Quand ces substances se trouvent par exemple sous la forme solide et en fragments assez gros, nous pouvons aisément les séparer. Si nous plaçons des morceaux de sucre dans le même récipient que des morceaux de gros sel de cuisine, avec un peu de patience nous pourrons arriver aisément à mettre d'un côté les morceaux de sucre, d'un autre côté les morceaux de sel. Par contre, si dans un mortier (*fig.* 9) nous pilons ensemble le sucre et le sel, on comprend que la séparation deviendra plus difficile. Il nous faudra, pour la

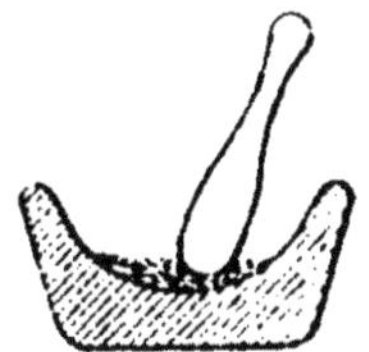

Fig. 9. — Broyage à l'aide d'un mortier.

réaliser, utiliser les connaissances que nous venons d'acquérir.

La dissolution et la cristallisation, dans ce cas, comme dans beaucoup d'autres, nous viendront en aide. Nous chaufferons la poudre en question avec de l'alcool (esprit-de-vin) dans un ballon, jusqu'à ce que l'alcool arrive à la température d'ébullition. A cette température le sucre se dissout dans l'alcool, tandis que le sel, insoluble, reste en dehors de la masse liquide. Jetons la solution bouillante sur un filtre supporté par un entonnoir (*fig.* 10). Nous pourrons recueillir dans une fiole placée au-dessous de l'entonnoir un liquide tenant en dissolution le sucre, tandis que le sel sera resté sur le papier

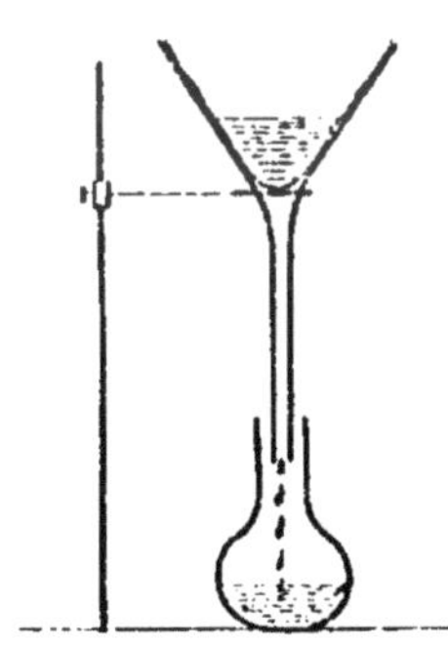

Fig. 10. — Filtration.

à filtrer ou même au fond du ballon.

Mais si le sucre est soluble dans l'alcool chaud, il est insoluble dans l'alcool froid. La solution se refroidissant ne tardera donc pas à abandonner des cristaux de sucre.

Nous aurons ainsi le sel d'un côté, le sucre de l'autre.

11. À l'aide d'une solution, de la solution de carbonate de sodium dans l'eau par exemple, telle que nous l'avons effectuée précédemment, nous allons pouvoir faire une autre constatation.

Si nous chauffons à 100° l'eau que nous avons saturée de carbonate de sodium, quelle ne sera pas notre surprise de voir qu'elle ne bout pas, tandis que de l'eau pure serait entrée en ébullition à cette même température ! Pour arriver à faire bouillir notre solution, il faudra continuer de chauffer jusqu'à ce qu'un thermomètre plongeant dans le liquide marque 103°.

Retenons ce fait, il est intéressant pour la pratique. Nous savons que, pour chauffer délicatement une substance contenue dans un vase, on peut plonger celui-ci dans de l'eau dont on élève la température : c'est le chauffage au *bain-marie* que l'on utilise si fréquemment dans l'art culinaire. Mais, dans ces conditions, on ne pourra chauffer au-dessus de 100°, puisque l'eau bout à 100° et que, à partir de ce moment, la chaleur est utilisée, non plus pour élever la température, mais pour vaporiser l'eau. Si l'on sature de sel de cuisine l'eau du bain-marie, on pourra chauffer un peu au-dessus de 100° sans arriver à l'ébullition.

12. Encore une observation intéressante au sujet des solutions. Lorsqu'une substance se dissout, il se produit un abaissement de température de la solution. Ce refroidissement est, dans certains cas, suffisant pour permettre de produire de la glace.

Nous citerons comme exemple la dissolution dans l'eau d'une matière appelée azotate d'ammonium. On ajoute rapidement à l'azotate d'ammonium un poids égal d'eau. La solution s'effectue très rapidement et, si nous y plongeons un thermomètre, nous voyons celui-ci baisser jusqu'à — 15° environ. Le froid est si intense qu'un peu d'eau placée dans un tube à essai plongé dans la masse se congèle rapidement.

On a ce qu'on appelle un *mélange réfrigérant*.

Ainsi donc, nous voilà en mesure de produire du froid, et

nous en avons trouvé le moyen par l'observation d'un fait très simple.

Applications basées sur les caractères des substances.

13. Si nous examinons un certain nombre de matières parmi celles que nous rencontrons dans la vie pratique, nous constatons qu'elles affectent nos sens de la façon la plus variée. Le sel de cuisine, par exemple, a une saveur toute spéciale qui nous fait qualifier de salés les aliments contenant cette matière. Toute différente est la saveur douce si connue du sucre. Voilà donc déjà un caractère, la saveur, qui rend certaines matières susceptibles d'applications spéciales dont l'objet est la satisfaction de notre goût. On en fait usage dans la préparation des aliments en vue de les rendre plus savoureux. D'autres matières sont employées dans l'alimentation, non pas seulement à cause de la façon agréable dont elles impressionnent notre palais, mais aussi et surtout à cause d'une autre vertu un peu plus difficile à définir quant à présent. Ce sont les substances qui, par suite des transformations qu'elles subissent dans notre corps, sont susceptibles de concourir à la formation de nos tissus, de nos muscles ou de notre système osseux, tout comme le plâtre et la pierre interviennent dans la construction d'une maison. Ce sont aussi les substances qui nous apportent — comment? nous le comprendrons mieux plus tard — l'énergie nécessaire au travail que nous produisons. Voilà les vrais aliments; leur emploi est basé précisément sur la constatation des caractères que nous venons d'énumérer.

Ces exemples nous montrent déjà quelles relations, intéressantes dans la pratique, existent entre les caractères de la matière et les applications de cette matière aux besoins de la vie courante. C'est sur ces applications que reposent les préoccupations industrielles et l'orientation des opérations commerciales.

Cette remarque faite, nous allons, dans le but d'en montrer le bien fondé et la généralité, donner quelques autres exemples.

Tout autour de nous, nous constatons la présence d'objets de teinte et d'aspect bien différents. Les uns ont une couleur qui tient à leur nature même, les autres doivent leur couleur à la présence d'une matière colorée qui les recouvre ou qui est incorporée à leur masse. Quoi qu'il en soit, nous sommes obligés de reconnaître que beaucoup de substances diffèrent entre elles par leurs couleurs. Voilà donc encore une qualité de la matière qui trouve son application dans la vie courante.

On comprendra combien il est intéressant au point de vue pratique, au point de vue des profits matériels qu'on en peut tirer, soit de pouvoir extraire de telles substances si la nature les produit, soit de pouvoir en préparer à l'aide d'autres matières. Quand nous saurons que c'est la chimie qui nous permet de semblables opérations, nous nous rendrons compte de l'importance de cette science au point de vue industriel et commercial, au point de vue aussi du bien-être de l'humanité. Quelle ne sera d'ailleurs pas, plus tard, notre surprise et notre admiration quand nous apprendrons que la chimie nous fournira des règles — dont l'application n'est pas toujours aisée, il faut le reconnaître — pour obtenir des substances nouvelles auxquelles on aura beaucoup de chances de trouver des caractères que l'on s'était préalablement proposés !

Nous avons tous apprécié les délicieux parfums de la rose, de la violette et de tant d'autres fleurs dont nous aimons à nous entourer. Ces parfums, à quoi sont-ils dus? Ils sont dus au contact qui se produit entre les vapeurs de certaines substances et une membrane tapissant la partie intérieure du nez où le nerf de l'odorat vient aboutir. C'est donc une sensation spéciale, provoquée par certaines substances se répandant en particules infiniment petites, qui nous fait dire que ces substances sont odorantes. Quand cette sensation nous est agréable, nous disons que la substance possède un parfum. Le parfum est donc un caractère de certaines matières.

Des industries se sont créées pour retirer des plantes et de quelques animaux des matières possédant ce caractère si apprécié et pour les présenter ensuite au public.

L'homme s'est même ingénié a produire des substances autres que celles qu'il trouve dans la nature, dans le but d'y rechercher ce précieux caractère: le parfum. Et voilà encore comment nous pouvons, grâce à la façon dont la matière se manifeste à nos sens, apercevoir des applications, découvrir un vaste champ ouvert à l'activité industrielle et commerciale.

Nous pourrions longtemps encore prolonger cette énumération, car la série de semblables exemples est loin d'être épuisée. Mais ceux que nous avons cités auront suffi pour éveiller notre désir de mieux connaître la matière.

Phénomènes physiques et phénomènes chimiques.

14. Jusqu'ici nous n'avons pas encore indiqué le but précis de la chimie. Nous sommes maintenant en mesure de le faire, grâce aux connaissances que nous venons d'acquérir.

Nous allons aisément saisir ce but, aussitôt que nous connaîtrons bien la nature des phénomènes chimiques et la différence qu'ils présentent avec les phénomènes physiques.

C'est ce que vont nous montrer quelques faits très simples.

Considérons une barre métallique et chauffons-la, nous constatons que sa longueur augmente : nous observons un phénomène de dilatation provoqué par l'élévation de la température. Si nous laissons ensuite la barre se refroidir et revenir à sa température primitive, nous constatons qu'elle reprend exactement sa longueur initiale. Le phénomène provoqué par le chauffage de la barre n'est donc pas un phénomène permanent, il prend fin lorsque cesse la cause qui le provoque. La matière est identiquement ce qu'elle était à l'origine et ce qu'elle a été pendant toute la durée du phénomène. Il s'agit d'un *phénomène physique*.

Reprenons l'expérience déjà décrite au paragraphe 5. Nous chauffons de la glace, elle fond, elle devient liquide ; mais, si nous la refroidissons à nouveau, elle reprend l'état solide, et cela sans que la nature de la matière ait jamais changé. Quand disparaît la cause qui a provoqué le phénomène, celui-ci ne se manifeste plus.

La nature de la matière n'a jamais varié, seul son état s'est modifié ; ce changement d'état est la manifestation d'un phénomène physique.

La vaporisation (§ 6) est aussi un phénomène physique. L'eau, lorsqu'on la chauffe, passe de l'état liquide à l'état de vapeur, mais cet état n'est maintenu que par la chaleur, et il ne modifie nullement la nature de la matière qui l'affecte ; aussitôt que la chaleur est supprimée, l'eau revient à l'état liquide. La matière ne se modifie pas, le phénomène n'est que *passager* : il ne persiste qu'autant que s'exerce la cause qui le produit. C'est encore un phénomène physique.

En résumé, nous appellerons *phénomènes physiques les phénomènes qui se manifestent seulement pendant que s'exerce la cause qui les produit, et cela sans que se modifie la nature de la matière.*

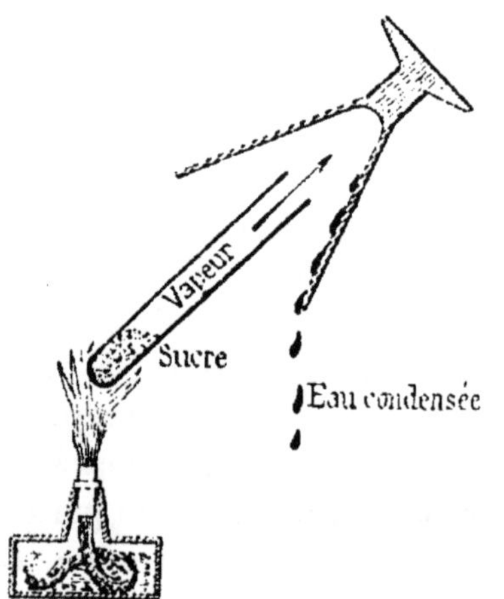

Fig. 11. — Transformation du sucre en charbon et en eau.

15. Mais il existe un autre groupe de phénomènes, en quelque sorte *permanents*, dont le résultat est la transformation de la nature de la matière. Cette transformation se manifeste par des différences de caractères de la substance, même après la disparition de la cause qui est intervenue. Ce sont les *phénomènes chimiques*. Nous allons les mieux définir et faire comprendre, en nous appuyant sur des exemples, comment nous pouvons constater que la nature de la matière se modifie.

Dans un tube à essai (*fig.* 11), chauffons un morceau de

sucre. Nous voyons bientôt le sucre fondre, puis noircir en dégageant des vapeurs. Celles-ci, en se refroidissant sur les parois d'un verre dont nous recouvrons l'orifice du tube à essai, se condensent sous forme de gouttelettes que nous pouvons recueillir. Si nous examinons ce liquide, nous lui trouvons toutes les qualités de l'eau. Si nous examinons ce qui reste au fond du tube, nous trouvons une matière qui a toutes les qualités du charbon, cette substance noire qui nous est bien familière et que nous savons si bien reconnaître.

Nous pouvons laisser la matière se refroidir, c'est-à-dire faire cesser la cause qui a produit le phénomène. Ce phénomène, qui est ici la formation d'eau et de charbon, subsistera; en d'autres termes, nous ne verrons pas réapparaître le sucre. Aussi bien, le sucre a complètement cessé d'exister, la nature de la matière s'est modifiée, ainsi que nous permettent de le constater les caractères de ce qui a pris naissance. L'eau et le charbon qui se sont formés sont nettement différents du sucre dont on est parti.

Voilà un phénomène chimique, c'est-à-dire *un phénomène qui a pour effet de modifier la nature de la matière.*

La chimie est précisément la science qui étudie la matière et ses transformations, la nature des substances et les phénomènes qui la modifient.

Remarquons que ces modifications subies par la matière, dans sa nature même, se constatent par des changements de propriétés. Mais ces changements ne sont pas toujours aussi apparents que dans l'exemple que nous venons d'étudier. Il nous faudra souvent suppléer à l'insuffisance de nos sens pour les observer. L'étude progressive des phénomènes chimiques nous fournira des méthodes d'examen d'une particulière sensibilité.

Mélange, combinaison.

Mélange. — **16.** Voici deux mots : *mélange* et *combinaison*, dont il faut bien préciser la signification.

Prenons un verre d'eau (*fig.* 12). Nous allons y introduire du charbon en poudre très fine en agitant énergiquement à l'aide d'une baguette de verre. Nous obtenons une masse noirâtre et le contenu du verre présente un aspect différent de celui qu'il présentait au début.

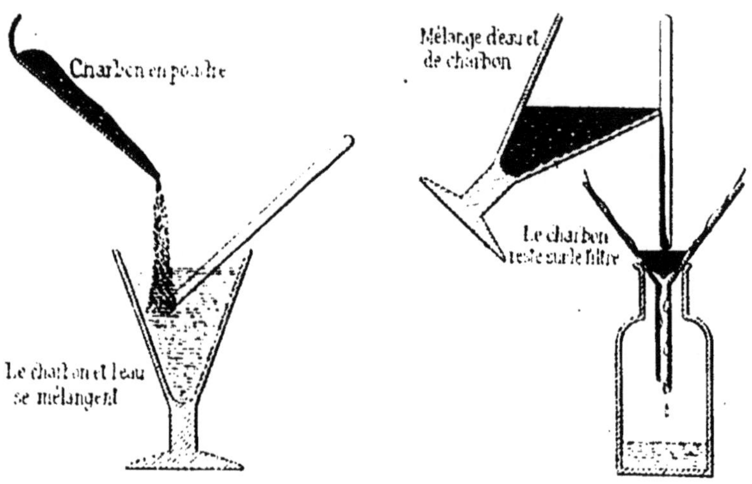

Fig. 12. — Mélange d'eau et de charbon.

Dans quels états se trouvent maintenant l'eau et le charbon ? Un simple examen de la matière ne nous permet pas de le constater. Disposons dans un entonnoir un papier à filtrer et versons-y le contenu de notre verre. Nous voyons que l'eau passe à travers le filtre, tandis que le charbon est retenu par celui-ci. Donc, malgré leur disparition apparente, l'eau et le charbon subsistaient chacun avec ses caractères individuels. Le charbon était simplement répandu, distribué un peu partout dans la masse de l'eau. Nous avions formé un simple *mélange*.

Faisons une autre expérience.

Mettons dans une boîte en carton, à l'état de poudre très fine, le soufre, cette matière jaune dont nous avons déjà parlé et de la limaille de fer ; agitons bien le tout jusqu'à ce qu'en regardant, même très attentivement, nous ne puissions plus distinguer ni le soufre ni le fer. Le soufre et le fer ont-ils réellement disparu par suite d'une transformation ayant modifié leur nature? C'est ce que nous allons voir.

Nous avons entendu parler des aimants, ces objets auxquels on donne couramment la forme d'un fer à cheval et dont la propriété caractéristique est d'attirer le fer. Nous allons nous en servir ici.

Étalons notre poudre sur une feuille de papier et approchons un aimant. Nous voyons immédiatement des particules se séparer pour venir se fixer contre l'aimant. C'est la limaille de fer. Le fer n'avait donc pas disparu, il existait encore, mais se trouvait seulement répandu un peu partout au milieu des petits fragments de soufre. Le soufre également existait dans la poudre que nous avions agitée, car, si nous avons un peu de patience, nous arriverons avec l'aimant à enlever tout le fer et nous constaterons alors qu'il reste sur la feuille de papier, et en totalité, le soufre tel que nous l'avons employé.

Le soufre et le fer étaient donc simplement mélangés.

Ainsi les matières qui composent un mélange conservent dans ce mélange toutes leurs propriétés respectives. *Un mélange ne constitue pas une matière homogène*, car il est formé de particules, si petites soient-elles, qui sont différentes entre elles.

Combinaison. — **17.** Reprenons notre mélange de soufre et de fer et supposons qu'il soit formé de 32 grammes de soufre pour 56 grammes de fer en limaille. Ces proportions doivent bien être observées pour le succès de notre expérience. Nous saurons plus tard pourquoi. Mettons le mélange dans un ballon que nous maintiendrons à l'aide d'une pince (*fig.* 13) pour ne pas nous brûler quand nous chaufferons.

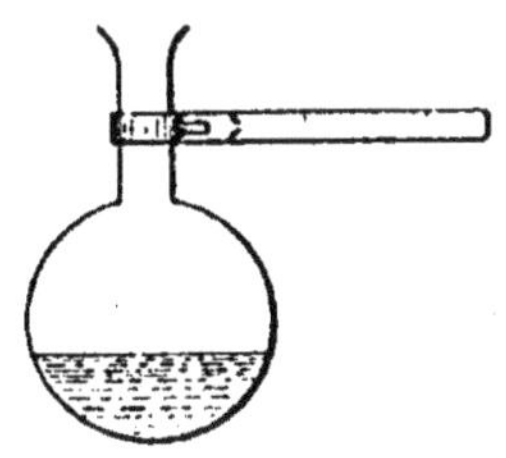

Fig. 13. — Combinaison du soufre et du fer.

Ajoutons un peu d'eau et portons le ballon sur la flamme d'une lampe à alcool, tout juste pour tiédir l'eau.

Nous ne tarderons pas à voir que quelque chose de particulier se passe dans le ballon, car même en retirant celui-ci de la flamme, nous y constaterons un échauffement tel que l'eau entrera en ébullition et s'échappera à l'état de vapeur. Lorsque le calme sera rétabli, nous jetterons le contenu du ballon sur un filtre et nous nous trouverons en présence d'une poudre noire. Si nous examinons de près cette poudre, nous n'y trouverons plus trace ni de fer, ni de soufre. En effet, éparpillons-la sur une feuille de papier et approchons un aimant, rien ne sera attiré. Il n'y a donc plus de fer.

Le soufre a-t-il également disparu? C'est ce que nous allons voir. On connaît une substance liquide, appelée sulfure de carbone, qui possède la propriété de dissoudre parfaitement le soufre. Si nous agitons notre poudre noire avec ce liquide, nous constatons que celui-ci ne dissout absolument rien. Le soufre n'existe donc plus à l'état de soufre, puisque ses caractères se sont modifiés.

Ainsi nous n'avons plus trace ni de fer ni de soufre, mais une matière nouvelle avec des caractères particuliers, différents de ceux du fer, différents de ceux du soufre. Si nous examinons cette matière, même avec des instruments grossissants, qui nous permettent de voir des différences extraordinairement plus faibles que celles que nous pouvons distinguer à l'œil nu, nous constatons qu'elle est la même dans toutes les parties de sa masse. Autrement dit, nous nous trouvons en présence d'une matière *homogène*.

Il s'est produit quelque chose de tout à fait différent du mélange étudié plus haut. Le soufre et le fer *se sont unis d'une façon si intime* que la personnalité de chacune de ces deux substances s'est effacée, une autre substance a pris naissance.

Une union de cette nature s'appelle une *combinaison*.

Si nous mettons cette combinaison sur une balance, nous constatons que son poids est égal aux poids réunis des substances qui l'ont formée.

La formation d'une combinaison est due, comme nous venons de le voir, à l'union intime de plusieurs substances. La transformation qui s'est opérée est un cas particulier de ce qu'on appelle la *réaction chimique.* Dans le cas que nous avons examiné, le soufre et le fer ont réagi l'un sur l'autre pour former une combinaison à laquelle nous donnerons le nom de sulfure de fer, lorsque nous serons devenus des chimistes.

Le phénomène de la formation d'une combinaison diffère nettement des phénomènes que nous avons étudiés jusqu'ici et répond bien à la définition que nous avons donnée des phénomènes chimiques. La combinaison nous fait donc pénétrer dès maintenant dans le vrai domaine de la chimie.

Corps définis. — 18. Les notions que nous avons acquises vont donner un peu de clarté à l'idée que nous nous faisons de cette infinité de substances formant les objets qui nous entourent.

Quand nous avons examiné notre mélange de soufre et de fer, nous avons constaté qu'il ne s'agissait pas d'une substance homogène, mais bien d'une substance formée de particules différentes. De même, si nous prenons une écorce d'orange, nous nous rendons compte aisément qu'elle est formée d'une matière non homogène, puisqu'il suffira de l'exprimer pour en faire jaillir un liquide.

Par contre, en les chauffant ensemble en proportions convenables, le soufre et le fer ont réagi l'un sur l'autre, en donnant naissance à une matière parfaitement homogène, le sulfure de fer. Le soufre est aussi une substance homogène, c'est-à-dire une substance dont toutes les particules sont de nature absolument identique. Le fer est encore une substance dont toutes les portions les plus infimes sont de même nature. De semblables substances sont ce qu'on appelle des *corps définis* ou simplement des *corps.* On peut aussi les appeler des *individus chimiques.*

Nous voyons que notre vocabulaire commence de s'enrichir et nous pourrons à l'avenir nous exprimer plus aisément et d'une façon plus précise.

Réactions de combinaison, réactions de décomposition, réactions de double décomposition.

Réactions de combinaison. — 19. Nous avons vu (§ 17 un exemple de réaction chimique aboutissant à l'union intime de deux corps, le soufre et le fer. Une semblable réaction est dite *réaction de combinaison*. Souvenons-nous de ce qui s'est passé lors de cette réaction. Après avoir légèrement chauffé, à peine pour tiédir un peu l'eau, nous avons retiré le ballon du feu et cependant la masse a continué de s'échauffer. On dit en pareil cas qu'il y a *dégagement de chaleur*. Un semblable dégagement de chaleur se produit lorsque les corps se combinent d'eux-mêmes, en quelque sorte avec leurs propres moyens. On peut le comprendre en supposant qu'il s'agisse de deux individus fortunés, la fortune chez l'individu sera l'énergie pouvant se manifester sous forme de chaleur chez la matière, chacun a jusqu'ici gardé ses capitaux par devers lui. Mais l'association de ces deux individus pour la formation d'une maison de commerce va se faire aisément d'elle-même, sans concours de capitaux étrangers. Aussitôt l'union réalisée, les fonds (la chaleur) seront répandus au dehors dans les opérations commerciales.

Pour préciser le fait expérimental, prenons de la chaux vive, les maçons connaissent bien cette substance. Mettons-la en morceaux dans un vase, une capsule en porcelaine par exemple. Versons un peu d'eau au-dessus de notre chaux, nous la verrons bientôt se fendiller, puis foisonner. Si nous essayons de toucher à la capsule, nous nous brûlerons ; d'ailleurs nous n'aurons pas besoin d'avoir recours à cet essai douloureux pour constater le dégagement de chaleur ; nous verrons fort bien l'eau émettre des vapeurs. La chaux vive et l'eau ont réagi pour former une combinaison avec dégagement de chaleur.

Par contre, si les deux individus ne possédaient pas de capitaux, leur association ne pourrait se réaliser qu'à la condition de faire appel à des capitaux étrangers. Les associés.

dans ce cas, ne répandraient au dehors absolument rien qui provînt de leurs propres ressources. L'union s'effectuerait avec absorption de capitaux. Pour produire, dans des conditions analogues, la combinaison de deux corps, il faudra leur fournir de la chaleur, c'est-à-dire chauffer pendant toute la durée de la réaction.

Nous rencontrerons dans la suite des exemples de combinaisons s'effectuant dans ces conditions.

Une combinaison qui s'effectue avec dégagement de chaleur est dite *exothermique* ; celle qui se produit avec absorption de chaleur est qualifiée d'*endothermique*.

Réactions de décomposition. — 20. Revenons à notre expérience décrite au paragraphe 15 et consistant à chauffer du sucre dans un tube à essai. Nous avons vu, dans ces conditions, le sucre fondre, puis noircir en devenant de plus en plus épais et laissant échapper de la vapeur d'eau, tandis qu'il ne reste dans le tube qu'un morceau de charbon.

Le sucre est un corps défini ; sous l'influence de la chaleur, il s'est converti en plusieurs corps qui sont par conséquent moins complexes que lui. Il s'est *décomposé*.

Nous nous trouvons en présence d'une réaction chimique en quelque sorte inverse de la précédente.

La faculté de décomposition que possèdent certaines substances solides, telles que le papier par exemple, fait qu'il est impossible de les fondre, la décomposition se produisant avant que se trouve atteinte la température de fusion.

Citons encore un exemple de réaction de décomposition.

Sur un plateau d'une balance, disposons un petit vase en terre appelé creuset, puis rétablissons l'équilibre à l'aide de plombs placés sur l'autre plateau. Sur ce dernier plateau mettons un poids de 20 grammes. Ajoutons ensuite dans le creuset des morceaux de craie jusqu'à ce que l'équilibre soit exactement rétabli. Nous aurons ainsi placé 20 grammes de craie dans le creuset.

Portons le creuset dans un fourneau bien chaud et laissons-le là pendant un quart d'heure. Après l'avoir fait refroidir, remettons-le sur la balance ; nous constatons que son poids a diminué presque de moitié. Examinons ce qui reste dans le creuset. Les morceaux de craie n'ont pas sensiblement changé d'aspect, mais une transformation considérable s'est opérée. La craie est devenue identique à la chaux vive dont nous nous sommes servis au paragraphe 19 pour faire une expérience de combinaison. Cette expérience, nous pouvons la répéter avec le résidu contenu dans notre creuset : en l'arrosant avec un peu d'eau, nous le voyons foisonner et dégager de la chaleur.

La craie s'est convertie en chaux en perdant presque la moitié de son poids. Cette perte de poids correspond au départ d'un gaz qui s'est répandu dans l'air. Ce gaz est précisément le gaz carbonique, qui n'est plus un inconnu pour nous.

La craie *s'est décomposée*, sous l'influence de la chaleur, en donnant naissance à de la chaux vive et à du gaz carbonique.

Cette expérience doit nous intéresser tout particulièrement, parce que c'est la reproduction d'une opération industrielle, la fabrication de la chaux qu'emploient ensuite les maçons. Au lieu d'un simple creuset, on fait usage de grands fours et l'on opère non pas sur la craie, qui coûterait trop cher, mais sur une matière plus commune qui possède la même composition : la pierre à bâtir, qu'on appelle aussi *calcaire*.

Réactions de déplacement et réactions de double décomposition. — 21. Jusqu'ici nous connaissons deux sortes de réactions chimiques bien distinctes : les premières, les combinaisons, permettent l'union de plusieurs corps pour en former un seul ; les secondes, au contraire, ont pour effet de décomposer un corps en plusieurs autres.

En dehors de ces réactions chimiques, il peut s'en produire d'autres, un peu plus compliquées, qui forment une catégorie bien distincte. Ce sont les réactions de déplacement, dont l'expérience suivante va nous indiquer la nature.

Dans une capsule, mettons quelques cristaux de cette matière que l'on appelle le *vitriol bleu* et que nous désignerons, lorsque nous serons de véritables chimistes, sous le nom de *sulfate de cuivre*. Ajoutons de l'eau et chauffons un peu pour faciliter la dissolution. Nous obtenons un liquide bleu. Dans ce liquide faisons plonger un gros clou en fer bien propre.

Au bout de quelques heures, nous constatons quelque chose d'assez curieux : la belle solution bleue devient d'un vert sale, en même temps que le clou se recouvre d'une couche de cuivre. Que s'est-il passé? Du fer s'est détaché du clou et s'est jeté sur le sulfate de cuivre pour en chasser le cuivre et prendre sa place : le cuivre expulsé est allé modestement occuper la place que le fer venait de quitter :

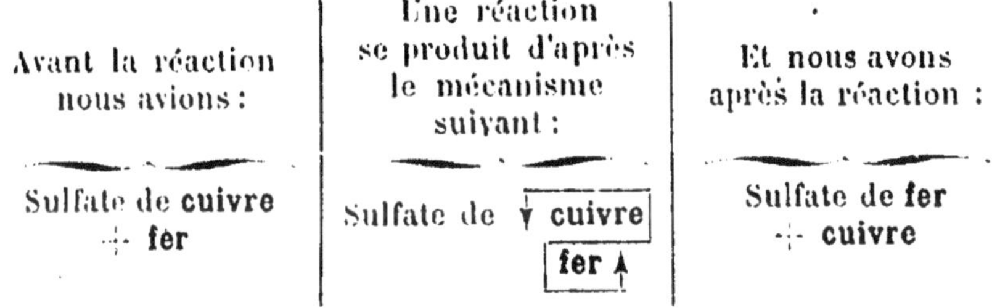

Le cuivre, corps engagé dans une combinaison, a été déplacé par le fer qui est libre ; dans ce cas, c'est le cuivre qui est devenu libre et le fer qui s'est engagé dans la combinaison à la place du cuivre.

22. Mais il n'est pas nécessaire qu'un corps soit libre pour chasser un autre corps d'une combinaison. Nous allons le constater au moyen de l'expérience suivante.

Dissolvons du sel de cuisine dans l'eau. Le sel de cuisine prend, pour des chimistes, le nom de *chlorure de sodium*. Nous avons donc une solution de chlorure de sodium.

Dissolvons aussi dans l'eau un produit cristallisé que nous nommons *nitrate d'argent* et qui n'est autre que la pierre infernale dont les médecins se servent pour cautériser les plaies.

Nos deux solutions sont bien limpides. Nous versons goutte à goutte la solution de nitrate d'argent dans la solution de chlorure de sodium. Chaque goutte en tombant trouble le liquide et il se forme une matière insoluble, ce qu'on appelle un *précipité*. Ce précipité est blanc, il a l'aspect du lait caillé. Nous pouvons le séparer en le recueillant sur un filtre supporté par un entonnoir en verre. Il est constitué par un corps appelé *chlorure d'argent*.

Le liquide qui passe à travers le filtre contient en solution une nouvelle substance que nous nommons *nitrate de sodium*.

Que s'est-il produit? L'argent a agi vis-à-vis du sodium comme le fer vis-à-vis du cuivre. Mais, tandis que le fer était libre, l'argent était engagé dans une combinaison; aussi le sodium n'est pas resté libre comme l'avait fait le cuivre : il s'est rendu à la place de l'argent dans la combinaison. De sorte que la réaction, qui est un cas particulier d'une réaction de déplacement, a abouti à la décomposition de deux corps : le chlorure de sodium et le nitrate d'argent. C'est une réaction de *double décomposition*.

Nous pouvons en rendre plus clair le mécanisme à l'aide du tableau suivant :

Avant la réaction nous avions :	Une réaction se produit d'après le mécanisme suivant :	Et nous avons après la réaction :
Chlorure de **sodium** + nitrate d'**argent**	Chlorure de ↓ **sodium** / Nitrate d' **argent** ↑	Chlorure d'**argent** + nitrate de **sodium**

Le fait que l'argent était engagé dans une combinaison n'a nullement gêné la réaction, au contraire. Tandis que dans l'expérience précédente le fer a dû chasser le cuivre brutalement, puisqu'il n'avait aucune compensation à lui offrir, ici il y a eu un consentement mutuel qui a facilité l'opération. L'argent est allé prendre la place du sodium en lui offrant la sienne en échange.

REMARQUE. — Pour qu'une réaction chimique se produise, il est indispensable que les corps se trouvent en contact. Or le contact entre les corps solides ne s'effectue pas bien, c'est pour cela qu'il est avantageux et souvent même indispensable d'opérer sur des solutions de ces corps, surtout lorsque, à cause des points de fusion élevés des substances, il est difficile de les amener à l'état liquide.

Corps simples et corps composés.

Corps composés. — **23.** Nous avons vu qu'il existe des réactions permettant de décomposer certains corps définis en plusieurs autres corps. Dans les exemples que nous avons choisis, nous nous sommes servis de la chaleur pour opérer ces décompositions. Mais il est d'autres moyens d'arriver à de semblables résultats; certains consistent dans l'emploi de l'électricité. Quoi qu'il en soit, nous concluons de ce que nous avons appris que certains corps définis sont décomposables en plusieurs autres corps de nature différente et par conséquent plus simples; ces corps sont formés de plusieurs composants à l'état de combinaison. On les appelle *corps composés*. Le sucre, la craie sont des corps composés.

Corps simples : métalloïdes et métaux. — **24.** Mais il est d'autres corps que l'on n'a jamais réussi à ramener à un état plus simple; que nous les soumettions aux températures les plus élevées ou aux actions électriques les plus violentes, nous ne les altérerons pas, nous n'arriverons pas à en séparer des substances différentes. Nous nous trouvons dans ce cas en présence d'une substance indécomposable. Une semblable substance est appelée *corps simple* ou *élément*.

Nous sommes donc amenés à voir dans la nature : 1° des corps simples ou indécomposables ; 2° des corps composés provenant de l'union intime, autrement dit de la combinaison, des corps simples.

L'étude de la chimie nous conduira à la connaissance des propriétés caractéristiques des corps simples et des règles qui président à l'union des éléments pour former des corps composés.

Nous pourrons considérer les corps simples comme des matériaux de construction à l'aide desquels il nous sera possible d'élever de véritables édifices, très variés dans leur forme et dans leur structure, qui sont les corps composés.

Il est d'usage de diviser les corps simples en deux groupes: les *métalloïdes* et les *métaux*, en se basant sur un ensemble de caractères généraux. Les métaux présentent un éclat particulier connu sous le nom d'éclat métallique. Ils sont bons conducteurs de la chaleur et de l'électricité, tandis que les métalloïdes sont mauvais conducteurs. Enfin il existe entre les métalloïdes et les métaux une différence chimique que nous signalerons lorsque nous serons en état de la mieux comprendre, et qui donne à cette classification une précision un peu plus grande. Toutefois, si quelques éléments ont, par l'ensemble de leurs caractères, une place bien marquée dans l'un ou l'autre des deux groupes, il en est aussi qui peuvent, à la rigueur, se ranger aussi bien parmi les métalloïdes que parmi les métaux; mais il en est de cette classification comme de toutes les autres dans les sciences naturelles, elle n'a rien d'absolu.

Synthèse et analyse.

25. La combinaison des éléments pour donner naissance à un corps composé constitue une *synthèse*. Ainsi, nous avons effectué la synthèse du sulfure de fer lorsque nous avons combiné le soufre au fer en chauffant ces deux corps. C'est une méthode de travail extrêmement précieuse, puisqu'elle nous permet de construire ces nombreux édifices dont nous venons de parler, qui sont des corps composés. Elle a permis, en particulier, de créer une infinité de substances nouvelles qui ont eu des applications du plus haut intérêt pratique, telles les matières colorantes artificielles qui sont l'objet d'un commerce considérable.

Ce qu'il y aura de plus surprenant, c'est que la chimie nous fournira des règles qui nous permettront de procéder un peu comme des architectes dressant tout d'abord les plans des édi fices à construire et en indiquant d'avance tous les détails. Nous pourrons, guidés par ces règles que nous aurons déduites d'observations nombreuses, prévoir l'existence de corps nouveaux et arriver à l'obtention de ceux-ci par la voie synthétique.

26. La décomposition d'un corps en ses éléments est une *analyse*.

La méthode analytique est donc inverse de la méthode synthétique.

Donnons un exemple d'analyse. Dans un tube à essai (*fig.* 14), mettons un peu d'une poudre rouge que les chimistes appellent *oxyde de mercure*. Chauffons à l'aide de notre lampe à alcool et présentons à l'orifice du tube une allumette dont la flamme a été éteinte, mais présentant encore quelques points rouges. Nous voyons aussitôt cette allumette se rallumer et brûler avec éclat. La poudre rouge s'est décomposée en donnant naissance à un gaz, grâce auquel se produisent les combustions. Ce gaz s'appelle *oxygène* ; nous le rencontrerons fréquemment à l'avenir, et ce sera bientôt une de nos connaissances les plus familières. Sur les parois du tube, nous trouvons un anneau miroitant formé par des gouttelettes à aspect brillant : c'est un corps appelé *mercure*.

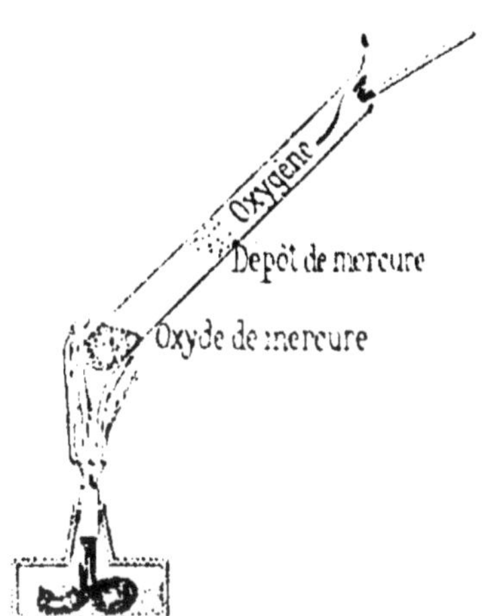

Fig. 14. — Décomposition de l'oxyde de mercure.

Le corps composé dont nous sommes partis s'est décomposé en donnant naissance à de l'oxygène et à du mercure, que nous saurons plus tard être des corps simples.

L'analyse peut nous servir, non pas seulement à préparer des corps simples, mais aussi à déterminer la composition d'un corps composé.

En étudiant comme nous venons de le faire les caractères des éléments qui prennent naissance, nous fixons l'identité de ces éléments ; nous établissons la qualité des corps simples qui forment le corps composé examiné. Nous faisons une *analyse qualitative*.

Si, après avoir décomposé un poids connu de matière, nous pesons chacun des éléments obtenus, nous ferons une *analyse quantitative*, grâce à laquelle la composition en poids de la substance nous deviendra connue.

Mais nous voilà bien avancés dans le domaine des connaissances chimiques ! Nous avons un vocabulaire qui nous permet de nous exprimer avec quelque clarté, nous avons des connaissances déjà assez précises sur la nature des corps et sur les réactions à l'aide desquelles ils sont susceptibles de se transformer.

Nous allons maintenant examiner un certain nombre de corps usuels en nous reportant constamment à ce que nous venons d'apprendre. Ce sera pour nous un moyen de nous initier à l'étude des phénomènes chimiques.

CHAPITRE II

INITIATION A L'ÉTUDE DES PHÉNOMÈNES CHIMIQUES

27. Comme nous venons de le dire en terminant le précédent chapitre, nous allons nous initier à l'étude des phénomènes chimiques en passant en revue, surtout au point de vue descriptif et expérimental, un certain nombre de corps usuels. Nous préciserons ainsi les notions fondamentales que nous possédons, nous en comprendrons mieux la portée, nous nous familiariserons avec les phénomènes que nous avons définis et classés, nous nous préparerons à voir la possibilité et la nécessité de comparer les faits entre eux, nous constaterons que de l'observation de ces faits peuvent se dégager des règles générales.

Cette étude préliminaire nous fournira en outre l'occasion de connaître, de quelques substances dont nous ferons usage dès le début, les caractères sur lesquels nous aurons à nous appuyer.

Les études qui nous serviront à ces exercices d'entraînement et qui nous permettront d'acquérir ce fonds de connaissances indispensables porteront sur les matières suivantes : l'air atmosphérique, l'oxygène, l'eau, le soufre, le charbon, le sel de cuisine, le salpêtre.

Air atmosphérique.

28. Nous l'avons dit plus haut (§ 4), notre planète est entourée d'un gaz qui est *l'air atmosphérique.*

C'est le déplacement de l'air qui produit le vent; c'est la résistance de l'air que nous ressentons lorsque, dans un train en marche, nous penchons la tête en dehors de la portière. Quand nous vidons un liquide contenu dans un vase, c'est l'air qui, en vertu de la propriété des gaz de se répandre dans tous les sens, se précipite pour occuper l'espace devenu libre.

Propriétés physiques. — *L'air est pesant.* — **29.** Nous avons eu l'occasion déjà d'apprendre que l'air est pesant. Il est aisé de le constater expérimentalement.

Pour cela, on peut opérer de la façon suivante : on prend un grand ballon ; on y fait le *vide*, c'est-à-dire qu'on en extrait l'air à l'aide de procédés décrits dans les cours de physique. On ferme hermétiquement le ballon vide, de façon que l'air extérieur ne puisse s'y précipiter ; il suffit pour cela qu'il soit muni d'un bon bouchon, traversé par un petit tube à robinet. On le porte sur le plateau d'une balance et on fait équilibre à l'aide de poids. On ouvre ensuite le robinet, l'air pénètre bruyamment. On voit aussitôt le ballon entraîner le plateau de la balance, de sorte qu'il faut ajouter des poids dans l'autre plateau pour rétablir l'équilibre. Ces poids correspondent au poids de l'air que contient le ballon.

Poids du litre d'air. — **30.** L'air occupe autour du globe une certaine épaisseur et, par son poids, la couche atmosphérique exerce, à la surface de la terre, une pression égale à celle que produirait une couche de 760 millimètres d'épaisseur d'un corps liquide beaucoup plus lourd, le mercure, que nous avons déjà nommé incidemment.

C'est pour cette raison qu'on dit que la pression atmosphérique normale est de 760 millimètres. Mais cette pression n'est pas absolument fixe ; elle subit des variations, ainsi qu'on l'apprend dans les cours de physique.

Comme tous les gaz, l'air est susceptible de se comprimer ; de sorte que l'on peut, dans un même volume, renfermer des poids d'air d'autant plus grands que la pression est plus forte. En résumé, *le poids d'un volume d'air déterminé dépend de la pression de ce gaz.* Ceci est d'ailleurs vrai pour tous les gaz.

En outre, l'air se dilate énormément, c'est-à-dire augmente beaucoup de volume quand on le chauffe. Il en résulte que *le poids d'un volume d'air déterminé dépend non seulement de la pression, mais aussi de la température.* Il en est de même pour les autres gaz.

On doit conclure de ce fait qu'il est *indispensable* d'indiquer, lorsqu'on donne le poids d'un litre de gaz, et en particulier le poids d'un litre d'air, et la pression et la température du gaz considéré.

On a trouvé que, *sous la pression atmosphérique normale, c'est-à-dire sous la pression de 760 millimètres, et à la température de 0°, un litre d'air pèse* 1^{gr},293.

Liquéfaction de l'air. — **31.** Un corps liquide devient gazeux quand on le chauffe suffisamment. Inversement, en refroidissant un corps gazeux on peut l'amener à l'état liquide. Mais, lorsqu'il s'agit d'un corps gazeux à la température ordinaire, il est nécessaire de provoquer un refroidissement considérable pour réaliser ce changement d'état. Il en est précisément ainsi dans le cas qui nous occupe. On opère alors par *détente.* Expliquons ce phénomène. Quand on comprime un gaz, il s'échauffe; inversement, si la pression à laquelle on a préalablement soumis un gaz est brusquement supprimée, le gaz se refroidit. Cette brusque détente produisant un refroidissement considérable peut amener la liquéfaction du gaz. C'est sur ce fait que repose la méthode de liquéfaction de l'air. M. G. CLAUDE a imaginé un appareil qui permet d'effectuer en grand cette opération.

L'air liquide se trouve à une température extrêmement basse. Il bout, en effet, à 192° au-dessous de zéro. Sa vaporisation nécessite une consommation de chaleur, et cette chaleur est empruntée aux corps environnants.

C'est dire que l'air liquide peut être appliqué à la *production du froid.*

Composition de l'air. — *L'air renferme principalement deux éléments, l'oxygène et l'azote.* — **32.** Quelle est la nature de ce gaz, l'air atmosphérique, au milieu duquel nous vivons? Nous allons la déterminer à l'aide d'expériences facilement réalisables.

Plaçons sur un morceau de liège plat une petite bougie allumée et disposons ce flotteur sur l'eau d'une cuvette (*fig.* 15). Recouvrons-le d'une cloche de verre.

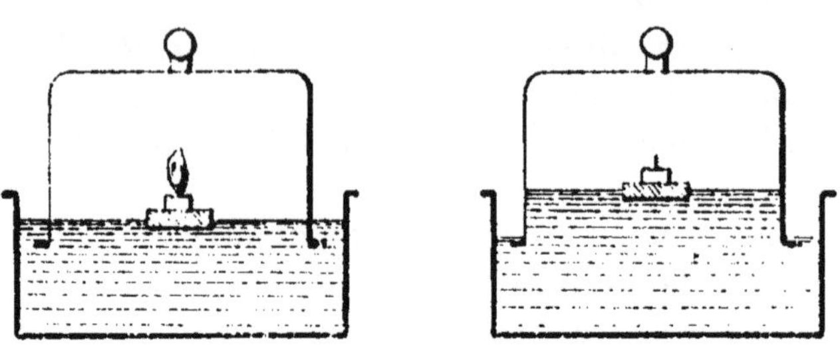

Fig. 15. — Expérience démontrant qu'une bougie brûle dans l'air d'une cloche, et s'éteint au bout d'un certain temps.

La première observation à noter est la suivante : une bougie peut brûler dans l'air qui l'environne. En d'autres termes, l'air est une matière qui permet à une bougie de brûler, ou tout au moins renferme un corps permettant cette combustion.

Mais voyons ce qui va se passer sous la cloche. Au bout d'un moment, la flamme pâlit, puis la bougie s'éteint. L'air a perdu une propriété bien nette, celle de permettre à la bougie de brûler. Il y avait donc une substance, soit l'air lui-même, soit un corps se trouvant dans l'air, qui possédait cette propriété, et ce corps a disparu en se transformant.

33. Faisons une autre expérience, plus précise. Prenons une éprouvette divisée, à l'aide de petits traits, en parties d'égale capacité (*éprouvette graduée*). Enfermons un certain volume d'air dans cette éprouvette, en la remplissant incomplètement de mercure. Renversons ensuite l'éprouvette dans une cuve à mercure et plaçons-la verticalement (*fig.* 16). Par une simple lecture de la division qui correspond au niveau du mercure dans l'éprouvette, nous lisons le volume d'air sur lequel nous opérons. Supposons, pour fixer les idées, que ce volume soit de 100 centimètres cubes. Nous allons, à l'aide d'un fil de fer, faire passer au-dessous de l'orifice de l'éprouvette, à travers la masse du mercure, pour le faire plonger dans l'air de l'éprouvette, un bâton d'un corps que nous nommerons *phosphore* (ce corps produit des brûlures dangereuses, il faut éviter d'une façon absolue de le toucher avec les doigts). Le phosphore sera employé à l'état humide.

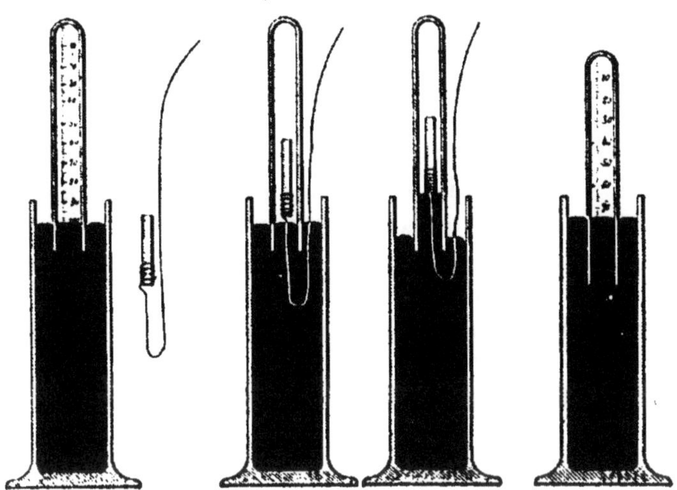

Fig. 16. — Composition de l'air en volume.

Observons de temps à autre le niveau du mercure. Nous voyons qu'il monte petit à petit dans l'éprouvette, ou, ce qui revient au même, que le volume de gaz diminue. Au bout d'un certain nombre d'heures, ce volume demeure invariable et se trouve réduit à 79 centimètres cubes environ. Cette lecture est faite après avoir abaissé l'éprouvette de façon que le niveau du mercure soit le même en dedans et en dehors. Il faut en effet que le gaz se trouve sous la pression atmosphérique.

Le phénomène qui s'est produit est achevé : le phosphore, primitivement lumineux dans l'obscurité (¹), a perdu ce caractère. Il s'est transformé en prenant quelque chose à l'air de l'éprouvette.

____

(¹) La propriété que possèdent le phosphore et certains autres corps de luire dans l'obscurité sans qu'il y ait dégagement de chaleur sensible est appelée *phosphorescence*.

Le corps auquel s'est combiné le phosphore est précisément celui qui permet à une bougie de brûler. Il ne nous est point inconnu (voir § 26). Lavoisier, grand chimiste français du XVIIIᵉ siècle, lui a donné le nom d'*oxygène*. L'oxygène est un corps simple. Lorsqu'il vient à manquer, la bougie ne peut plus brûler.

Sur 100 centimètres cubes d'air, 21 centimètres cubes d'oxygène se sont combinés au phosphore et il est resté encore 79 centimètres cubes d'un gaz que nous allons examiner. Si dans l'éprouvette nous introduisons une bougie allumée, nous la voyons s'éteindre immédiatement. Un petit animal placé dans l'intérieur de cette même éprouvette ne tarde pas à mourir. Ce n'est donc plus de l'air qui reste, mais un gaz incolore, impropre à la combustion et n'entretenant plus la vie. Il s'appelle *azote*. En résumé, *l'air contient deux gaz : l'oxygène, qui entretient la combustion et la respiration; l'azote, aussi impropre à la combustion qu'à la vie.* L'oxygène forme environ les 21 centièmes du volume de l'air et l'azote les 79 centièmes de ce volume.

L'expérience que nous venons de faire constitue une *analyse en volume*.

L'air est un mélange. — **34.** Nous venons d'apprendre que l'air renferme deux substances principales : l'oxygène et l'azote, dont les propriétés sont bien caractéristiques et nettement différentes. A quel état ces deux éléments se trouvent-ils dans l'air? Y sont-ils sous forme de combinaison ou bien à l'état de simple mélange? Il est facile de répondre à cette question en se basant sur un fait d'observation.

L'air est soluble dans l'eau. Si l'oxygène et l'azote étaient combinés, on les rencontrerait, chez l'air en dissolution dans l'eau, dans les proportions identiques aux proportions constatées dans l'air de l'atmosphère. Or il n'en est rien, et l'on trouve qu'il se dissout dans l'eau relativement beaucoup plus d'oxygène que d'azote : la dissolution s'effectue selon les solubilités respectives des deux gaz. Il y a donc lieu de conclure que *l'oxygène et l'azote sont simplement mélangés dans l'air*.

Les produits accessoires contenus dans l'air. — **35.** Indépendamment de l'oxygène et de l'azote, qui sont ses principaux éléments, l'air renferme encore d'autres substances et en grand nombre. Mais la proportion de ces dernières est généralement très faible.

En 1904, lord RAYLEIGH et M. RAMSAY ont démontré, en effet, qu'il existe dans l'air les corps simples suivants, qui sont aussi des gaz : argon, hélium, néon, xénon et krypton, dont nous ne mentionnons d'ailleurs les noms que pour donner un peu de précision aux faits.

Mais ce n'est pas tout. L'atmosphère est en quelque sorte le réceptacle de toutes les émanations gazeuses, et il est aisé de comprendre que l'on y rencontre, mélangés aux éléments essentiels ou accessoires, mais normaux, que nous avons mentionnés, d'autres substances encore.

36. C'est ainsi qu'elle renferme de la *vapeur d'eau* en proportion plus ou moins grande. Nous pouvons aisément le constater. Il suffit pour cela d'examiner la buée qui se dépose, l'hiver, sur les vitres de la fenêtre d'une salle chauffée. C'est la vapeur d'eau de l'air qui, au contact des carreaux froids, se condense. La proportion de vapeur d'eau contenue dans l'air est extrêmement variable ; c'est ce qui fait dire que le temps, l'air, la saison, le climat du lieu sont secs ou humides.

37. Nous apprendrons plus loin qu'en respirant nous absorbons l'oxygène, pour rejeter ensuite un gaz qui est précisément le *gaz carbonique* dont nous nous sommes servis dans nos premières expériences. Ce même gaz se dégage de tous les foyers dans lesquels on brûle du bois ou du charbon ; il s'échappe donc par toutes les cheminées. Il faut par conséquent s'attendre à le rencontrer dans l'air, principalement dans l'air des grandes villes. C'est en effet ce qui a lieu. Nous pouvons le constater à l'aide d'une expérience très simple. Mais, pour en tirer profit, il importe que nous sachions préalablement reconnaître le gaz carbonique. Rien n'est plus aisé. Ce gaz possède la propriété, aussitôt qu'il est mis en contact avec la chaux, de se combiner avec elle. La chaux est soluble dans l'eau. Une solution de chaux constitue donc un liquide limpide. Si nous faisons arriver du gaz carbonique, la combinaison annoncée se produira immédiatement, et ce qui nous le fera constater, c'est que cette combinaison, appelée *carbonate de calcium* (produit chimiquement identique à la craie et à la pierre à bâtir), n'est pas soluble et se manifeste par conséquent par un trouble dans le liquide.

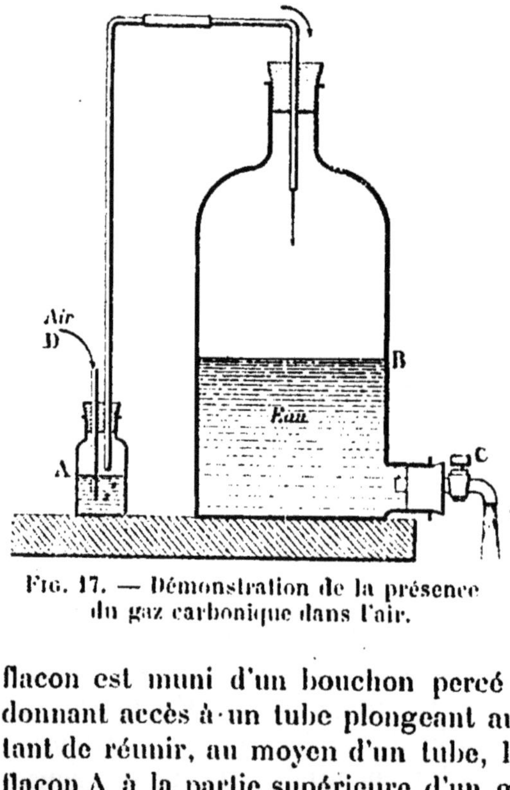

Il suffira donc, pour constater la présence du gaz carbonique, de faire passer un courant d'air dans une solution de chaux et d'observer la formation d'un *précipité* blanc. Nous pourrons nous servir à cet effet d'un dispositif très simple indiqué par la figure 17.

Un flacon A contient une solution de chaux préalablement filtrée pour qu'elle soit bien limpide. Ce flacon est muni d'un bouchon percé de deux trous : l'un donnant accès à un tube plongeant au fond, l'autre permettant de réunir, au moyen d'un tube, la partie supérieure du flacon A à la partie supérieure d'un grand flacon B. Le flacon B est plein d'eau et muni à sa partie inférieure d'une tubulure à robinet C. On ouvre le robinet, l'eau du flacon B s'écoule et de l'air vient la remplacer qui est aspiré de l'extérieur. Arrivant par le tube au fond du flacon A, il devra remonter à travers le liquide dans lequel il rencontrera la chaux. S'il renferme du gaz carbonique, celui-ci se combi-

FIG. 17. — Démonstration de la présence du gaz carbonique dans l'air.

nera, et nous verrons l'eau se troubler petit à petit. C'est en effet ce qui se produit. L'air renferme donc du gaz carbonique.

38. L'air contient encore un grand nombre de substances et en particulier des *poussières* que l'on rencontre tout au moins dans le voisinage du sol. C'est le véhicule des *microbes*, qui comptent parmi eux les agents si redoutables et si variés des maladies contagieuses et infectieuses.

Oxygène et phénomènes de combustion.

39. Nous venons de voir que l'air atmosphérique est un mélange d'oxygène et d'azote. Ces corps appartiennent tous deux au groupe des éléments que nous avons appelés métalloïdes (§ 24). Le premier, l'oxygène, est nécessaire pour l'entretien de la respiration et par conséquent pour la conservation de la vie ; il entretient les combustions. C'est, pour ces raisons, un corps extrêmement intéressant. Nous verrons en outre qu'il joue un rôle considérable dans les combinaisons chimiques où on le rencontre très fréquemment.

Son étude va nous familiariser avec un certain nombre de faits qui nous prépareront à une étude plus approfondie de la chimie.

Mais elle ne sera pas encore complète. Nous allons ici en détacher les faits les plus simples, nous réservant de reprendre la question plus loin, lorsque nos connaissances fondamentales, plus étendues, nous permettront d'en tirer plus de profit.

Extraction de l'oxygène de l'air. — 40. Pour se procurer de l'oxygène, il est tout naturel de songer à l'extraire de l'air. Nous venons en effet de dire qu'il y est contenu en proportion assez notable ; et, de l'air atmosphérique, nous en avons indéfiniment à notre disposition tout autour de nous.

On opère par distillation de l'air liquide. Quand on soumet l'air liquide à l'évaporation, on constate que l'ébullition commence à — 195°, et c'est l'azote seul qui, à ce moment-là, passe à l'état gazeux. Le liquide restant s'enrichit donc en oxygène qui se vaporise, à la fin, à la température de — 181°. On peut donc, par ce moyen, séparer les deux gaz. La possibilité de cette

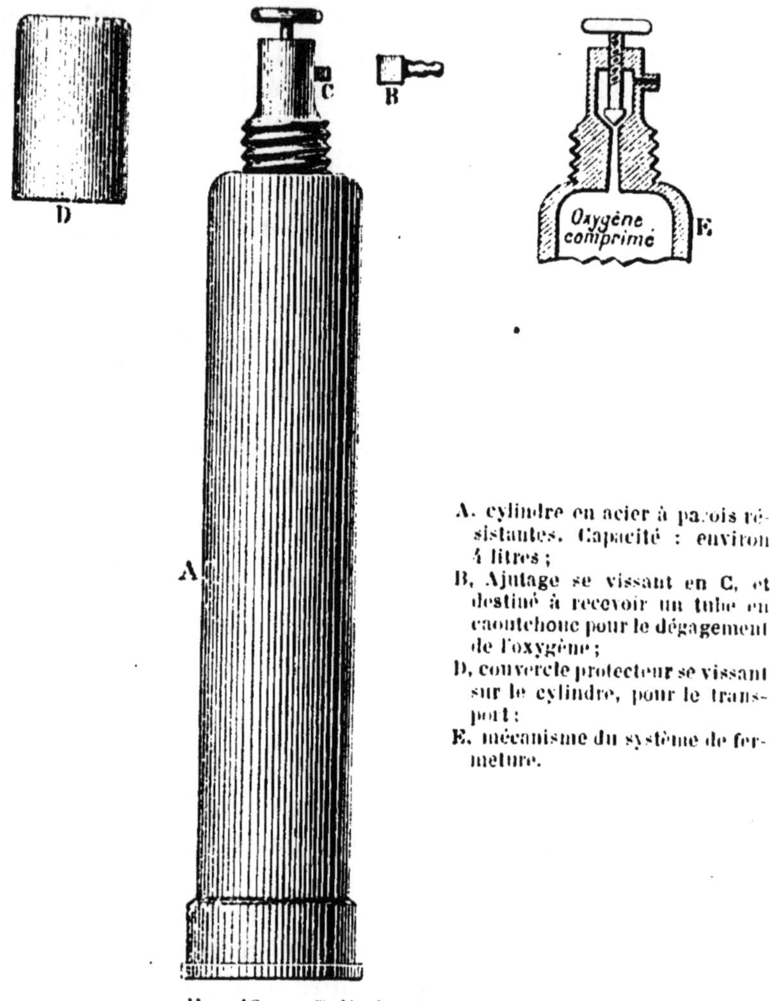

A. cylindre en acier à parois ré-
sistantes. Capacité : environ
4 litres ;
B, Ajutage se vissant en C, et
destiné à recevoir un tube en
caoutchouc pour le dégagement
de l'oxygène ;
D, couvercle protecteur se vissant
sur le cylindre, pour le transport ;
E, mécanisme du système de fermeture.

Fig. 18. — Cylindre à oxygène.

séparation, par une méthode purement physique, montre encore que l'oxygène et l'azote sont simplement mélangés dans
l'air et non combinés.

L'oxygène est vendu renfermé dans des cylindres en acier

sous une pression égale à 120 fois la pression atmosphérique. C'est le moyen de retenir dans un volume réduit un poids assez considérable de gaz (*fig.* 18).

Nous n'insisterons pas pour le moment sur la préparation chimique de l'oxygène. Nous nous en occuperons plus loin, lorsque nous compléterons, avec l'aide de notions préliminaires un peu plus étendues, l'étude de cet important élément.

Propriétés physiques. — 41. L'oxygène est un gaz incolore, inodore, sans saveur.

Un litre d'oxygène, à 0° et sous la pression de 760 millimètres, pèse 1^{gr},430. Ce chiffre, nous ne le retiendrons pas ; il est néanmoins intéressant que nous puissions le trouver inscrit ici pour constater qu'il est un peu supérieur à celui, 1^{gr},293, qui représente le poids du litre d'air (§ 30). Cette comparaison nous fait conclure *que l'oxygène est un gaz un peu plus lourd que l'air.*

Le rapport $\dfrac{1,430}{1,293}$ qui permet d'effectuer cette comparaison est ce qu'on appelle la *densité de l'oxygène par rapport à l'air.* La densité de l'oxygène par rapport à l'air est donc le *rapport qui existe entre le poids d'un litre d'oxygène et le poids d'un litre d'air à la température de 0° et sous la pression de 760 millimètres.*

D'une manière générale, la densité d'un gaz par rapport à l'air est le rapport qui existe entre le poids d'un litre de ce gaz et le poids d'un litre d'air à 0° et sous 760 millimètres de pression.

Au lieu de comparer le poids d'un litre d'oxygène, et, d'une manière générale, le poids d'un litre de gaz, au poids d'un litre d'air, on le compare souvent au poids d'un litre du gaz le plus léger, qui est appelé *hydrogène.* Il y aura donc lieu de définir la *densité d'un gaz par rapport à l'hydrogène, le rapport qui existe entre le poids d'un litre de ce gaz et le poids d'un litre d'hydrogène, à 0° et sous 760 millimètres de pression.*

Appliquant ces deux définitions à l'oxygène et sachant que le litre d'hydrogène à 0° et sous 760 millimètres de pression pèse 0^{gr},089, nous arrivons aux résultats suivants :

$$\text{Densité de l'oxygène par rapport à l'air} : \frac{1,430}{1,293} = 1,1 ;$$

$$\text{Densité de l'oxygène par rapport à l'hydrogène} : \frac{1,430}{0,089} = 16.$$

Propriétés chimiques. — *Combustions vives.* — **42.** Nous allons décrire quelques expériences qui vont nous indiquer la propriété essentielle de l'oxygène. Si nous remplissons d'oxygène un flacon à large goulot, le gaz ne s'échappera pas facilement, puisque, nous venons de le constater, il est plus lourd que l'air. Néanmoins nous fermerons le flacon avec une soucoupe. Cette fermeture n'est pas hermétique, mais elle suffira pour maintenir dans le flacon notre gaz plus lourd que l'air.

A un bouchon plat plus large que le goulot du flacon, adaptons un fil de fer à l'extrémité duquel nous avons fixé un morceau de charbon. Faisons rougir ce charbon à une flamme et plongeons-le dans le flacon d'oxygène (*fig.* 19). Nous le voyons immédiatement brûler d'une façon très vive et très rapide, sans flamme très apparente, mais en dégageant une lumière plus intense. Puis, au bout d'un instant, il s'éteint; on voit alors que le morceau de charbon se trouve sensiblement réduit. Donc du charbon a disparu ou plutôt s'est transformé.

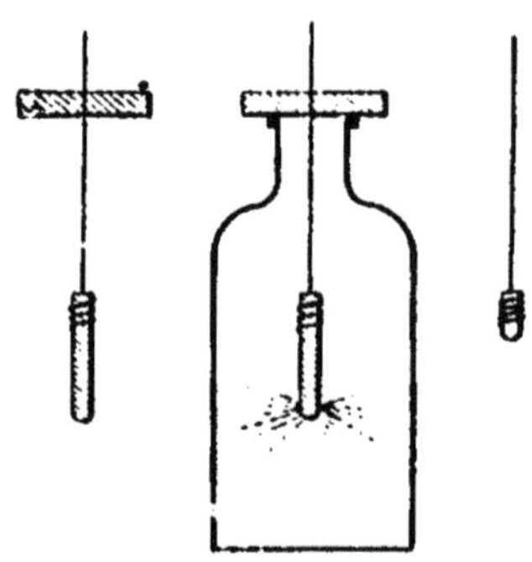

Fig. 19. — Combustion vive du charbon dans l'oxygène.

Le fait que le phénomène prend fin alors qu'il reste encore du charbon nous montre qu'au bout d'un moment, le gaz du flacon n'entretient plus la combustion. Ce n'est donc plus de l'oxygène.

En résumé, du charbon et de l'oxygène ont disparu.

Versons dans le flacon un peu d'eau de chaux et agitons, en fermant le flacon avec la paume de la main. Nous constatons que l'eau de chaux se trouble et nous avons dit (§ 37) que c'est le gaz carbonique qui produit un semblable effet. Le flacon contenait donc du gaz carbonique dont l'apparition a précisément suivi la disparition du charbon et de l'oxygène. C'est que, au cours de la combustion, *l'oxygène s'est combiné avec le charbon pour donner naissance à du gaz carbonique.* Ce phénomène, combinaison de l'oxygène avec le charbon, s'effectue d'une façon active avec dégagement de chaleur et de lumière.

43. D'une manière tout à fait analogue, introduisons dans un flacon d'oxygène un morceau de soufre allumé et placé dans une coupelle fixée à l'extrémité du fil de fer (*fig.* 20). Le soufre va aussitôt brûler avec une jolie flamme bleue, beaucoup plus vive que celle qui accompagne la combustion dans l'air.

On s'aperçoit que le flacon contient une fumée suffocante, due à la formation d'un corps nouveau que nous appellerons *gaz sulfureux* ou *anhydride sulfureux.* Le soufre a brûlé en se combinant avec l'oxygène, tout comme le

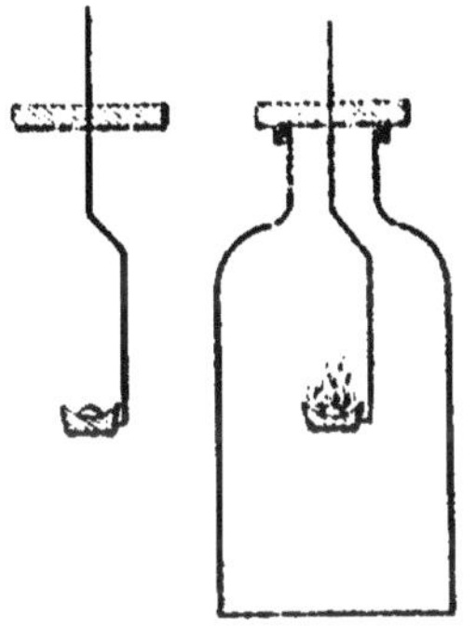

Fig. 20. — Combustion du soufre dans l'oxygène.

charbon avait brûlé, dans l'expérience précédente, en se combinant avec ce même gaz. L'union intime, *la combinaison de l'oxygène avec le soufre a donné lieu à la formation de l'anhydride sulfureux.*

44. Fixons à notre bouchon un fil de fer roulé en spirale et portant à son extrémité libre un morceau d'amadou enflammé. Plongeons-le dans un bocal d'oxygène. L'amadou va brûler plus rapidement que dans l'air et communiquer le feu à la

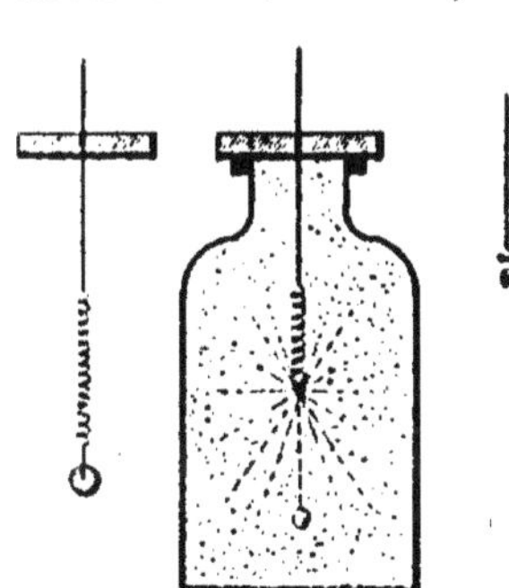

Fig. 21. — Combustion du fer dans l'oxygène.

spirale de fer. Nous assistons là à un phénomène assez curieux : du fer qui brûle ! Et cette combustion est si violente que des étincelles bruyantes se répandent dans tous les sens, produisant un véritable feu d'artifice. Ce sont des particules solides qui sont projetées et qui viendraient briser le flacon en s'incrustant dans le fond, si l'on n'avait eu soin d'y mettre un peu d'eau avant de commencer l'expérience (*fig.* 21).

L'oxygène s'est combiné avec le fer en donnant une matière solide brune que l'on appelle un oxyde de fer.

45. Ainsi donc, l'oxygène est susceptible de former, avec toute une série d'autres corps simples, métalloïdes ou métaux, des combinaisons qui se produisent avec dégagement de chaleur. Ce phénomène chimique est appelé *combustion. La combustion est une réaction exothermique*, c'est-à-dire s'accomplissant avec dégagement de chaleur.

La combinaison d'un élément avec l'oxygène peut être rapide comme dans les cas que nous venons d'examiner. La chaleur dégagée n'a pas le temps de se disperser ; elle est alors très sensible et porte à l'incandescence (¹) la matière solide soumise à l'oxydation ou le produit solide provenant de la réaction.

Il s'agit alors d'une *combustion vive.*

Ces phénomènes de combustion vive peuvent être pratiquement utilisés à cause de la chaleur qu'ils produisent. C'est sur leur accomplissement qu'est basé le chauffage à l'aide des différents combustibles : bois, charbon, pétrole, gaz, etc. L'air est nécessaire à la combustion à cause de l'oxygène qu'il renferme.

Combustions lentes. — **46.** Certaines combinaisons avec l'oxygène, autrement dit certaines *oxydations*, présentent un aspect tout autre. Elles s'effectuent lentement, progressivement, de sorte que la chaleur qu'elles dégagent se dissipe, au fur et à mesure, par rayonnement et n'est par conséquent ma-

---

(¹) *L'incandescence* est l'état d'un corps chauffé d'une façon intense jusqu'à devenir blanc.

nifestée ni par une incandescence, ni par l'apparition d'une flamme, ni même dans beaucoup de cas, par un échauffement sensible de la matière.

De semblables phénomènes prennent le nom de *combustions lentes*.

Au point de vue purement chimique, les combustions vives ou les combustions lentes sont des réactions de même nature: les unes et les autres sont des oxydations, c'est-à-dire des combinaisons de l'oxygène avec d'autres corps.

Lorsque nous avons voulu faire l'analyse de l'air en volume (§ 33), nous avons employé le phosphore et nous avons constaté que ce corps absorbait lentement l'oxygène. Dans cette expérience, le phosphore s'est oxydé et nous a fourni un exemple de ces combustions lentes que nous venons de définir.

Il s'agit d'ailleurs d'un phénomène très fréquent. Un morceau de fer qui se recouvre d'une couche de rouille s'oxyde progressivement, sans que l'on observe le moindre dégagement de chaleur; il subit une combustion lente. De même le cuivre qui noircit s'oxyde lentement et il se forme ce qu'on appelle de l'oxyde de cuivre.

Nous allons rencontrer encore dans le phénomène de la *respiration* un intéressant exemple de combustion lente.

Respiration. — **47.** C'est à LAVOISIER que nous devons de connaître le mécanisme de cet important phénomène. L'air, avec son oxygène, pénètre dans les poumons; il en traverse les parois et va se fixer sur ces particules que l'on nomme les globules du sang. C'est ainsi qu'il se fait transporter et distribuer dans toutes les parties du corps où il va oxyder, autrement dit brûler, certaines matières avec lesquelles nous nous familiariserons plus tard et qui renferment, entre autres éléments, du charbon; les chimistes disent: du *carbone*. Ce charbon que désormais nous nommerons, nous aussi, carbone, est donc oxydé. Et nous savons que, lorsque le carbone brûle, il donne, en se combinant avec l'oxygène, du gaz carbonique (42). Le gaz carbonique ainsi formé est à son tour fixé, véhiculé par les globules du sang. Le sang chargé de gaz carbonique est appelé sang veineux; il revient aux poumons, d'où le gaz carbonique s'échappe en même temps que l'azote qui accompagnait l'oxygène dans l'air.

Nous absorbons donc de l'oxygène en respirant, et nous rejetons du gaz carbonique. L'oxydation lente des matières de notre organisme s'effectue avec un dégagement de chaleur qui maintient aux environs de 37° la température de notre corps et fournit l'énergie nécessaire à l'accomplissement des différents actes de la vie.

Ce que nous venons d'apprendre est de nature à nous causer quelque surprise. Comment peut-il se faire, en effet, qu'une infinité d'êtres vivants transforment, depuis des siècles, l'oxygène de l'air en gaz carbonique sans en avoir tari la source? C'est que, sous l'influence de la lumière du soleil, la matière verte contenue dans les feuilles des végétaux effectue une opération absolument opposée : elle décompose le gaz carbonique, restituant ainsi l'oxygène à l'air, tandis que le carbone est fixé par la plante et participe à la formation de ses tissus en se combinant avec d'autres éléments. C'est le phénomène de l'*assimilation* du carbone.

Donc l'assimilation compense les effets de la respiration.

Eau.

Eaux naturelles. — 48. L'eau est une substance dont l'étude sera particulièrement aisée en même temps que fort utile pour notre entraînement; c'est en effet une de celles que nous rencontrons le plus abondamment dans la nature et que nous sommes habitués à manier le plus fréquemment.

C'est le liquide qui forme les ruisseaux, les rivières, la mer. A l'état de vapeur, elle se trouve dans l'atmosphère. Sous forme solide, c'est la glace.

Mais il y a lieu de remarquer que les eaux que nous rencontrons à l'état naturel se sont chargées, au cours de leurs pérégrinations à travers le sol, de substances étrangères plus ou moins variées qu'elles tiennent en dissolution.

C'est à cette cause qu'il faut attribuer les différences existant entre les diverses eaux naturelles. Certaines de ces eaux doivent, à la présence des matières qu'elles renferment, des qualités médicinales qui leur ouvrent d'importants débouchés commerciaux : ce sont les *eaux minérales*. D'autres, au contraire, sont rendues impropres à la consommation par les substances qu'elles tiennent en dissolution. Les eaux dites *calcaires*, trop chargées en calcaire (carbonate de calcium), ou les eaux appelées *séléniteuses*, trop riches en une substance que nous nommerons sulfate de calcium et qui constitue la pierre à plâtre, causent, lorsqu'on les boit fréquemment, des troubles dans l'organisme. Elles sont d'ailleurs impropres à la cuisson des légumes et au savonnage. Elles encrassent, par les dépôts qu'elles forment, les vases dans lesquels on les chauffe. Ces dépôts, lorsqu'ils s'accumulent dans les chaudières, peuvent amener des explosions.

Chez certaines eaux, la proportion de carbonate de calcium (calcaire) est telle qu'elles recouvrent d'un dépôt solide les corps qu'on plonge dans leur masse. C'est en somme de la pierre qui se dépose ainsi et on a un phénomène de pétrification.

Les eaux de mer ont une saveur toute particulière due à l'énorme proportion de sel de cuisine, autrement dit de *chlorure de sodium*, qu'elles renferment. Nous devons d'ailleurs nous intéresser tout particulièrement à ce fait, car nous verrons plus loin que l'eau de mer nous fournit le sel de cuisine encore appelé, pour cette raison, *sel marin*.

On peut dire que dans l'eau on rencontre toujours des gaz en dissolution, notamment ceux qui se trouvent dans l'air : oxygène, azote, gaz carbonique, etc. Pour les extraire, il suffit de chauffer l'eau suffisamment dans un ballon. On les recueille dans une éprouvette sur la cuve à eau (*fig.* 22). En pareil cas il est bien évident que, pour éviter l'arrivée de toute matière gazeuse autre que celle contenue dans l'eau, il est indispensable que le tube de dégagement et le ballon soient exempts d'air, ce qui exige que l'appareil, y compris le tube en question, soit complètement rempli d'eau. L'eau, quand on la chauffera, pourra aisément se dilater sans briser le ballon, puisqu'elle s'échappera librement ; ar l'extrémité du tube aboutissant sous l'éprouvette dans la cuve à eau.

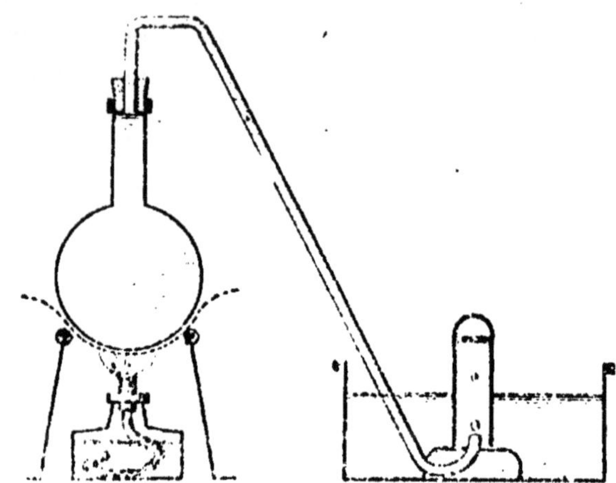

Fig. 22. — Extraction des gaz en dissolution dans l'eau.

L'eau peut être chargée de produits de décomposition de matières végétales ou animales. Ces produits, qui sont des combinaisons du carbone, rentreront dans une catégorie de corps que nous étudierons plus tard sous le nom de *matières organiques*. Ils servent d'aliments à des colonies innombrables d'êtres microscopiques, les *microbes*, dont certains sont les agents des maladies infectieuses les plus dangereuses. Une goutte d'eau constitue alors un véritable monde, peuplé d'un nombre considérable de ces microscopiques ennemis.

En fin de compte, il y a lieu de remarquer que si l'eau renferme autant de matières étrangères, c'est parce qu'elle possède la propriété de les dissoudre. Et nous nous trouvons en présence d'un fait à retenir, à savoir : *l'eau est un excellent dissolvant*. Elle dissout plus ou moins tous les gaz et aussi beaucoup de liquides et de solides.

Eau potable. — **49.** On appelle *eau potable* une eau qui sert dans l'alimentation. L'eau joue dans l'organisme un rôle essentiel.

Pour être potable, elle doit être limpide et incolore, inodore, même au bout de plusieurs jours de repos ; fraîche, sans être froide ; d'une saveur faible.

Elle doit cuire les légumes et dissoudre le savon sans former de grumeaux.

L'eau potable doit être aérée, sinon elle est fade et indigeste. Sur les navires, on distille l'eau de mer pour se procurer de l'eau à boire ; mais il faut l'aérer vivement en la battant avant de la livrer à l'équipage. D'ailleurs l'air se dissout très rapidement dans l'eau.

L'eau potable doit contenir en dissolution de 1 à 3 décigrammes par litre de matières minérales.

Quand une eau a été au contact de matières animales ou végétales en décomposition, ou qu'elle a reçu des infiltrations d'égouts, de fosses d'aisances, elle peut contenir, comme nous l'avons dit, des germes de maladies dangereuses, telles que le choléra, la fièvre typhoïde. Elle est alors contaminée. On peut employer différentes méthodes pour rendre ces eaux inoffensives, entre autres : la filtration à travers un vase en porcelaine poreuse qui arrête les particules solides, même très petites, comme les microbes (filtre Chamberland ou Pasteur).

L'ébullition, prolongée pendant une dizaine de minutes au moins, tue les germes vivants.

Eau pure. — 50. Si l'on veut connaître les véritables propriétés de l'eau, c'est débarrassé de toutes les substances étrangères, à l'état de pureté, qu'il faut examiner ce liquide. L'eau pure est, en effet, un composé défini, un individu chimique. Quand nous avons étudié la distillation (§ 6), nous avons décrit une expérience qui va nous servir à nouveau. Nous avons chauffé un ballon contenant une solution de sel de cuisine dans l'eau et nous avons séparé les deux substances : par distillation, de l'eau a été recueillie après condensation, dans un autre récipient en communication avec le premier ballon, tandis que le sel de cuisine restait dans celui-ci.

Que l'eau renferme seulement du sel de cuisine ou bien

encore d'autres matières solides en dissolution, la séparation s'effectue de la même façon.

Propriétés physiques. — 51. L'eau peut, dans des conditions très aisément réalisables, affecter l'un des trois états : solide, liquide ou gazeux.

Nous savons qu'à la température ordinaire c'est un liquide incolore et sans odeur. Sa saveur est nulle quand elle est pure.

Refroidie, elle se congèle et forme la glace qui est constituée par des cristaux enchevêtrés. La neige est également de l'eau cristallisée. Quand on chauffe l'eau à l'ébullition, on la transforme en vapeur.

On apprend dans les cours de physique que le point de fusion de la glace et le point d'ébullition de l'eau ont été choisis comme points fixes (0° et 100°) du thermomètre centigrade.

Le gramme, unité de poids, est le poids de 1 centimètre cube d'eau à la température de 4°.

Si l'on prend de l'eau à 4°, elle augmente de volume, soit qu'on la chauffe, soit qu'on la refroidisse. Donc 1 centimètre cube d'eau à une température quelconque, autre que 4°, pèse moins de 1 gramme ; on exprime ce fait en disant que l'eau présente un *maximum de densité* à 4°.

Composition de l'eau. — 52. L'eau est, comme nous avons déjà eu l'occasion de l'indiquer incidemment, un corps défini. Mais cet individu chimique est un corps composé.

Nous allons voir quelle est sa composition. Prenons un vase en verre (*fig.* 23)

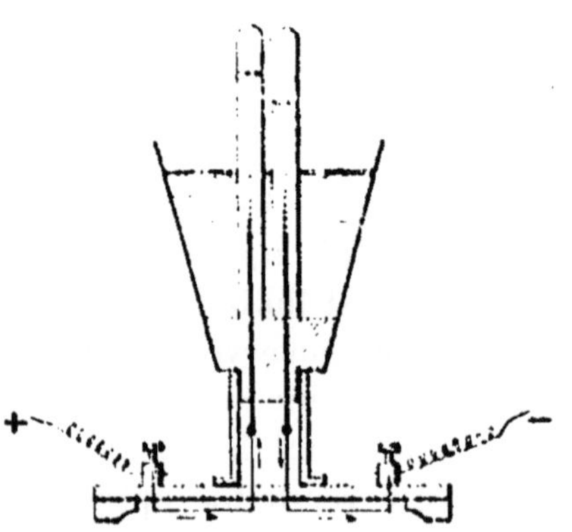

Fig. 23. — Voltamètre.

dont le fond évidé, fermé hermétiquement par de la cire à

cacheter, est traversé par deux fils de platine. Extérieurement les deux fils de platine sont reliés à deux bornes en cuivre. Celles-ci peuvent être elles-mêmes mises en communication à l'aide de fils de cuivre avec ce qu'on appelle les deux pôles d'un appareil producteur de courant électrique, appareil étudié dans les cours de physique sous le nom de *pile électrique*. On a ainsi un dispositif appelé *voltamètre*.

Dans ce voltamètre mettons de l'eau légèrement additionnée d'acide sulfurique (vitriol) pour la rendre conductrice, c'est-à-dire apte à laisser passer le courant électrique. Disposons au-dessus des extrémités des fils de platine, dans le vase en verre, deux éprouvettes pleines d'eau.

Si nous réunissons les deux bornes aux deux pôles de la pile, le courant circulera à travers le liquide, et l'on ne tardera pas à voir des bulles gazeuses se former et se rendre dans les éprouvettes. Bientôt nous constatons que *le volume du gaz recueilli du côté du pôle négatif est double du volume du gaz recueilli du côté du pôle positif*.

Soulevons l'éprouvette placée au pôle positif, fermons-la avec le pouce, retirons-la de l'eau et retournons-la. Puis introduisons dans le gaz qu'elle contient une allumette présentant quelques points en ignition : elle se rallume et brûle avec éclat. Le gaz est de l'*oxygène*.

Présentons une allumette enflammée au gaz que contient l'éprouvette du pôle négatif; ce gaz s'allume et brûle avec une flamme pâle. Il s'agit de ce corps simple, l'*hydrogène*, auquel nous avons dit qu'on rapportait souvent les densités des gaz (§ 41).

Nous arrivons à cette conclusion que *l'eau est un composé résultant de la combinaison de deux gaz, l'oxygène et l'hydrogène, dans la proportion de 1 volume du premier pour 2 volumes du second*.

Nous venons d'effectuer une analyse au moyen de l'électricité; nous dirons que nous avons fait une *électrolyse*, l'électrolyse de l'eau.

Si l'on pesait séparément l'oxygène et l'hydrogène provenant de la décomposition de l'eau, on constaterait que le poids de l'oxygène est 8 fois plus grand que celui de l'hydrogène. En d'autres termes, *dans ce composé défini qu'est l'eau, les composants, oxygène et hydrogène, se trouvent toujours combinés dans la même proportion en poids :* 8 d'oxygène pour 1 d'hydrogène. C'est un fait qui mérite de bien fixer notre attention dès à présent.

En résumé, l'eau est formée de 1 volume de gaz oxygène et de 2 volumes de gaz hydrogène ; et le volume d'oxygène pèse 8 fois plus que les 2 volumes d'hydrogène. Il en résulte, remarquons-le en passant, qu'à volume égal l'oxygène pèsera $8 \times 2 = 16$ fois plus que l'hydrogène.

Plus tard (§ 143), à l'aide de ces deux gaz, oxygène et hydrogène, nous apprendrons à recomposer l'eau, c'est-à-dire à en faire la synthèse. D'ailleurs, sans attendre plus longtemps, nous ferons remarquer que, précédemment, en faisant brûler de l'hydrogène dans l'air, nous avons opéré une combustion qui a abouti à la reconstitution de gouttelettes d'eau.

Propriétés chimiques. — **53.** Munis des connaissances que nous venons d'acquérir, nous allons pouvoir examiner avec profit quelques propriétés chimiques de l'eau.

Lorsque nous avons défini les réactions de combinaison (§ 19), nous avons vu comment la chaux vive se combinait avec l'eau, en dégageant de la chaleur, pour donner un autre composé défini. L'eau se prête donc à des réactions de combinaison.

Action des métaux sur l'eau. Définition des hydrates basiques et des oxydes. — **54.** L'eau se prête aussi à des réactions de déplacement. Un exemple de celles-ci va ouvrir à notre curiosité un champ nouveau.

Nous avons parlé plusieurs fois déjà du sel de cuisine. C'est un composé formé de deux corps simples : un métalloïde (§ 24) gazeux, le *chlore*, et un métal (§ 24) solide, le *sodium*. Les chimistes le nomment *chlorure de sodium*. Le métal en question est mou, à coupure brillante. Il faut éviter de le toucher avec la main, surtout en présence de l'humidité : on risquerait fort de se brûler grièvement. Au contact de l'eau, il peut produire de véritables explosions. Et c'est précisément sur l'eau que nous voulons le faire réagir. Nous aurons, pour cela, la précaution de mettre l'eau dans un vase ouvert, et nous projetterons à sa surface de tout petits fragments de sodium. Le sodium flotte, une réaction se produit avec un dégagement de chaleur suffisant pour le fondre. L'eau est décomposée, la *moitié* de son hydrogène est chassée et remplacée par du sodium.

Il y a donc dégagement d'hydrogène et formation d'un corps qui reste en solution dans l'eau et provient du remplacement de la moitié de l'hydrogène de l'eau par du métal. Ce nouveau corps, que nous nommerons plus tard *hydrate de sodium* ou *soude caustique*, est donc une combinaison d'oxygène, d'hydrogène et de sodium. Sa formation provient de ce que nous appellerons la *substitution* d'un métal à une partie de l'hydrogène de l'eau. Le reste de l'hydrogène et l'oxygène demeurent dans la combinaison et permettent à celle-ci de fournir des réactions d'un caractère bien déterminé. Plus loin nous aurons à définir des corps semblables, produits de substitution d'un métal à la moitié de l'hydrogène de l'eau, et nous leur appliquerons la dénomination générale de *bases* ou *hydrates basiques*. Renonçons à la prétention d'être, dès à présent, bien fixés sur leur nature, sans toutefois négliger de leur prêter quelque attention : ils nous habitueront déjà un peu à cette idée qu'il existe des groupes de corps présentant des analogies par la façon dont ils sont constitués et en même temps par leurs propriétés générales, par leurs aptitudes chimiques, par leur façon de se comporter en présence des autres substances.

L'eau est décomposée, avec mise en liberté d'hydrogène et formation d'un hydrate, non pas seulement par le sodium, mais encore par d'autres métaux analogues.

La réaction, avec certains métaux tels que le fer, le nickel, l'étain, n'a lieu qu'à une température élevée. Dans ce cas, la totalité de l'hydrogène s'en va et le métal prend sa place. On a alors non pas la combinaison renfermant le métal, l'oxygène et la moitié de l'hydrogène de l'eau, combinaison qui est l'hydrate basique, mais bien la combinaison formée uniquement de métal et d'oxygène. Une telle combinaison est un *oxyde*. Ajoutons que certains oxydes sont susceptibles de se combiner avec l'eau pour donner précisément des hydrates basiques. On les appelle *oxydes basiques*.

Précédemment (§ 19) nous avons eu l'occasion de parler de la chaux vive. La chaux vive est un oxyde basique. En la combinant avec l'eau nous l'avons, au cours de notre expérience, convertie en hydrate basique.

Une représentation graphique des faits va rendre plus clair l'exposé qui précède.

Désignons par la lettre H un volume d'hydrogène et par la lettre O un égal volume d'oxygène. Nous avons vu que l'eau est formée de 2 volumes d'hydrogène pour 1 volume d'oxygène. Nous pouvons donc représenter l'*eau* comme suit :

$$HOH.$$

Désignons par la lettre M la quantité d'un métal quelconque qui se substitue à 1 volume d'hydrogène, c'est-à-dire qui se met à la place de la moitié de l'hydrogène contenu dans la quantité d'eau considérée. Le produit de la réaction, un *hydrate basique*, se représentera de la façon suivante :

$$MOH.$$

Mais, dans le cas où la totalité de l'hydrogène est déplacée par le métal, les $2H$ sont remplacés par $2M$ et l'*oxyde* formé peut se formuler :

$$MOM.$$

Il est facile de concevoir le mécanisme à l'aide duquel un semblable composé se convertit en hydrate basique sous l'action de l'eau.

Avant la réaction on a :	Une réaction se produit d'après le mécanisme suivant :	Et l'on a, après la réaction :
MOM + HOH	M O↓M H↑O H	MOH + MOH

Plus tard nous définirons mieux les hydrates basiques. Mais nous voilà dès à présent prévenus de leur existence et quelque peu familiarisés avec tout un groupe de corps ayant des caractères analogues.

Remarquons, pour terminer cet exposé, que l'action des métaux sur l'eau, à des températures convenablement choisies, met de l'hydrogène en liberté et par conséquent peut constituer un moyen d'obtention de ce gaz.

Soufre.

55. Le soufre, nous le connaissons ; il nous a servi déjà à faire quelques expériences.

C'est un corps simple appartenant au groupe des métalloïdes. Nous sommes habitués à le voir dans le commerce, soit sous forme de bâtons (canons de soufre), soit en poudre (fleur de soufre).

Il est très répandu dans la nature, où on le trouve à l'état de combinaisons diverses et aussi à l'état de liberté. Le gypse, qui constitue d'importants gisements, est, chimiquement, du *sulfate de calcium*, combinaison renfermant du soufre.

Nombreuses sont, dans la nature, les combinaisons formées uniquement par le soufre et les métaux, combinaisons que l'on nomme *sulfures*. Nous citerons, dans cet ordre d'idées, le *sulfure de fer* ou *pyrite*, le *sulfure de plomb* ou *galène*. Les sulfures ne diffèrent d'ailleurs des oxydes que par le soufre, qui remplace l'oxygène.

Enfin, dans le voisinage des volcans, dans les *solfatares*, on trouve le soufre à l'état libre. C'est la Sicile qui en fournit le plus.

Extraction. — **56.** L'extraction du soufre va nous fournir l'occasion de montrer comment, en vue d'une semblable opération, on peut mettre à profit les propriétés physiques d'un corps. C'est en effet sur la propriété de fondre et de distiller à des températures relativement peu élevées que reposent les méthodes d'extraction et de raffinage du soufre.

La voie la plus simple consiste à extraire le soufre que l'on trouve à l'état libre. Il s'agit de le séparer des matières terreuses qui l'accompagnent. Pour cela, on entasse le produit brut sur une aire inclinée, dans une cavité cylindrique en maçonnerie et on l'allume à la base. Une partie du soufre brûle et la chaleur dégagée fond le reste de la masse, qui s'écoule en abandonnant les matières étrangères non fusibles et s'échappe

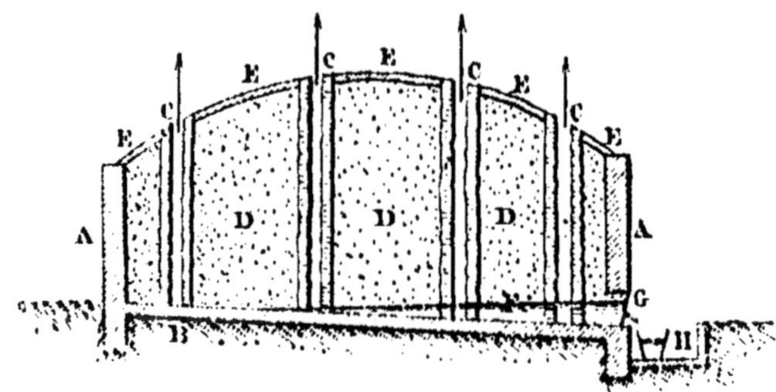

Fig. 24. — Extraction du soufre.

A, mur circulaire en briques ;
B, sole inclinée ;
C, cheminées constituées par les gros blocs de minerai de soufre ;
D, débris de minerai de soufre ;
E, couche de terre empêchant l'accès de l'air dans la plus grande partie de la masse ;
F, couche de soufre fondu ;
G, plaque de tôle percée d'un trou pour l'écoulement du soufre fondu ;
H, seau où l'on reçoit le soufre.

finalement par un orifice ménagé à la partie inférieure. Le tirage s'effectue à l'aide de cheminées pratiquées dans la masse (*fig.* 24).

C'est un procédé rudimentaire qui n'a d'avantage que là où le combustible manque totalement. Mais, dans le cas contraire, il y a lieu d'employer le suivant : on chauffe, jusqu'à distillation, le soufre brut dans des pots en terre disposés dans un long fourneau où l'on brûle du bois. Chacun des pots est réuni à un autre situé à l'extérieur du fourneau, et où se rendent et se condensent les vapeurs de soufre (*fig.* 25).

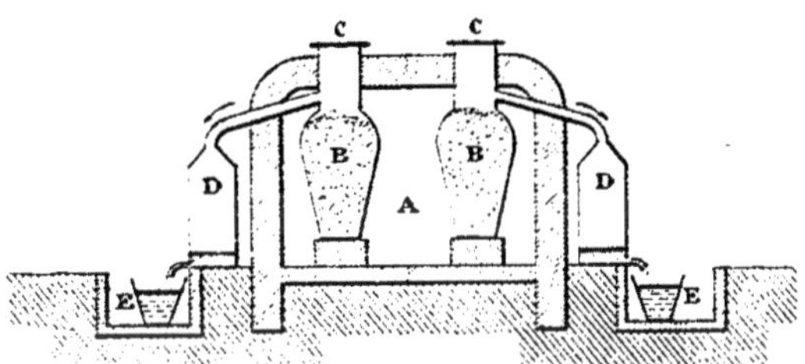

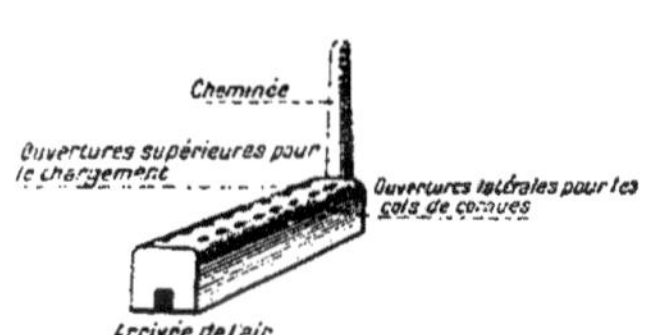

Fig. 25. — Extraction du soufre par distillation.

A, foyer ;
B, cornues ;
C, obturateurs fermant les cornues ;
D, vases extérieurs où se fait la condensation des vapeurs de soufre ;
E, seaux dans lesquels s'écoule le soufre fondu.

Raffinage. — **57.** Le soufre extrait comme il vient d'être dit renferme encore 10 0/0 d'impuretés entraînées mécaniquement. On le vaporise en le chauffant dans un cylindre de fonte. Ses

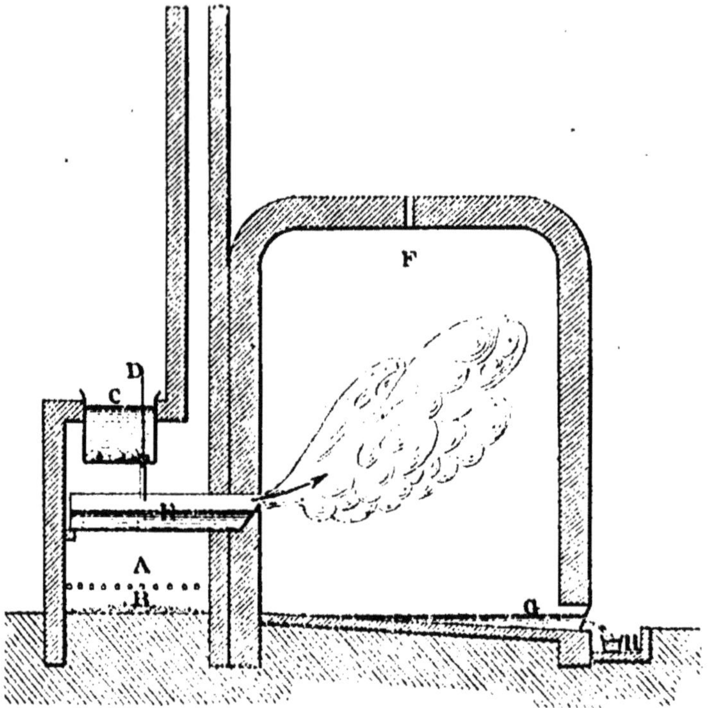

FIG. 26. — Raffinage du soufre.

A, foyer;
B, cendrier;
C, chaudière dans laquelle fond le soufre brut sous l'influence de la chaleur perdue du foyer;
D, tige actionnant la soupape permettant l'écoulement du soufre dans la cornue;
E, cornue;
F, chambre en maçonnerie dans laquelle se condensent les vapeurs du soufre;
G, couche de soufre fondu;
H, seau dans lequel s'écoule le soufre fondu.

vapeurs se rendent dans une grande chambre en maçonnerie (*fig.* 26). Au contact des parois et de l'air froid, il se condense brusquement et se dépose sous forme d'une matière pulvérulente, la *fleur de soufre*. Si on laisse élever la température de la chambre au-dessus du point de fusion du soufre, on recueille celui-ci sous forme liquide. On le fait alors écouler par une ouverture inférieure ; on peut le recevoir dans des moules coniques en bois plongés dans l'eau. Il se solidifie et l'on a alors le *soufre en canons*.

Propriétés physiques. — 58. Le soufre est un corps solide jaune, inodore ; il acquiert toutefois par le frottement une odeur spéciale.

La fusion du soufre présente quelque chose de particulier. Chauffons, en effet, un peu de soufre dans un creuset de terre.

Il va fondre en faisant entendre des crépitations et en se transformant en un liquide jaune d'or. Mais ce liquide ne tarde pas à prendre une couleur foncée. Retirons alors la flamme qui chauffe notre creuset et laissons refroidir la masse. Le soufre se solidifie à la surface, tandis que la partie centrale est encore liquide. Perçons alors, à l'aide d'une tige de fer, la croûte superficielle, inclinons le creuset pour faire écouler la partie encore liquide et enfin détachons avec un couteau la croûte superficielle elle-même. Nous apercevons dans le creuset de fines aiguilles enchevêtrées. Ces aiguilles sont plus foncées et plus translucides que le soufre dont nous sommes partis. Si nous les abandonnons à elles-mêmes pendant quelques jours, elles deviennent petit à petit opaques et reprennent la couleur jaune pâle ; en un mot on les retrouve avec l'aspect du soufre primitif.

En réalité, nous avons constaté que le soufre peut changer de forme et d'aspect physique, mais cette transformation n'est que passagère.

Si, lorsque le soufre est fondu, nous continuons de le chauffer, nous le voyons épaissir à nouveau et brunir. Chauffons encore, la masse conservera sa teinte foncée, mais redeviendra fluide, subissant en quelque sorte une seconde fusion. Retirons alors la flamme et versons le soufre liquide dans l'eau froide. Malgré ce refroidissement, il reste mou et garde l'aspect du caoutchouc.

Voilà donc un nouvel aspect du soufre, qui nous dévoile une troisième variété : le soufre mou. Cette variété n'est d'ailleurs pas stable et, au bout de quelque temps, le soufre mou reprend l'aspect primitif.

Voilà donc décrites trois variétés physiques d'une même substance; on les appelle des *variétés allotropiques*. Beaucoup d'autres substances possèdent, comme le soufre, la propriété de se manifester sous des aspects physiques différents.

Le soufre fond aux environs de 114°. Il bout à 444°. Nous indiquons ces chiffres simplement pour fixer les idées.

Le meilleur dissolvant du soufre est le sulfure de carbone (matière liquide, combinaison du soufre et du carbone). Le soufre est insoluble dans l'eau.

Il possède la curieuse propriété, lorsqu'on l'incorpore au caoutchouc, de conserver à celui-ci son élasticité et de l'empêcher de se ramollir sous l'action d'une chaleur douce. On dit que le caoutchouc est alors *vulcanisé*. Le soufre est donc employé à la vulcanisation du caoutchouc.

Propriétés chimiques. — *Combinaisons avec l'hydrogène et avec les métaux.* — **59.** Avec l'hydrogène et avec les métaux, le soufre donne des combinaisons tout à fait analogues à celles que forme l'oxygène avec les mêmes éléments.

Combiné avec l'hydrogène, il donne de l'*hydrogène sulfuré*, formé de 2 volumes d'hydrogène pour 1 volume de soufre mesuré à l'état de vapeur.

L'hydrogène sulfuré ne diffère donc de l'eau que par la présence du soufre à la place de l'oxygène. Comme l'eau, l'hydrogène sulfuré est susceptible de donner des corps provenant de la substitution de métaux à l'hydrogène. Son odeur est celle des œufs pourris.

C'est un poison à action brutale et violente, occasionnant souvent la mort de ceux qui le respirent.

On combat ses effets funestes à l'aide d'un métalloïde, le chlore, qui le décompose.

Il émane des fosses d'aisance et provient de la putréfaction de matières animales renfermant du soufre à l'état de combinaison.

60. Les combinaisons du soufre et des métaux, c'est-à-dire les *sulfures métalliques*, sont tout à fait analogues aux oxydes métalliques correspondants. Et de même que certains oxydes se combinent avec l'eau pour donner des hydrates basiques, de même les sulfures correspondants se combinent avec l'hydrogène sulfuré pour former des *sulfhydrates*.

Ces faits font déjà ressortir entre le soufre et l'oxygène une analogie qui nous acheminera vers l'idée d'une classification des métalloïdes en familles naturelles, classification qui allégera notre mémoire, en nous permettant de rapporter certaines propriétés générales aux éléments d'une même famille.

Combinaison avec le carbone. — **61.** Le gaz carbonique, dont nous avons bien des fois parlé, est une combinaison du carbone avec l'oxygène.

Le soufre donne aussi avec le carbone une combinaison qui est tout à fait analogue. C'est un liquide dont l'odeur n'est rien moins qu'agréable, le *sulfure de carbone*. On obtient la combinaison en chauffant du charbon au contact de vapeurs de soufre.

Le sulfure de carbone dissout les graisses et les huiles. Cette propriété, jointe à celle de pouvoir être facilement séparé par distillation (car il bout à basse température, 45°), le fait employer pour extraire les graisses (suint) de la laine des moutons, pour le lavage des chiffons gras et aussi pour l'extraction de certaines huiles de graines oléagineuses.

Mais il faut bien noter que son emploi est très dangereux et nécessite de grandes précautions. Formé d'éléments combustibles, il est très aisément inflammable. Comme, en outre, il se vaporise très facilement, ses vapeurs envahissent l'atmosphère des salles de travail, si les récipients ne sont pas bien clos et les ateliers bien ventilés.

Combinaisons avec l'oxygène. Définition des acides et des anhydrides. — **62.** Le soufre brûle très aisément dans l'air (1). Le produit de la combustion, c'est-à-dire de l'oxydation, est un gaz qui possède l'odeur suffocante bien connue d'une allumette qui brûle. C'est le gaz sulfureux, nous l'avons nommé déjà *anhydride sulfureux.*

Il est soluble dans l'eau et, en présence de ce liquide, il détruit les couleurs végétales, il décolore par exemple les violettes, les taches de fruits et s'emploie pour blanchir la laine et les étoffes. Cette décoloration est due à un emprunt d'oxygène fait à la matière colorante.

L'anhydride sulfureux détruit les êtres microscopiques et en particulier ceux qui communiquent au vin ses maladies. Aussi est-il d'usage de brûler dans les tonneaux des mèches soufrées qui les aseptisent en produisant du gaz sulfureux.

L'anhydride sulfureux a une grande aptitude à fixer encore de l'oxygène pour donner une combinaison du soufre plus fortement oxygénée, que nous nommerons *anhydride sulfurique.* Cette grande avidité de l'anhydride sulfureux pour l'oxygène fait qu'il en ravit à tous les corps susceptibles de lui en céder. En d'autres termes, il réduit la proportion d'oxygène des corps en contact avec lui. Un corps doué d'une telle propriété est appelé un *réducteur.* Un corps réducteur joue donc le rôle inverse d'un corps *oxydant.* Retenons bien ce fait : *l'anhydride sulfureux est un réducteur.* C'est, avons-nous vu, grâce à cette propriété qu'il décolore les violettes et enlève les taches de fruit.

63. Revenons au produit de suroxydation de l'anhydride sulfureux, produit que nous avons appelé anhydride sulfurique. Cet anhydride sulfurique s'empare de l'eau avec avidité pour se combiner avec elle. Le dégagement de chaleur est énorme. Le corps qui prend naissance renferme donc du soufre, de l'oxygène et de l'hydrogène. Il se nomme *acide sulfurique.*

C'est un liquide sirupeux. Nous allons faire une expérience avec ce corps.

Dans un flacon à deux tubulures (*fig.* 27), mettons des morceaux de zinc, ce métal si connu, et un peu d'eau. A la tubulure centrale, adaptons un bouchon percé d'un trou donnant accès à un tube de verre plongeant presque jusqu'au fond et terminé extérieurement en forme de petit entonnoir. A la seconde tubulure, nous fixerons un tube recourbé aboutissant sous une éprouvette remplie d'eau. Par l'entonnoir versons de l'acide sulfurique. Le zinc est attaqué, le liquide devient effervescent et un gaz se dégage que l'on reçoit dans l'éprouvette sur la cuve à eau. Si nous examinons ce gaz, nous constatons qu'il brûle dans l'air, mais n'entretient pas la combustion : il est combustible, mais non comburant.

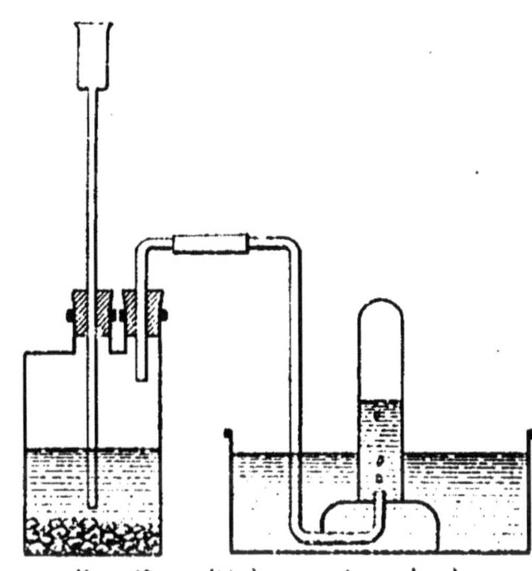

Fig. 27. — Déplacement par le zinc de l'hydrogène de l'acide sulfurique.

C'est de l'hydrogène. En réagissant sur l'acide sulfurique, le zinc a déplacé l'hydrogène. Il a fait mieux : il a pris sa place pour former une matière solide, le *sulfate de zinc*, qui reste dissimulée en dissolution dans l'eau.

Donc l'acide sulfurique renferme de l'hydrogène remplaçable par un métal.

Il existe un grand nombre de corps semblables et, d'une manière générale, on désignera sous le nom d'*acide* un composé renfermant de l'hydrogène remplaçable par un métal.

64. Prenons un morceau de papier imprégné d'une matière tinctoriale végétale appelée *tournesol*. Ce papier est d'un bleu violacé. On peut aussi faire usage d'une solution de la même matière appelée teinture de tournesol.

Sur le papier bleu de tournesol, mettons une goutte d'acide sulfurique avec une baguette de verre. Le papier devient rouge. La teinture bleue de tournesol est, elle aussi, rougie par l'acide sulfurique. Il suffit de quelques gouttes de cette solution pour communiquer à une solution d'acide la coloration rouge.

Cette propriété de rougir la teinture ou le papier bleu de tournesol n'est pas particulière à l'acide sulfurique, c'est une propriété générale des acides.

Si, maintenant, sur du papier de tournesol rougi par une quantité extrêmement faible d'acide, nous versons quelques gouttes d'une base en solution dans l'eau, de la soude caustique par exemple, nous constatons que la couleur tourne au bleu.

Nous avons donc à retenir ceci : le papier de tournesol et la teinture de tournesol sont rougis par les acides et ramenés ensuite au bleu par les bases. C'est un moyen facile de reconnaître la présence d'un acide ou d'une base dans un produit.

65. Occupons-nous à nouveau de l'acide sulfurique, ou plutôt des acides en général. Un acide et une base se trouvent-ils en présence, un échange s'effectue : l'acide cède à la base l'hydrogène et la base lui donne en compensation le métal, de sorte que la base se trouve convertie en eau et l'acide en produit de substitution du métal à l'hydrogène. Ce produit de substitution d'un métal à l'hydrogène d'un acide est le même, qu'il soit obtenu par action de l'acide sur le métal ou par action de l'acide sur la base ; il prend le nom de *sel*. Le sulfate de zinc obtenu plus haut est donc un sel. Nous avons d'ailleurs cité déjà bon nombre de sels, en particulier le sel de cuisine ou chlorure de sodium.

En réagissant sur une base pour donner un sel, un acide perd son hydrogène remplaçable par le métal et par conséquent ses propriétés acides ; de même une base, en cédant son métal à l'acide, use cette faculté et perd par conséquent ses propriétés basiques : les deux corps émoussent leurs caractères à leur contact réciproque, on dit qu'*ils se neutralisent*. Le sel est, en effet, généralement sans action ni sur la teinture bleue de tournesol, ni sur la teinture virée au rouge. C'est généralement un corps neutre.

L'acide sulfurique vient de nous fournir une excellente occasion d'acquérir des idées générales qui sont de la plus haute importance. Aussi ne nous bornerons-nous pas à l'exposé que nous venons d'en faire. Nous y reviendrons dans le chapitre suivant, avec une faculté de compréhension élargie.

66. Il faut encore faire ici une remarque. L'acide sulfurique renferme de l'oxygène ; mais la présence de cet élément n'est pas nécessaire dans une combinaison pour que celle-ci possède des propriétés acides. Nous verrons bientôt que l'esprit de sel (acide chlorhydrique), qui est un acide énergique, est dépourvu d'oxygène. L'hydrogène est seul indispensable à la manifestation du caractère acide chez un corps. Tous les acides ne possèdent pas au même degré la propriété acide, c'est-à-dire qu'ils ne mettent pas un égal empressement à céder leur hydrogène pour s'emparer d'un métal : il y a des acides forts et des acides faibles. De même toutes les bases n'imposent pas avec une égale vigueur leur métal aux acides : il y a des bases énergiques et des bases faibles. Et, cela est bien naturel, un acide fort déplacera de ses sels un acide faible. On peut dire que c'est la loi du plus fort qui est en vigueur dans le monde chimique.

Nous devons ajouter, avant de passer à l'étude d'un autre corps, que les combinaisons du soufre et de l'oxygène ne sont pas limitées à celles que nous venons d'examiner. Mais les autres ont moins d'intérêt pour nous.

Carbone.

Carbone et charbons naturels. — 67. Le carbone est un métalloïde qui existe dans la nature sous les formes de *diamant* et de *graphite*. Il semble surprenant que cette substance si précieuse, aux reflets si merveilleux, le diamant, puisse être de nature identique au graphite ou plombagine, ce corps si vulgaire, si banal, qui sert à fabriquer des crayons et préserve de la rouille nos poêles et calorifères. L'éclat de l'un, l'aspect si terne de l'autre, sont dus à la seule différence de cristallisation.

Les tissus de tous les animaux, de tous les végétaux renferment du carbone ; tous les êtres vivants contiennent un grand nombre de substances formées de carbone. Ces substances se décomposent lorsqu'on les chauffe fortement ; elles abandonnent alors leur carbone sous forme d'une masse solide noire. Nous avons effectué une expérience (§ 15), celle de la décomposition du sucre sous l'action de la chaleur, qui a abouti à un semblable résultat. Une telle opération s'appelle une *pyrogénation*.

Aussi trouve-t-on dans le sol des charbons qui proviennent précisément de la décomposition des matières végétales. Ces charbons, les *houilles*, sont de composition très complexe, car la destruction des matières végétales dont ils proviennent est plus ou moins avancée. On les nomme, selon leur nature : anthracite, houille, lignite, tourbe. Ils sont employés comme combustibles et constituent pour un pays des éléments d'incomparable richesse.

Charbons artificiels. — **68.** La pyrogénation de certaines substances végétales ou animales est mise à profit pour l'obtention de charbons artificiels.

En chauffant le bois, il se dégage d'abord des produits volatils sous forme d'épaisses fumées, puis le bois se carbonise, c'est-à-dire que le charbon apparaît débarrassé de la majeure partie des autres substances qui lui étaient combinées ou qui étaient mélangées à ses combinaisons. C'est la carbonisation du bois. Il ne faut pas confondre carbonisation avec combustion. La carbonisation est une décomposition comme celle que nous avons constatée pour le sucre, elle aboutit à la mise en liberté du charbon. La combustion aboutirait à la destruction du charbon, mais elle ne pourrait s'opérer qu'en présence de l'oxygène de l'air. C'est pour cela que la carbonisation doit être effectuée à l'abri de l'air.

Par carbonisation du bois on obtient le *charbon de bois* tant apprécié des cuisinières. Cette carbonisation est effectuée soit par le *procédé des meules*, soit par le *procédé des cylindres*.

On forme une meule (*fig*. 28) à l'aide de branches entassées *b*, en réservant une cheminée au moyen de piquets *a* et recouvrant de feuilles sèches et de terre *c*. On met le feu par la cheminée centrale et on le règle en pratiquant des ouvertures latérales. Avec ce procédé, le rendement est faible et les produits qui distillent sont perdus.

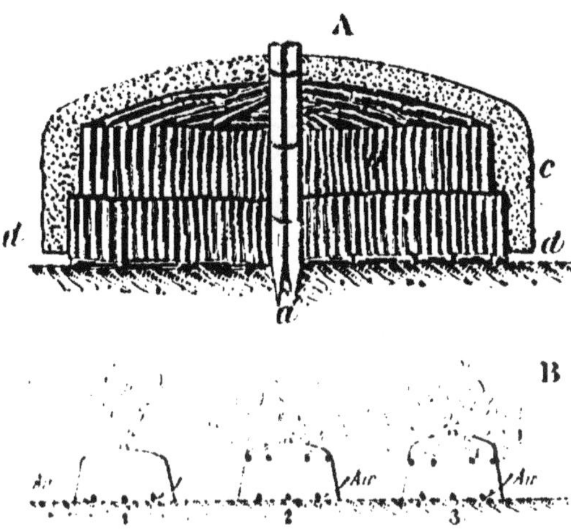

Fig. 28. — Meule pour le charbon de bois.

A, construction de la meule. — 4 pieux *a* sont plantés en terre et forment une cheminée, autour de laquelle on entasse du bois *b*. On recouvre ensuite de feuilles sèches, de gazon, de mottes de terre *c*. Quelques évents *d* sont ménagés au niveau du sol;

B, combustion. — (1) Du bois enflammé est introduit dans la cheminée. Il se dégage une fumée noire intense. Quand la fumée devient transparente, on ouvre des évents un peu plus bas (2) et l'on bouche la cheminée. La fumée redevient noire, puis claire. On ferme alors les ouvertures (2) et l'on ouvre (3), etc.

Un procédé plus perfectionné, celui des cylindres, permet l'utilisation des matières volatiles et donne un meilleur rendement.

Le bois est disposé dans des cylindres en tôle que l'on chauffe par un foyer extérieur (*fig*. 29). Il s'y carbonise, les matières volatiles vont se condenser dans des récipients refroidis avec lesquels communiquent les cylindres en tôle.

Nous apprendrons plus tard, lorsque nous étudierons la chimie organique, quels intéressants produits on extrait des matières volatiles ainsi recueillies.

En somme, la carbonisation du bois est absolument analogue à la carbonisation du sucre (§ 15).

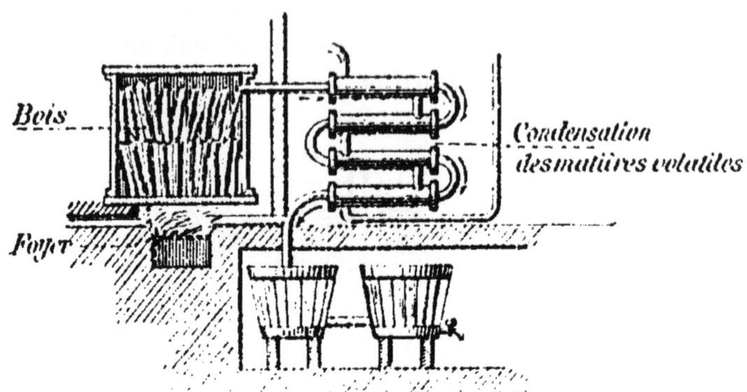

Fig. 29. — Carbonisation du bois dans des cylindres.

La calcination des os dans des creusets couverts fournit un charbon, le *noir animal*, qui absorbe les colorants végétaux et sert, pour cette raison, à décolorer des liquides.

Quand on chauffe de la houille en vase clos, il se dégage des gaz combustibles qui constituent le *gaz d'éclairage*, et il reste le charbon qui prend le nom de *coke*, si employé comme combustible.

Il y a lieu de remarquer que ces diverses espèces de charbons retiennent toutes des combinaisons de métaux. Ces combinaisons se trouveront plus ou moins transformées dans les résidus de la combustion du charbon, qui formeront ce qu'on appelle les *cendres*.

Matières organiques, grandes divisions de la chimie. — **69.** Nous venons de dire que les animaux et les végétaux renferment dans leurs organismes un nombre considérable de combinaisons du carbone. Dans ces combinaisons, le carbone se trouve uni le plus fréquemment à l'un ou à plusieurs des éléments suivants : hydrogène, oxygène, azote. Ces principes de l'organisme animal ou de l'organisme végétal ont reçu le nom de *matières organiques*. Réduites à celles que fournit la nature, les matières organiques étaient déjà suffisamment nombreuses pour former l'une des grandes divisions de la chimie. Mais aujourd'hui que la méthode synthétique (§ 25) est venue permettre non seulement de reproduire, en partant des éléments, un grand nombre de composés naturels du carbone, mais encore d'obtenir les combinaisons qu'une admirable théorie permet de supposer, on conçoit que l'étude des substances organiques a dû prendre une importance énorme. Aussi y a-t-il lieu de séparer cette étude de celle des autres matières.

Les éléments, métalloïdes et métaux, sont tirés de corps qui se trouvent dans l'intérieur de la terre ou à sa surface, en d'autres termes, de minéraux. Leur étude et celle de leurs combinaisons entre eux constituera la *chimie minérale*. C'est dire que la chimie minérale est la chimie des métalloïdes, des métaux et de leurs combinaisons. Les combinaisons du carbone comprenant celles que l'on rencontre dans l'organisme animal et dans l'organisme végétal, ainsi que les substances obtenues dans le laboratoire du chimiste, constituent la *chimie organique*. On sera surpris de voir l'infinie variété de ces combinaisons, en même temps que la simplicité des méthodes que la théorie mettra à notre disposition pour leur étude.

Propriétés physiques du carbone. — **70.** Le carbone est solide. Il est infusible; mais, aux températures les plus élevées que l'on ait réussi à produire, grâce d'ailleurs à l'électricité (3.600° environ), on peut le volatiliser. En condensant ses vapeurs, Moissan, un fort habile chimiste français, a obtenu du graphite.

Le carbone est noir ou gris noirâtre. Sous forme de diamant, il est incolore ou noir. Le diamant est le plus dur de tous les corps; il les raye tous. Par contre, le graphite est suffisamment mou pour laisser une trace grise sur le papier, ce qui le fait employer pour la fabrication des crayons.

Porté à haute température à l'aide d'un courant électrique et dans une ampoule de laquelle on a chassé l'air pour éviter la combustion, il devient incandescent et répand une lumière très vive. C'est sur ce fait que repose l'emploi des lampes électriques à incandescence.

Propriétés chimiques du carbone. — 71. En brûlant en présence d'une *quantité insuffisante* d'oxygène, le charbon fournit de l'*oxyde de carbone*, poison extrêmement dangereux, d'autant qu'aucune odeur ne révèle sa présence. Il résulte de ce que nous venons de dire que ce gaz redoutable se forme lorsque le charbon, en brûlant, est un peu isolé de l'air, par exemple par une couche épaisse du combustible lui-même.

L'oxyde de carbone brûle avec une flamme bleue en fixant encore de l'oxygène et donnant naissance au *gaz carbonique* que nous connaissons. C'est dire que la combustion du carbone en présence d'une quantité suffisante d'oxygène donne naissance au gaz carbonique. Celui-ci contient, pour un même poids de carbone, deux fois plus d'oxygène que l'oxyde de carbone. Il n'est pas toxique, mais n'entretient ni la combustion ni la respiration.

Puisque l'oxyde de carbone peut s'oxyder encore pour donner du gaz carbonique, nous pouvons en conclure que c'est un agent réducteur, c'est-à-dire qu'il est susceptible d'enlever aux combinaisons oxygénées une partie ou la totalité de leur oxygène, dans des conditions convenablement choisies. Il est employé comme tel dans l'art d'extraire les métaux (métallurgie) de leurs oxydes.

En se combinant avec l'eau dans la solution qu'il forme avec ce liquide, le gaz carbonique donne un véritable acide, l'acide carbonique, que l'on ne peut isoler de la solution, mais auquel correspondent des sels bien définis, tels que le carbonate de sodium (cristaux de soude), le carbonate de calcium (craie, calcaire), dont nous avons déjà parlé. Le gaz carbonique est donc à l'acide carbonique ce que l'anhydride sulfurique est à l'acide sulfurique. Nous le nommerons désormais indifféremment *gaz carbonique* ou *anhydride carbonique*.

Flamme. — **72.** Une flamme est un gaz ou une vapeur rendus incandescents par combustion vive. Les corps qui brûlent sans se volatiliser, comme le fer et le carbone, brûlent donc sans flamme. La flamme d'un gaz est peu éclairante, et les gaz portés même à une température très élevée ne sont pas le siège de phénomènes lumineux aussi intenses que les solides. Mais, par contre, si dans un gaz en combustion, c'est-à-dire dans une flamme, on introduit des particules solides que la flamme porte à l'incandescence, ces particules solides émettront une très vive lumière. C'est le principe même de l'éclairage par incandescence. On porte à l'incandescence un corps infusible introduit dans la flamme. Les manchons des becs à incandescence sont obtenus en humectant des manchons de soie d'une solution concentrée de sels métalliques et pratiquant une calcination qui transforme les sels en oxydes. Ces manchons formés par une matière infusible qui devient incandescente dans la flamme augmentent l'intensité lumineuse de celle-ci.

Examinons une flamme. Celle d'une bougie par exemple (*fig.* 30) est produite par la combustion des gaz provenant de la volatilisation et de la décomposition de la cire. On y remarque principalement trois zones :

1° Une zone extérieure 1 peu éclairante ; là l'oxygène est très abondant puisqu'il y a contact avec l'air, la combustion y est complète, de sorte que le carbone qui compose les matières volatilisées est transformé entièrement en anhydride carbonique ; plus la combustion est complète, plus la production de chaleur est grande. Aussi cette zone est-elle extrêmement chaude. Son faible pouvoir éclairant est dû à ce que le carbone brûlant totalement ne demeure pas sous forme de particules solides incandescentes ;

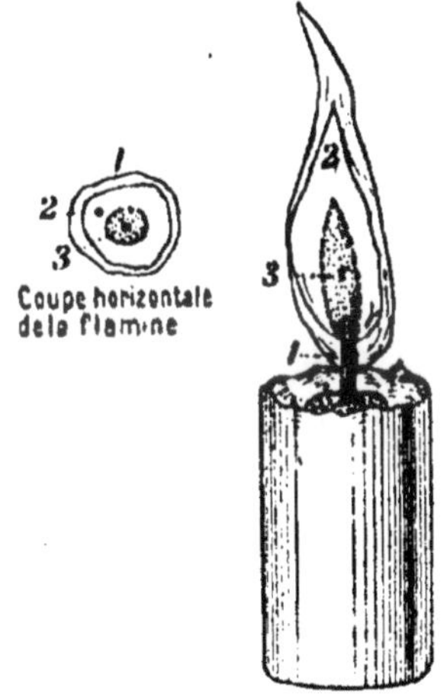

Fig. 30. — Flamme
d'une bougie.

2° Une zone 2 enveloppée par la zone 1 et par conséquent en contact limité avec l'oxygène de l'air.

La combustion y est incomplète et par conséquent la flamme moins chaude, mais le carbone non brûlé forme des particules portées à l'incandescence et dès lors puissamment lumineuses ;

3° Au contact de la mèche, une zone 3 obscure ; dans cette zone il n'y a guère de combustion, car l'oxygène manque, la matière combustible est simplement décomposée, et la chaleur est insuffisante pour produire l'incandescence des particules de carbone. Les produits de la décomposition iront brûler dans la zone 2 avec une flamme éclairante et dans la zone 3 avec une flamme chaude.

73. Il résulte de notre raisonnement que, pour réaliser un bon éclairage, par exemple avec le gaz, il faudra éviter dans une certaine mesure une combustion trop complète et par conséquent un excès d'air, sans toutefois qu'une trop grande quantité de carbone puisse échapper à la combustion (bec papillon, *fig*. 31) ; dans ces conditions des particules incandescentes de carbone se trouvent dans la flamme.

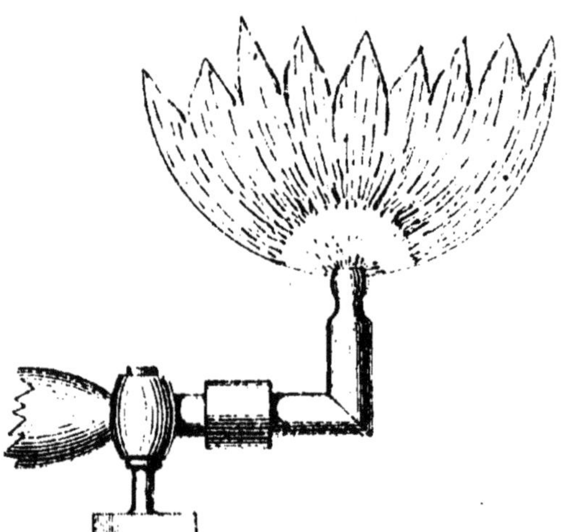

FIG. 31. — Bec papillon.

Mais, dans ce cas, on ne fait pas une bonne utilisation du combustible. Il est plus avantageux d'employer l'artifice que nous avons indiqué plus haut et qui consiste à produire l'incandescence à l'aide d'une matière qui ne se détruit pas.

Au contraire, pour le chauffage, il faut que l'appareil soit disposé de façon que la combustion du gaz soit complète en tous points, c'est-à-dire qu'elle s'opère partout avec la quantité d'oxygène nécessaire. Le *brûleur Bunsen* dont on fait usage dans les laboratoires de chimie réalise ces conditions (*fig*. 32). Un ajutage conique amène le gaz à la base d'un tuyau cylindrique portant deux ouvertures. Celles-ci, qui amènent l'air, peuvent être réglées en tournant une virole qui porte elle-même deux ouvertures.

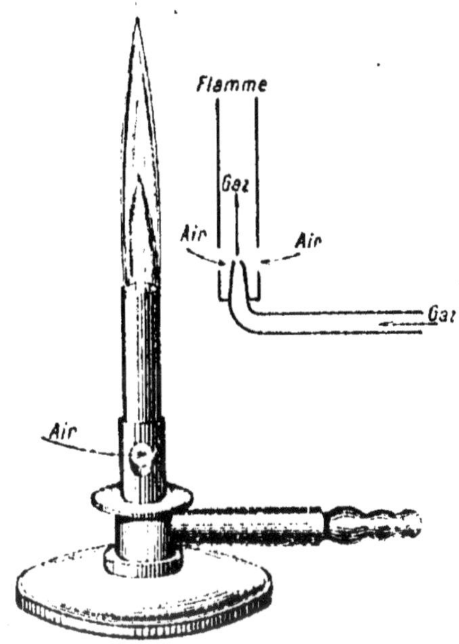

Fig. 32. — Brûleur Bunsen.

Si les ouvertures de la virole et du tuyau coïncident, l'arrivée de l'air est maxima; comme le mélange d'air et de gaz s'effectue bien, la combustion est complète, de sorte que la flamme est chaude et peu éclairante. Au contraire, si les ouvertures ne coïncident pas, la combustion ne s'effectue qu'au contact de l'air extérieur, elle est incomplète et la flamme est éclairante.

74. Si dans deux tubes concentriques on fait arriver par l'espace annulaire le gaz d'éclairage et par le tube central de l'oxygène, la combustion est encore plus parfaite et la chaleur produite est considérable. On réalise ainsi le *chalumeau* à l'aide duquel on peut fondre les métaux *réfractaires*, c'est-à-dire difficilement fusibles.

75. Plaçons une toile métallique au-dessus de la flamme d'un bec Bunsen. Nous constatons que la flamme ne traverse pas la toile métallique, elle est en quelque sorte écrasée (*fig.* 33). Ce phénomène est dû à ce que le métal absorbant la chaleur, la flamme se refroidit brusquement. Les gaz se sont éteints en cédant leur chaleur à la toile métallique, mais ils

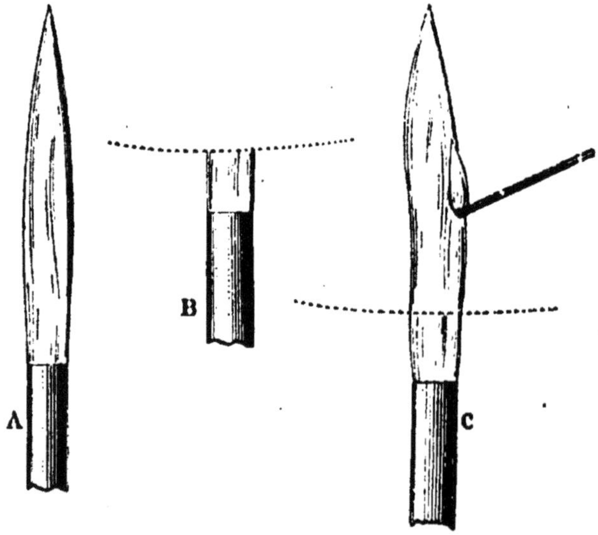

Fig. 33. — Toile métallique arrêtant la flamme.
A, flamme du bec Bunsen;
B, on abaisse sur la flamme une toile métallique à mailles serrées (1 millimètre environ); la flamme est écrasée;
C, au-dessus de la toile métallique, on peut rallumer les gaz.

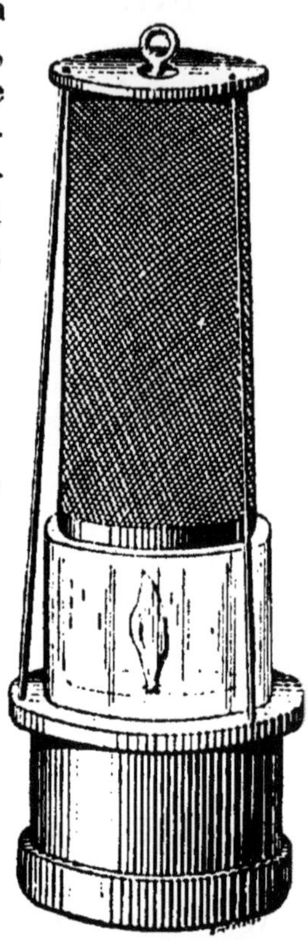

Fig. 34. — Lampe de mineurs.
Lampe Davy, modifiée par Combes. La flamme est entourée d'un manchon en cristal épais. Le capuchon en toile métallique est sur le manchon.

n'en ont pas moins traversé celle-ci; ce qui le prouve c'est qu'on peut les enflammer au-dessus, à l'aide d'une allumette.

On utilise cette propriété que possèdent les toiles métalliques d'arrêter les flammes pour confectionner des lampes de sûreté (lampes de mineurs, *fig.* 34), permettant de s'éclairer sans danger dans des milieux susceptibles de renfermer des gaz inflammables, comme dans les mines et certains ateliers.

Sel de cuisine (chlorure de sodium).

État naturel. Extraction. — **76.** Le sel de cuisine est une combinaison d'un métalloïde gazeux, le *chlore*, avec un métal dont nous avons déjà parlé, le *sodium*. On le trouve dans les eaux de mer et aussi dans le sol à l'état de minerai connu sous le nom de sel gemme.

On l'extrait des eaux de mer par évaporation; le sel se dépose lorsque la quantité d'eau qui reste devient insuffisante pour le dissoudre. Cette eau, appelée *eau mère*, contient encore d'autres sels plus solubles que le chlorure de sodium.

Lorsque le sel gemme est en couches épaisses, il suffit de l'extraire du sol. Mais, s'il est disséminé dans des couches d'argile, on fait arriver de l'eau qui le dissout et que l'on pompe. On évapore ensuite ces eaux.

Propriétés. — **77.** Le chlorure de sodium est un corps solide cristallisé, soluble dans l'eau. Il prend très facilement l'humidité de l'air, mais la perd à nouveau, lorsqu'on le chauffe.

Préparation de l'acide chlorhydrique et de la soude. — **78.** En dehors de ses usages domestiques bien connus, le chlorure de sodium a des applications pratiques d'une importance considérable, grâce aux transformations successives qu'il est susceptible de subir. En étudiant quelques-unes de ces transformations, nous aurons une excellente occasion de nous familiariser avec un certain nombre de composés fort importants dont la connaissance, même sommaire, nous fera faire un grand pas.

Le chlorure de sodium est, avons-nous dit, une combinaison de chlore et de sodium. C'est aussi un sel, le sel provenant de la substitution du sodium à l'hydrogène d'un acide appelé acide chlorhydride. Cet acide est donc une combinaison de chlore et d'hydrogène.

Le chlorure de sodium est, comme nous venons de le voir, un sel de l'acide chlorhydrique ; si on le traite par l'acide sulfurique étudié plus haut (§ 63), celui-ci, plus fort, déplacera l'acide chlorhydrique sans même qu'il soit nécessaire de chauffer. Il se formera de l'acide chlorhydrique, gaz qui se dégagera, et du sulfate de sodium qui restera dans l'appareil.

Voilà donc le moyen d'obtenir l'acide chlorhydrique, composé dont nous saisirons plus tard l'importance et que nous avions grand intérêt à connaître un peu.

Le sulfate de sodium formé est le produit de substitution du sodium à l'hydrogène de l'acide sulfurique. Il est composé de soufre, d'oxygène, de sodium.

C'est un purgatif. Mais son grand intérêt industriel résulte de son emploi pour la fabrication de la soude du commerce (carbonate de sodium) à l'aide d'un procédé dont nous dirons un mot plus tard et qui a joué un rôle considérable dans l'évolution des industries chimiques. Cet admirable procédé fut inventé en 1792 par un chimiste français, LEBLANC.

Salpêtre.

79. L'azote, ce gaz de l'air, est susceptible de former avec l'oxygène différentes combinaisons. L'une d'elles, *l'anhydride azotique*, s'unit avec l'eau pour donner *l'acide azotique* encore appelé *acide nitrique*. Étendu d'eau, ce dernier constitue l'eau-forte qui sert à graver sur cuivre. L'acide azotique existe dans la nature à l'état de sels, notamment à l'état de sel de potassium (nitre ou salpêtre) ou de sel de sodium (salpêtre du Chili), produits de substitution du potassium ou du sodium à l'hydrogène de l'acide.

Le nitre ou salpêtre (azotate ou nitrate de potassium) constitue la matière blanche cristalline que l'on trouve sur les murs des caves humides. Il entre dans la composition de la poudre.

Le salpêtre du Chili (azotate ou nitrate de sodium) forme d'abondants gisements au Chili et au Pérou.

Tous deux, mais surtout l'azotate de sodium qui est meilleur marché, peuvent être employés pour préparer l'acide azotique. Celui-ci y est uni à un métal, on le déplacera, comme on l'a fait pour l'acide chlorhydrique, à l'aide de cet acide si fort qu'est l'acide sulfurique. L'acide sulfurique lui fournira l'hydrogène en échange du métal qu'il lui enlèvera. L'acide azotique sera mis ainsi en liberté, tandis que l'acide sulfurique se trouvera à l'état de sulfate de potassium ou de sulfate de sodium, selon que l'on aura employé l'azotate de potassium ou l'azotate de sodium.

CHAPITRE III

PRINCIPES FONDAMENTAUX DE LA CHIMIE

80. Nous connaissons maintenant un certain nombre de phénomènes chimiques. Nous allons comparer ceux qui nous paraissent de même nature, de façon à voir s'ils obéissent à des règles communes ou bien s'ils ont une indépendance absolue. Dans le premier cas, nous tirerons au clair ces règles qui, une fois connues, nous permettront de ne plus envisager tous les faits isolément, mais simplement chaque groupe de faits analogues. Nos efforts seront ainsi simplifiés, notre mémoire se trouvera considérablement allégée et une lumière très vive éclairera le vaste domaine chimique où toutes choses nous paraîtront dans un ordre parfait.

Lois de la combinaison chimique.

81. Ce qui précède nous a montré que les éléments ou corps simples de nature différente sont susceptibles, en s'unissant entre eux, de donner naissance à cette infinité de corps composés qui constituent les diverses matières. Ces associations ne s'effectuent pas au hasard, dans des conditions quelconques. Elles se réalisent suivant des lois qu'il importe maintenant de connaître. Ces lois déterminent les proportions dans lesquelles divers éléments se combinent entre eux et l'on peut avoir à considérer soit les poids des corps simples qui forment les combinaisons, soit leurs volumes lorsqu'on les prend, bien entendu, dans des conditions comparatives, c'est-à-dire à l'état gazeux, sous la même pression et à la même température.

Nous aurons par conséquent à étudier les combinaisons en poids et les combinaisons en volumes.

Combinaisons en poids.

Conservation de la matière. — *Loi de* LAVOISIER. — **82.** Le fait que la matière se transforme, mais ne disparaît pas; qu'elle peut changer de nature, mais qu'on en retrouve toujours le même poids, résulte d'une infinité d'observations. Il nous est si familier aujourd'hui qu'il nous semble que nul n'a jamais dû en douter. Et cependant, il a fallu arriver jusqu'à LAVOISIER, c'est-à-dire jusqu'à la fin du xviii⁰ siècle, pour que cette idée de la conservation de la matière fût définitivement admise. A l'aide de la balance, qu'il a introduite dans le laboratoire du chimiste comme indispensable instrument d'expérimentation, LAVOISIER a bien établi la loi de la conservation de la matière; et il l'a ainsi formulée : *Rien ne se perd, rien ne se crée.*

Quand nous faisons brûler du charbon dans l'oxygène, si nous ajoutons le poids du charbon consumé au poids de l'oxygène disparu, nous trouvons exactement le poids de l'anhydride carbonique formé. Quand nous unissons, comme dans le paragraphe 17, du soufre à du fer, le poids du soufre et le poids du fer forment un total rigoureusement égal au poids du sulfure de fer obtenu.

On peut donc dire que *le poids d'un composé est égal à la somme des poids des composants.*

Loi des proportions définies *(loi de* PROUST*).* — **83.** Lorsque nous avons (§ 17) voulu engager entièrement le soufre et le fer dans une combinaison, pour ne trouver à la fin que le produit de la réaction, le sulfure de fer, nous avons eu soin d'opérer sur des proportions déterminées de soufre et de fer : pour 32 grammes de soufre, par exemple, 56 grammes de fer.

Nous allons maintenant comprendre pourquoi.

En étudiant l'eau, nous avons dit (§ 52) que, dans ce composé défini, les composants oxygène et hydrogène se trouvent toujours unis dans la même proportion en poids : 8 d'oxygène pour 1 d'hydrogène. Donc, *pour former de l'eau*, quelles que soient les quantités d'oxygène et d'hydrogène mises en présence, ces deux éléments s'uniront *toujours* en poids dans le rapport invariable de 8 à 1. Prenons, par exemple, 2 grammes d'oxygène et 2 grammes d'hydrogène et essayons de combiner les deux gaz. En vertu de ce que nous venons de dire, les 2 grammes d'hydrogène nécessiteront pour se combiner un poids d'oxygène 8 fois plus grand, c'est-à-dire 16 grammes. Il en résulte que la quantité d'oxygène dont on dispose sera insuffisante pour les 2 grammes d'hydrogène mis en œuvre : la combinaison n'utilisera qu'une partie de cet hydrogène, un poids égal au $\frac{1}{8}$ de l'oxygène, c'est-à-dire $\frac{2^{gr}}{8} = 0^{gr},25$. En résumé, 2 grammes d'oxygène se seront combinés av-- $0^{gr},25$ d'hydrogène pour former $2^{gr},25$ d'eau, et il restera $2^{gr} - 0^{gr},25 = 1^{gr},75$ d'hydrogène non combiné. On dit qu'il y a *un excès* d'hydrogène. Retenons bien cette expression qui est fréquemment employée en chimie.

Le fait que nous venons d'éclaircir est absolument général, et l'on peut dire que *pour former un même composé, deux corps s'unissent toujours dans des proportions invariables*.

La restriction que nous venons de faire (qu'il s'agit d'une combinaison de corps aboutissant *à un même composé* est absolument nécessaire, ainsi que nous allons nous en rendre compte.

Loi des proportions multiples (*loi de* DALTON). - **84.** Nous venons de voir qu'en *formant de l'eau*, l'oxygène et l'hydrogène se combinent en poids dans les proportions invariables de 8 à 1. Mais ceci, dans le cas où la combinaison formée demeure toujours la même : l'eau. L'union de l'oxygène avec l'hydrogène peut donner autre chose que de l'eau, elle peut aussi donner naissance à un corps appelé *eau oxygénée*. Dans ce cas, les proportions d'oxygène et d'hydrogène combinées seront différentes de ce qu'elles étaient dans le cas précédent.

Examinons ces deux combinaisons, l'eau et l'eau oxygénée, que l'oxygène et l'hydrogène sont susceptibles de donner. L'expérience montre que :

8 grammes d'oxygène se combinent avec 1 gramme d'hydrogène pour donner de l'*eau* ;

16 grammes = 2 × 8 grammes d'oxygène se combinent encore avec 1 gramme d'hydrogène pour donner de l'*eau oxygénée*.

Et nous remarquons que les poids 8 et 2 × 8 d'un élément, l'oxygène, qui se combinent *avec un même poids* 1 d'un autre élément, l'hydrogène, pour former *deux composés différents* (eau et eau oxygénée), sont entre eux dans un rapport simple, le rapport de 8 à 2 × 8, c'est-à-dire de 1 à 2. Ces poids sont, en d'autres termes, des multiples d'un même nombre.

Prenons un autre exemple connu de nous. Le carbone se combine avec moins ou plus d'oxygène pour former l'oxyde de carbone ou l'anhydride carbonique. L'analyse nous apprend que :

8 grammes d'oxygène se combinent avec 12 grammes de carbone pour donner de l'*oxyde de carbone* ;

16 grammes = 2 × 8 grammes d'oxygène se combinent avec 12 grammes de carbone pour donner de l'*anhydride carbonique*.

Bref, les poids 8 et 2 × 8 d'oxygène qui se combinent *avec un même poids* 12 de carbone pour former *deux composés différents* (oxyde de carbone et anhydride carbonique) sont des multiples d'un même nombre.

Encore un exemple pour généraliser. L'oxygène donne avec l'azote différentes combinaisons dont l'analyse fournit les résultats suivants :

1ʳᵉ *combinaison :* 16 d'oxygène pour 2 × 14 d'azote ;

     soit **8** d'oxygène pour **14** d'azote.

2ᵉ *combinaison :* 16 d'oxygène pour 14 d'azote ;

     soit **2 × 8** d'oxygène pour **14** d'azote.

3ᵉ *combinaison :* 3 × 16 d'oxygène pour 2 × 14 d'azote ;

     soit **3 × 8** d'oxygène pour **14** d'azote.

4ᵉ *combinaison :* 2 × 16 d'oxygène pour 14 d'azote ;

     soit **4 × 8** d'oxygène pour **14** d'azote.

5ᵉ *combinaison :* 5 × 16 d'oxygène pour 2 × 14 d'azote ;

     soit **5 × 8** d'oxygène pour **14** d'azote.

Les poids d'oxygène : 8; 2 × 8; 3 × 8; 4 × 8; 5 × 8, qui se combinent avec *un même poids* d'azote : 14, pour former *cinq combinaisons différentes*, sont des multiples d'un même nombre.

Cette loi est absolument générale et peut ainsi s'énoncer :

Lorsque deux corps forment plusieurs composés, les poids de l'un d'eux qui se combinent avec un poids fixe de l'autre sont des multiples d'un même nombre.

Combinaisons en volume.

85. Jusqu'ici nous nous sommes occupés des proportions en poids des éléments formant une combinaison; nous allons examiner maintenant quelles sont les relations entre les volumes des éléments combinés, considérés à l'état gazeux, et les volumes de leurs combinaisons, considérées elles aussi à l'état gazeux et, bien entendu, dans les mêmes conditions de température et de pression.

Voici les résultats de quelques analyses en volume :

1 litre d'hydrogène et 1 litre de chlore donnent 2 litres d'acide chlorhydrique.

2 litres d'hydrogène et 1 litre d'oxygène donnent 2 litres de vapeur d'eau.

3 litres d'hydrogène et 1 litre d'azote donnent 2 litres de gaz ammoniac.

On voit tout de suite que le volume du composé n'est pas toujours égal à la somme des volumes des composants, il ne lui est jamais supérieur, il lui est au contraire souvent inférieur. On dit, dans ce dernier cas, que la combinaison a lieu avec *contraction*.

Les résultats ci-dessus montrent que *les volumes des gaz qui se combinent sont entre eux dans un rapport simple; ils sont aussi dans un rapport simple avec le volume du composé considéré à l'état gazeux.* C'est la loi de GAY-LUSSAC.

Principes de la notation atomique. Symboles, formules, équations chimiques.

86. Nous avons défini les phénomènes chimiques, nous avons énoncé les lois qui président à l'union des éléments entre eux pour donner naissance aux combinaisons. Pour bien comprendre les mécanismes à l'aide desquels un nombre limité de corps simples peuvent s'unir en une infinité de combinaisons, il importe d'examiner de près ces combinaisons et de rechercher s'il n'est pas possible d'en faire une représentation graphique qui parle à nos yeux.

Mais, pour pouvoir établir les conventions d'écriture sur lesquelles reposera logiquement cette représentation, nous avons besoin de nous faire une idée de la matière que nous voulons représenter. Aussi débuterons-nous par l'énoncé d'hypothèses dont l'exactitude absolue nous importera peu, mais qui seront en tout cas en parfaite concordance avec les faits observés et que nous devrons, en conséquence, considérer comme suffisantes pour nous rendre compte de ce que nous voyons.

Dès à présent, il faudra bien nous habituer, pour garder une saine conception des choses, à ne pas considérer une théorie comme l'expression définitive de la vérité absolue. Une théorie donne seulement l'explication complète d'un certain ordre de faits connus, qu'elle rend ainsi plus compréhensibles et qu'elle permet de multiplier par esprit d'analogie et de généralisation. Elle subsiste aussi longtemps qu'elle cadre avec les faits. Aussitôt qu'un fait nouveau surgit en contradiction avec elle, on la modifie ou bien on lui en substitue une autre.

Ce qu'il faut surtout, c'est que nous ne nous laissions pas effrayer par les mots. Une théorie n'est pas un élément de complication, c'est au contraire un facteur de simplification. Si la théorie rebute le profane, c'est parce que celui-ci ignore les conventions sur lesquelles elle repose. Mais sachons bien, en ce qui nous concerne, que sans les théories que nous allons sommairement exposer, sans les conventions d'écriture et de langage que nous allons adopter, l'étude de la chimie deviendrait impossible, si grand serait l'effort que nous aurions à demander à notre mémoire. Au contraire, grâce à ces artifices de généralisation et de simplification, toute difficulté se trouvera à peu près éliminée.

Hypothèse atomique.

Molécule. — **87.** Les théories actuelles de la chimie conduisent à admettre que la matière n'est pas divisible indéfiniment.

Prenons un corps défini, par exemple un morceau de craie que nous savons formé de carbone, d'oxygène et d'un métal, le calcium. Nous pouvons le diviser en deux morceaux, puis chacun d'eux en deux autres, et ainsi de suite un très grand nombre de fois. Mais on admet que cette opération ne pourra pas être répétée indéfiniment : on arrivera finalement à une particule de craie si petite qu'il sera impossible de la partager encore avec les seuls moyens mécaniques. Cette particule, limite de divisibilité de la craie, sera la *molécule* de craie. Quelque petit que soit le fragment de craie considéré, cette matière conserve la même composition, puisque nous l'avons simplement brisée et non modifiée.

Ce que nous venons de dire s'applique aussi bien à un corps composé qu'à un corps simple. D'une manière générale, *la molécule d'un corps représentera l'état extrême de divisibilité de ce corps, atteint à l'aide des procédés mécaniques de division, c'est-à-dire des procédés ne modifiant pas la nature du corps.*

Nous serons donc amenés à considérer un corps défini comme formé d'un ensemble de molécules, c'est-à-dire de particules indivisibles, identiques les unes aux autres.

Le poids d'une molécule d'un corps est appelé *poids moléculaire* de ce corps.

Nous ne saurions trop, pour éviter toute confusion, insister sur ce fait que la notion de molécule s'applique aussi bien aux corps simples qu'aux corps composés.

Atome. — **88.** Nous venons de dire que la molécule représentait l'état de divisibilité extrême d'un corps. Lorsque nous décomposons l'eau, par exemple, à l'aide du voltamètre, nous obtenons de l'hydrogène et de l'oxygène; chaque molécule se trouve décomposée séparément en ces deux éléments. Par conséquent, si nous ne parvenons pas à diviser la molécule en parties plus petites par les moyens mécaniques, c'est-à-dire en nous imposant de ne pas modifier la nature du corps, nous parvenons du moins, mais en employant d'autres moyens, à détacher l'oxygène de l'hydrogène dans la molécule d'eau. Nous serons donc amenés à examiner les particules de corps simples qui forment les molécules, tout comme l'on examine individuellement les matériaux qui se trouvent réunis dans un édifice. Nous appellerons *atome d'un élément ou corps simple la plus petite quantité de ce corps qui puisse entrer en combinaison avec les autres éléments pour former une molécule.*

Considérons, par exemple, une molécule de tous les corps qui contiennent de l'oxygène. Prenons les quantités d'oxygène contenues dans *chacune* de ces molécules. La *plus petite* de ces quantités sera l'atome d'oxygène.

On appelle *poids atomique* d'un élément le poids de son atome.

Remarquons bien qu'en vertu même de sa définition, le mot atome ne peut s'appliquer qu'aux éléments ou corps simples.

Constitution des corps. — **89.** Nous pouvons, dès maintenant, nous faire une idée de la façon dont les corps sont constitués. Les molécules des corps simples sont formées d'un ou de plusieurs atomes d'un même élément. Le nombre d'atomes contenus dans la molécule d'un corps simple est exprimé par ce qu'on appelle l'*atomicité* de cet élément. Un élément est dit : *monoatomique* si sa molécule est formée d'un seul atome, *diatomique* si sa molécule est formée de deux atomes, etc. On fait un usage fréquent, dans la terminologie chimique, des préfixes : *mono* (un seul), *bi* ou *di* (deux), *tri* (trois), *quadri* ou *tétra* (quatre), *penta* (cinq), *hexa* (six), etc.

Les molécules des corps composés sont formés par l'union de plusieurs atomes dont deux au moins sont de nature différente.

Poids moléculaires et poids atomiques.

90. Nous avons nommé *poids moléculaire* d'un corps le poids de la molécule de ce corps et *poids atomique* d'un élément le poids de l'atome de cet élément. Et c'est à la suite d'une hypothèse que nous avons été amenés à donner ces définitions attribuant aux molécules et aux atomes des grandeurs déterminées. Nous allons établir des liens entre notre hypothèse et l'expérience, en montrant d'abord que les grandeurs que nous venons de définir sont mesurables et en indiquant ensuite des méthodes pratiques pour les déterminer. Nous n'avons pas oublié que mesurer une grandeur, c'est la comparer à une grandeur de même espèce choisie comme unité. Il s'agira donc ici de déterminer le poids moléculaire d'un corps ou le poids atomique d'un élément en les comparant à une grandeur de même espèce choisie comme unité; cette unité sera le poids de l'atome d'un élément déterminé. Pour ne pas avoir de nombres inférieurs à 1, on a choisi comme *unité le poids de l'atome le plus léger, qui est l'atome hydrogène.*

Ainsi, dans le système d'unité adopté, *le poids atomique de l'hydrogène est* 1.

Quand nous dirons, par exemple, que le poids atomique de l'oxygène est 16, nous voudrons dire que l'atome de l'oxygène pèse 16 fois plus que l'atome d'hydrogène; absolument comme, lorsque nous disons qu'un corps pèse 16 grammes, nous voulons exprimer qu'il pèse 16 fois plus que 1 centimètre cube d'eau pure à 4°.

Nous ne savons pas quel est, exprimé en fraction du gramme, le poids de l'atome d'hydrogène ni celui des autres atomes, mais peu nous importe, nous n'en avons nullement besoin dans la pratique et, au surplus, l'unité que nous avons choisie pour lui comparer les poids moléculaires et les poids atomiques n'est ni plus ni moins arbitraire que celle, le gramme, à laquelle on compare généralement les poids des corps.

Le poids d'une molécule est, cela résulte de la loi de LAVOISIER, égal à la somme des poids de tous les atomes qui la composent. On obtient donc le poids moléculaire d'un corps en faisant la somme des poids de chacun des atomes, identiques ou différents, qui forment la molécule. Précisons à l'aide d'un exemple :

Comme nous le verrons plus tard, une molécule d'acide sulfurique est formée de : 1 atome de soufre, 4 atomes d'oxygène et 2 atomes d'hydrogène : son poids moléculaire M sera donc :

$$M = \text{le poids atomique du soufre} + 4 \text{ fois le poids atomique de l'oxygène} + 2 \text{ fois le poids atomique de l'hydrogène.}$$

Les tables des poids atomiques (voir plus loin, § 98) nous indiquent que le poids atomique du soufre est 32 et celui de l'oxygène 16 ; quant au poids atomique de l'hydrogène, c'est l'unité. Donc

$$M = 32 + (4 \times 16) + (2 \times 1) = 98.$$

Une molécule d'acide sulfurique pèse 98 fois plus qu'un atome d'hydrogène.

On démontrera (§ 92) que la molécule d'hydrogène est formée de 2 atomes ; il en résulte que le poids moléculaire de l'hydrogène est 2.

Hypothèse d'Avogadro. — 91. Pour pouvoir comparer entre elles les molécules des différents corps, nous allons énoncer l'hypothèse d'Avogadro dont les conséquences se trouveront en parfaite concordance avec des milliers d'expériences.

Dans les mêmes conditions de température et de pression, un même volume de chaque corps à l'état gazeux renferme le même nombre de molécules.

Pour que ces volumes égaux renferment un nombre égal de molécules, il faut que celles-ci aient toutes le même volume.

L'hypothèse d'Avogadro peut donc se formuler ainsi : *A l'état gazeux et dans les mêmes conditions de température et de pression, toutes les molécules ont le même volume, quelle que soit la nature du corps.*

92. Cette hypothèse va nous permettre, en nous appuyant sur les résultats fournis par l'analyse des corps, de déterminer la façon dont les molécules de ces corps sont constituées à l'aide des atomes. En particulier, nous pourrons rechercher quel est le nombre d'atomes d'hydrogène qui constitue la molécule de ce corps.

Examinons l'ensemble des composés qui renferment de l'hydrogène : l'acide chlorhydrique, l'eau, le gaz ammoniac, etc., etc., et inscrivons les résultats fournis par l'analyse de ces corps en volume :

2 volumes
d'*acide chlorhydrique*
renferment :
$\quad$ *Hydrogène* : 1 volume.
$\quad$ Chlore : 1 volume.

2 volumes
de *vapeur d'eau*
renferment :
$\quad$ *Hydrogène* : 2 volumes.
$\quad$ Oxygène : 1 volume.

2 volumes
de *gaz ammoniac*
renferment :
$\quad$ *Hydrogène* : 3 volumes.
$\quad$ Azote : 1 volume.

ou, ce qui revient au même :

1 volume
d'*acide chlorhydrique*
renferme :
$\quad$ *Hydrogène* : $\frac{1}{2}$ volume.
$\quad$ Chlore : $\frac{1}{2}$ volume.

1 volume
de *vapeur d'eau*
renferme :
$\quad$ *Hydrogène* : 1 volume.
$\quad$ Oxygène : $\frac{1}{2}$ volume.

1 volume
de *gaz ammoniac*
renferme :
$\quad$ *Hydrogène* : $3 \times \frac{1}{2}$ volumes.
$\quad$ Azote : $\frac{1}{2}$ volume.

Si nous prenons comme volume 1 le volume de la molécule, tous les volumes 1 correspondent à une molécule quel que soit le corps considéré, d'après l'hypothèse d'AVOGADRO : le volume $\frac{1}{2}$ correspondra à $\frac{1}{2}$ molécule : le volume $\frac{3}{2}$, à $\frac{3}{2}$ molécules, etc. Il en résulte que :

1 molécule
d'*acide chlorhydrique*
renferme :
$\quad$ *Hydrogène* : $\frac{1}{2}$ molécule.
$\quad$ Chlore : $\frac{1}{2}$ molécule.

1 molécule
d'*eau*
renferme :
$\quad$ *Hydrogène* : 1 molécule.
$\quad$ Oxygène : $\frac{1}{2}$ molécule.

1 molécule
de *gaz ammoniac*
renferme :
$\quad$ *Hydrogène* : $3 \times \frac{1}{2}$ molécules.
$\quad$ Azote : $\frac{1}{2}$ molécule.

Qu'est-ce que l'atome d'un élément? C'est la plus petite quantité de cet élément que l'on puisse rencontrer dans une molécule. Que sera l'atome d'hydrogène? Ce sera la plus petite quantité d'hydrogène que l'on rencontrera dans les diverses molécules qui contiennent ce corps. Nous venons d'indiquer la composition d'un certain nombre de ces molécules et nous voyons que *la plus petite quantité d'hydrogène* qu'on y rencontre est égale à $\frac{1}{2}$ molécule de cet élément. En étendant les mêmes déterminations à tous les corps formés d'hydrogène, on n'a jamais trouvé une molécule renfermant une quantité plus faible d'hydrogène. Par conséquent cette quantité, $\frac{1}{2}$ molécule, est, d'après notre définition, l'atome d'hydrogène.

Donc, *pour l'hydrogène*, $\frac{1}{2}$ molécule $=$ 1 atome, d'où il résulte que 1 molécule $=$ 2 atomes. Le résultat auquel nous arrivons peut s'exprimer ainsi : *la molécule d'hydrogène est formée de 2 atomes*, d'où l'on conclut que le poids moléculaire de cet élément est 2.

Relation entre le poids moléculaire d'un corps et sa densité de vapeur. — **93.** Nous allons déduire, de ce que nous venons d'exposer, une relation entre le poids moléculaire d'un corps et une grandeur que l'on peut déterminer expérimentalement : la densité de vapeur, c'est-à-dire la densité que possède le corps lorsqu'il est réduit à l'état gazeux.

Désignons par v le volume de la molécule d'hydrogène et par d la densité de ce corps, c'est-à-dire le poids du volume 1 d'hydrogène.

Le volume 1 ayant un poids d, un volume v, c'est-à-dire une molécule, aura un poids $v \times d$; or on vient de voir que le poids moléculaire de l'hydrogène est 2, on a donc :

$$(1) \qquad 2 = v \times d.$$

Soit M le poids moléculaire d'un autre corps : toutes les molécules ayant le même volume, d'après l'hypothèse d'Avogadro, il en résultera que le volume de la molécule du corps considéré sera le même que celui de la molécule d'hydrogène, c'est-à-dire v. Désignons par D la densité de vapeur du corps, c'est-à-dire le poids du volume 1 de cette vapeur: le volume v, c'est-à-dire la molécule, pèsera $v \times D$, nous avons donc :

$$(2) \qquad M = v \times D.$$

Divisons membre à membre les égalités (2) et (1) et nous aurons :

$$\frac{M}{2} = \frac{v \times D}{v \times d},$$

D'où en éliminant le facteur v qui se trouve au numérateur et au dénominateur :

$$\frac{M}{2} = \frac{D}{d},$$

ou bien :

$$M = 2 \times \frac{D}{d}.$$

Traduisant ce résultat en langage ordinaire, nous pouvons dire que le *poids moléculaire d'un corps est égal au double de la densité de vapeur de ce corps par rapport à la densité de l'hydrogène.*

Cette conclusion, si intéressante puisqu'elle nous fait sortir du domaine de l'hypothèse et de la théorie pour nous conduire dans celui de l'expérience, nous fournit le moyen de résoudre pratiquement le problème de la détermination des poids moléculaires des corps. Nous allons nous occuper tout particulièrement de cette question.

Détermination des poids moléculaires. — *Méthode des densités de vapeurs.* — **94.** Nous venons de voir que le poids moléculaire d'un corps est égal au double de sa densité de vapeur par rapport à celle de l'hydrogène. La détermination du poids moléculaire d'un corps se trouve donc ramenée à la détermination d'une densité de vapeur, opération qui est du domaine de la physique expérimentale. Mais, pour que cette mesure puisse être effectuée, il faut que le corps en question soit susceptible d'être amené à l'état de vapeur. Or un certain nombre de substances ont des points d'ébullition trop élevés, d'autres subissent une décomposition à la température à laquelle ils prennent l'état gazeux. Il est donc impossible d'appliquer à de semblables substances la méthode que nous venons d'indiquer. On aura recours, dans ce cas, à l'un des procédés que nous allons décrire.

Méthode cryoscopique. — **95.** Cette méthode est applicable à la condition que le corps dont on veut déterminer le poids moléculaire soit soluble dans un dissolvant congelable. Elle est basée sur les observations suivantes faites par un physicien français, BAOULT.

Considérons une substance congelable ; si nous dissolvons dans cette substance un autre corps, *son point de congélation s'abaisse*: en d'autres termes, *la solution se solidifie à une température plus basse que le dissolvant pur.*

L'abaissement c du point de congélation, pour un dissolvant déterminé, est proportionnel au nombre n de molécules de matière dissoute dans 100 parties de ce dissolvant.

En d'autres termes,

$$c = K \times n.$$

K étant un coefficient *dépendant uniquement* de la nature du dissolvant.

Soit M le poids moléculaire du corps dissous, P le poids de corps dissous dans 100 parties de dissolvant. Autant de fois M sera contenu dans P, autant il y aura de molécules du corps considéré dissoutes dans les 100 parties de dissolvant, donc :

$$n = \frac{P}{M}.$$

Portant cette valeur de n dans l'égalité précédente, nous avons :

$$c = K \times \frac{P}{M},$$

d'où nous tirons :

(1) $$M = K \times \frac{P}{c}.$$

Dans cette égalité, P est connu, nous avons en effet pesé la substance mise en solution dans 100 parties de dissolvant. La valeur de c peut être facilement déterminée : il suffit de noter sur un thermomètre le point de congélation du dissolvant pur, le point de congélation de la solution et de faire la différence. Pour que M puisse être calculé, il faut donc déterminer K.

Le coefficient K, avons-nous dit, dépend uniquement de la nature du dissolvant. Si donc on fait une opération préalable *avec le même dissolvant et une substance dont le poids moléculaire M a pu être déterminé par une autre méthode*, on aura :

(2) $$M = K \times \frac{P}{c},$$

P étant le poids de la nouvelle substance dissous dans 100 parties de dissolvant et c l'abaissement du point de congélation.

Dans l'égalité (2), tout est connu, sauf K : on peut donc tirer la valeur de ce coefficient, et l'on a :

$$K = M \times \frac{c}{P}.$$

K se trouve ainsi déterminé une fois pour toutes.

Par ce procédé on a déterminé la valeur du coefficient K correspondant aux principaux dissolvants usités, et l'on a, à l'aide de ces nombres, dressé une table qu'il suffira désormais de consulter.

En portant la valeur de K dans l'égalité (1), on a la valeur du poids moléculaire cherché.

Méthode ébullioscopique. — **96.** La méthode ébullioscopique est analogue à la méthode cryoscopique. Si l'on soumet à l'ébullition une solution d'une substance dans un dissolvant donné, on observe une élévation du point d'ébullition du dissolvant.

L'élévation c du point d'ébullition, pour un dissolvant déterminé, est proportionnelle au nombre n de molécules de matière dissoutes dans 100 parties de ce dissolvant.

$$c = \lambda \times n.$$

λ étant un coefficient qui dépend *uniquement* de la nature du dissolvant.

On voit que cette relation est tout à fait analogue à celle que nous avons indiquée à propos de la méthode cryoscopique. Elle est appliquée d'une façon identique à la détermination des poids moléculaires.

Détermination des poids atomiques. — 97. La connaissance du poids atomique d'un élément se déduit généralement de l'étude de ses combinaisons. Aussi est-il difficile de formuler des indications générales simples pouvant servir à la détermination de cette grandeur.

Il importe toutefois de remarquer qu'on peut déduire le poids atomique d'un élément de la connaissance de son poids moléculaire et de son *atomicité*, c'est-à-dire du nombre d'atomes contenus dans la molécule.

Symboles et formules.

Symboles. — 98. Pour simplifier l'écriture, on a convenu de représenter les *atomes des divers éléments* par des *symboles*.

Ainsi, le symbole H désigne l'*atome* d'hydrogène, le symbole O l'*atome* d'oxygène, etc.

Nous tenons à bien faire remarquer que le symbole chimique ne désigne pas simplement la nature d'un élément. Sa signification est plus précise. Il désigne *un atome* de l'élément considéré.

Voici, à titre de document, le tableau des métalloïdes et des métaux avec indication de leurs symboles et de leurs poids atomiques.

MÉTALLOÏDES

Antimoine Sb	120		Iode I	127
Argon A	40		Krypton Kr	82
Arsenic As	75		Néon Ne	20
Azote Az ou N	14		Oxygène O	16
Bore B	11		Phosphore P	31
Brome Br	80		Sélénium Se	79
Carbone C	12		Silicium Si	28
Chlore Cl	35,5		Soufre S	32
Fluor F	19		Tellure Te	127,5
Hélium He	4		Xénon X	128
Hydrogène H	1			

MÉTAUX

Aluminium Al	27		Cæsium Cs	133
Argent Ag	108		Calcium Ca	40
Baryum Ba	137		Cérium Ce	140
Bismuth Bi	208		Chrome Cr	52
Cadmium Cd	112		Cobalt Co	59

MÉTAUX (*suite*).

Cuivre Cu		63	Platine Pt	195
Dysprosium Dy		162	Plomb Pb	207
Erbium Er		167	Potassium K	39
Etain Sn		119	Praséodyme Pr	141
Europium Eu		152	Radium Ra	226
Fer Fe		56	Rhodium Rh	103
Gadolinium Gd		157	Rubidium Rb	85
Gallium Ga		70	Ruthénium Ru	102
Germanium Ge		72	Samarium Sa	150
Glucinium Gl		9	Scandium Sc	44
Iadium In		115	Sodium Na	23
Iridium Ir		193	Strontium Sr	88
Lanthane La		138	Tantale Ta	181
Lithium Li		7	Terbium Tb	159
Lutecium Lu		174	Thallium Tl	204
Magnésium Mg		24	Thorium Th	232
Manganèse Mn		55	Thulium Tu	168
Mercure Hg		200	Titane Ti	48
Molybdène Mo		96	Tungstène W	184
Néodyme Nd		144	Uranium U	238
Nickel Ni		59	Vanadium V	51
Niobium Nb		93	Ytterbium Yb	172
Or Au		197	Yttrium Y	89
Osmium Os		191	Zinc Zn	65
Palladium Pd		107	Zirconium Zr	91

Formules. — **99.** Les *molécules* sont représentées par des *formules chimiques*. Dans une formule on indique : 1° la nature des atomes qui entrent dans la composition de la molécule ; 2° le nombre de chacun des atomes contenus dans une molécule.

Ainsi, la formule SO^4H^2 de l'acide sulfurique représente *une molécule* de ce corps. Par la présence des symboles S, O et H, cette formule montre que l'acide sulfurique est formé de soufre, d'oxygène et d'hydrogène. En outre, les chiffres placés en haut et à droite de chaque symbole indiquent que la molécule d'acide sulfurique renferme 1 atome de soufre[1], 4 atomes d'oxygène et 2 atomes d'hydrogène.

[1] Lorsqu'un élément n'existe dans une molécule que dans la proportion de 1 atome, on considère comme inutile d'inscrire le chiffre 1 en haut et à droite du symbole de cet atome.

Les formules des corps ne constituent pas seulement des moyens d'écriture commodes ; elles sont aussi très expressives, car elles indiquent immédiatement la composition et la grandeur de la molécule qu'elles représentent. Nous ne tarderons pas à nous apercevoir que ce système de notation nous fournira un précieux élément de simplification : il nous facilitera la compréhension des phénomènes, nous aidera à graver les faits dans notre mémoire et fera ressortir les caractères généraux des corps.

Équations chimiques.

100. Après l'accomplissement d'une réaction chimique, tous les atomes se retrouvent, disposés autrement qu'ils ne l'étaient primitivement, mais en nombre identique, ce qui revient à dire que la somme des poids des substances réagissantes est égal à la somme des poids des produits de la réaction ; c'est la conclusion de la loi de LAVOISIER. On peut exprimer ce fait à l'aide d'une équation indiquant qu'il y a égalité entre la somme des molécules réagissantes et la somme des molécules résultant de la réaction.

Ainsi, la formule du sulfate de cuivre étant SO^4Cu et celle du sulfate de fer SO^4Fe, l'équation :

$$SO^4Cu + Fe = SO^4Fe + Cu,$$

nous rend compte d'une façon précise d'une réaction déjà étudiée (§ 21) et nous indique bien qu'une molécule de sulfate de cuivre réagit sur un atome de fer pour donner une molécule de sulfate de fer et un atome de cuivre. Elle rend en outre plus clair le mécanisme de la réaction, qui est le déplacement du cuivre par le fer.

La formule du chlorure de sodium étant $NaCl$, celle du nitrate d'argent AzO^3Ag, celle du chlorure d'argent $AgCl$ et celle du nitrate de sodium AzO^3Na, l'équation :

$$NaCl + AzO^3Ag = AgCl + AzO^3Na,$$

exprime qu'une molécule de chlorure de sodium réagit sur

une molécule de nitrate d'argent pour donner une molécule de chlorure d'argent et une molécule d'azotate de sodium. Elle fait en outre ressortir le mécanisme de la double décomposition (§ 22) qui se produit : on voit nettement la permutation des atomes de sodium et d'argent.

Encore un exemple. Nous avons vu (§ 78) que, lorsqu'on traite le chlorure de sodium (NaCl) par l'acide sulfurique (SO^4H^2), on obtient de l'acide chlorhydrique (HCl) et du sulfate de sodium (SO^4Na^2). L'équation ci-dessous rend compte de cette réaction :

$$2NaCl + SO^4H^2 = 2HCl + SO^4Na^2.$$

Elle indique que 2 *molécules* de chlorure de sodium réagissent sur une molécule d'acide sulfurique pour donner 2 *molécules* d'acide chlorhydrique et une molécule de sulfate de sodium. Nous faisons usage du coefficient 2 lorsque nous avons deux molécules. D'une manière générale, le nombre de molécules considéré s'indique par un coefficient placé avant la formule du corps.

Exercices de calcul. — **101.** Les équations et les formules chimiques permettent de résoudre les questions relatives au calcul des quantités des substances qui réagissent ou qui se forment au cours d'une réaction.

Pour fixer les idées, nous allons prendre la réaction représentée par l'équation :

$$2NaCl + SO^4H^2 = 2HCl + SO^4Na^2.$$

Nous pouvons nous proposer sur cette réaction les problèmes numériques suivants :

Calculer le poids de l'une des substances réagissantes qui sera susceptible de réagir sur un poids donné de l'autre ;

Calculer le poids des substances réagissantes qu'il faudra mettre en jeu pour obtenir un poids donné de l'un des produits de la réaction ;

Calculer le poids des produits qui se formeront en opérant sur un poids donné de l'une des substances réagissantes.

Envisageons ces divers problèmes :

1° *Combien faudra-t-il employer d'acide sulfurique pour traiter 100 kilogrammes de chlorure de sodium en vue de la fabrication de l'acide chlorhydrique?*

Nous allons nous baser, pour nos calculs, sur la connaissance des poids moléculaires des substances qui interviennent. Ces poids moléculaires, nous les obtenons aisément en faisant la somme des poids de tous les atomes contenus dans les molécules et le tableau que nous avons donné, paragraphe 98, nous fournit les poids atomiques des éléments.

Dans notre équation chimique, mettons en évidence ces poids moléculaires, ainsi que la façon dont nous les calculons :

$$\underset{2(23+35.5)}{2NaCl} + \underset{32+(4\times16)+2}{SO^4H^2} = \underset{2(1+35.5)}{2HCl} + \underset{32+(4\times16)+(2\times23)}{SO^4Na^2},$$

ou, tout calcul fait,

$$\underset{2\times58,5}{2NaCl} + \underset{98}{SO^4H^2} = \underset{2\times36,5}{2HCl} + \underset{142}{SO^4Na^2}.$$

Cette équation nous montre que : 2 fois 58,5, c'est-à-dire 117 de chlorure de sodium réagissent sur 98 d'acide sulfurique.

Si un poids 117 de NaCl exige un poids 98 de SO^4H^2

un poids 1 — exigera — $\dfrac{98}{117}$ —

et 100 kg. — exigeront — $\dfrac{98\times100}{117} = 83^{kg},7$ de SO^4H^2.

Il faudra donc employer $83^{kg},7$ d'acide sulfurique pour traiter 100 kilogrammes de chlorure de sodium.

2° *Combien faudra-t-il employer de chlorure de sodium et d'acide sulfurique pour préparer 100 litres de solution d'acide chlorhydrique à 36 grammes par litre ?*

100 litres d'acide chlorhydrique à 36 grammes par litre contiendront :

$$0^{kg},036\times100 = 3^{kg},600 \text{ d'acide.}$$

C'est donc ce poids de corps qu'il faudra préparer.

L'équation avec indication des poids moléculaires nous montre que, pour obtenir un poids $2 \times 36,5 = 73$ d'acide chlorhydrique, il faut : un poids $2 \times 58,5 = 117$ de chlorure de sodium et un poids 98 d'acide sulfurique.

Si pour 73 de HCl il faut :

$$117 \text{ de NaCl et } 98 \text{ de SO}^4\text{H}^2,$$

pour 1 de HCl, il faudra :

$$\frac{117}{73} \text{ de NaCl et } \frac{98}{73} \text{ SO}^4\text{H}^2,$$

et pour $3^{kg},600$ de HCl, il faudra :

$$\frac{117 \times 3,6}{73} = 5^{kg},8 \text{ de NaCl et } \frac{98 \times 3,6}{73} = 4^{kg},8 \text{ de SO}^4\text{H}^2.$$

Les résultats sont donc les suivants : il faudra traiter $5^{kg},8$ de chlorure de sodium par $4^{kg},8$ d'acide sulfurique pour obtenir l'acide susceptible de donner 100 litres de solution à 36 grammes d'acide chlorhydrique par litre.

3° Un gisement de sel gemme fournit par jour une moyenne de 500 kilogrammes de chlorure de sodium ; quel serait le poids de sulfate de sodium que fournirait annuellement l'usine qui l'exploiterait? On supposera que l'année comprend 300 journées de travail.

Pendant les 300 journées de travail, le poids de chlorure de sodium extrait serait de :

$$500 \times 300 = 150.000 \text{ kilogrammes, soit 150 tonnes.}$$

On voit, d'après l'équation chimique qui rend compte de la réaction, qu'un poids $2 \times 58,5 = 117$ de chlorure de sodium fournit un poids 142 de sulfate de sodium.

Le poids 117 de NaCl fournit un poids 142 de SO^{4}Na^2 ;

Le poids 1 de NaCl fournira un poids $\dfrac{142}{117}$ de SO^{4}Na^2 ;

Et 150 tonnes de NaCl fourniront un poids $\dfrac{142 \times 150}{117} = 182$ tonnes de SO^{4}Na^2.

L'usine en question produirait donc 182 tonnes de sulfate de sodium par an.

Valence. Formules de constitution.

Valence d'un élément.

102. Considérons les trois composés suivants : l'acide chlorhydrique, l'eau, le gaz ammoniac. Ce sont des combinaisons de l'hydrogène avec les trois éléments : chlore, oxygène et azote. Leurs formules respectives : HCl; H^2O; AzH^3, qui correspondent à la composition de leurs molécules, nous montrent que le chlore s'unit à 1 atome d'hydrogène, l'oxygène à 2 atomes d'hydrogène, l'azote à 3 atomes d'hydrogène. Nous sommes donc amenés à tenir compte de cette différence de capacité de combinaison des éléments avec l'hydrogène et, adoptant une forme de langage qui exprime ce fait, nous dirons que le chlore, l'oxygène, l'azote ont des *valences* différentes.

On dit qu'un élément est *monovalent* quand un atome de cet élément se combine ou se substitue à 1 *atome d'hydrogène*.

Exemples : le fluor, le chlore, le brome, l'iode se combinent chacun avec 1 atome d'hydrogène pour donner respectivement les composés : HF; HCl; HBr; HI. Ces éléments sont dits monovalents. Ils ont, en d'autres termes, la même capacité de combinaison que l'hydrogène; ils pourront donc, dans une combinaison, occuper la même place et dans une réaction jouer le même rôle que cet élément.

On dit qu'un élément est *bivalent* ou *divalent*, lorsqu'un atome de cet élément est susceptible de se combiner ou de se substituer à 2 atomes d'hydrogène.

Exemples : l'oxygène et le soufre se combinent chacun à 2 atomes d'hydrogène pour donner respectivement les composés H^2O (eau), H^2S (hydrogène sulfuré). Ces métalloïdes sont dits bivalents. Ils ont une capacité de combinaison double de celle de l'hydrogène et égale entre eux; ils peuvent donc prendre la place de 2 atomes d'hydrogène ou bien de 2 atomes monovalents ou encore se substituer l'un à l'autre.

On dit qu'un élément est *trivalent, tétravalent, pentavalent*, etc., lorsqu'un atome de cet élément se combine ou se substitue à un nombre d'atomes d'hydrogène égal à 3, 4, 5, etc.

Exemples : l'azote, le phosphore, l'arsenic donnent respectivement avec l'hydrogène les combinaisons AzH^3 (gaz ammoniac), PH^3 (phosphure d'hydrogène), AsH^3 (hydrogène arsénié) ; ce sont des éléments trivalents. Un atome d'un élément trivalent équivaut soit à 3 atomes d'hydrogène, soit à 3 atomes d'un élément monovalent quelconque, soit à 1 atome d'élément bivalent plus 1 atome d'élément monovalent, soit à un autre atome d'élément trivalent.

Le carbone et le silicium donnent respectivement les combinaisons CH^4 (méthane) et SiH^4 (hydrogène silicié), qui les définissent comme éléments tétravalents, etc.

REMARQUE. — La valence n'est pas un caractère invariable chez un même élément. Certains atomes ont en effet des valences différentes selon les combinaisons dans lesquelles ils se trouvent engagés. Ainsi le phosphore donne avec le chlore les combinaisons PCl^3 et PCl^5 ; le chlore étant un élément monovalent, la combinaison PCl^3 définit le phosphore comme trivalent et la combinaison PCl^5 comme pentavalent.

Radicaux ou groupements. Valence d'un groupement.

103. Considérons la formule de l'eau H^2O. Nous pouvons, en séparant tous les atomes, écrire cette formule : H.OH.

Dans la formule ainsi écrite, nous voyons apparaître un groupe de deux atomes, le groupe OH, qui est uni à un atome d'hydrogène, absolument comme l'élément monovalent chlore est uni à un atome d'hydrogène dans l'acide chlorhydrique H.Cl.

Cet ensemble de deux atomes OH, qui fonctionne comme un élément monovalent, constitue ce qu'on appelle un *groupement monovalent* ou *radical monovalent*.

Un tel groupement ne peut, nous insistons bien sur ce fait, constituer un corps, c'est-à-dire exister à l'état de liberté. Il contient encore en effet une valence qui n'est pas satisfaite, par laquelle le groupement n'est fixé à rien du tout.

De même qu'il existe des éléments bivalents, de même il existe des *groupements bivalents*. Écrivons la formule du gaz ammoniac de la façon suivante : H^2AzH. Le groupement d'atomes AzH se trouve uni à 2 atomes d'hydrogène ; il est donc bivalent.

Si nous écrivons H^3CH la formule du méthane, combinaison du carbone et de l'hydrogène que nous avons mentionnée dans le précédent paragraphe, nous constatons la présence du groupe d'atomes CH combiné avec 3 atomes d'hydrogène. Le groupement CH est un *groupement trivalent*.

Et ainsi de suite ; nous pouvons dire, d'une manière générale, qu'il existe des groupements monovalents et des *groupements plurivalents*, tout comme il existe des atomes monovalents et des atomes plurivalents.

Nous en arrivons à cette idée que les atomes peuvent s'unir et permuter non seulement entre eux, mais encore avec des groupements d'atomes équivalents, c'est-à-dire se fixant par le même nombre de valences, autrement dit encore ayant la même capacité de combinaison.

Formules de constitution.

104. Nous venons de voir que les éléments s'unissent entre eux d'après leurs valences, et non pas d'une façon quelconque. De plus, un groupement peut s'unir ou se substituer à un atome à la condition que leurs valences soient les mêmes. Un groupement fonctionne donc absolument comme un élément de même valence ; et de la présence dans une molécule de tel ou tel groupement dépend la façon dont se transformera cette molécule lorsqu'on la soumettra à l'influence d'un autre corps.

Aussi y a-t-il grand intérêt à mettre en évidence, dans la formule d'un corps, la façon dont s'est effectuée l'union des atomes à l'aide de leurs valences. Pour cela nous adopterons une convention d'écriture.

Nous représenterons une valence par un trait ; de sorte que nous figurerons, conformément aux exemples suivants, les atomes monovalents :

$$- F \qquad - Cl \qquad - Br \qquad - I.$$

Ce petit trait sera placé d'une façon quelconque à côté du symbole représentant l'atome. Il représentera ce qu'on appelle une *liaison*.

Un atome bivalent portera deux traits, c'est-à-dire deux liaisons. Ainsi :

$$- O - \qquad - S -$$

Un atome trivalent portera trois traits, par exemple :

$$- Az - \qquad - P - \qquad - As -$$

Un atome tétravalent portera quatre traits, ainsi :

$$- C - \qquad - Si -$$

etc.

Nous pourrons assimiler, dans notre imagination, les traits représentant les valences à de véritables crochets portés par les atomes, crochets à l'aide desquels les atomes s'unissent entre eux.

Les combinaisons entre les éléments pourront se concevoir en admettant que les atomes se fixent par une liaison, au moins; en d'autres termes, échangent au moins une valence.

Conformément à ces conventions, nous représenterons :

La molécule d'acide chlorhydrique par H — Cl,
—   d'eau par H — O — H,

—   de phosphure d'hydrogène par P⟨H, H, H⟩

—   de méthane par H — C — H.

Ces formules, dans lesquelles se trouve mise en évidence la façon dont les atomes sont reliés entre eux, ainsi que l'existence de tels ou tels groupements que l'on sait réagir habituellement avec leurs propres valences

quand celles-ci sont rendues libres, nous renseignent à la fois sur la cons
titution de la molécule et sur quelques-unes de ses facultés probables de
réaction. Elles sont appelées *formules de constitution*, tandis que les formules telles que nous les avions adoptées au début, formules indiquant
seulement la composition de la molécule, portent le nom de *formules brutes*.

Les formules de constitution simplifient l'exposé des faits et en facilitent
la compréhension. Sans leur concours, l'étude de la chimie organique
serait aujourd'hui inabordable ; tandis qu'elle est, grâce à elle, réduite à
des mécanismes simples. Ces formules indiquent les analogies existant
entre les propriétés de corps différents et permettent de ramener ces analogies à des similitudes entre la constitution des corps telle qu'elle ressort
de nos conventions d'écriture.

Fonctions chimiques. Bases. Acides. Sels.

105. Nous venons de parler des analogies qui peuvent
exister entre certains groupes de corps définis. Précisons
cette idée. Les substances différentes, susceptibles de se comporter d'une façon analogue dans des circonstances semblables,
sont dites posséder la même *fonction chimique*.

En chimie organique, nous étudierons de nombreuses fonctions chimiques que nous définirons plus tard. En chimie
minérale, nous aurons à considérer principalement les groupes
suivants de corps, groupes se différenciant nettement les uns
des autres et correspondant à des fonctions bien distinctes :
les *bases*, les *acides* et les *sels*.

Bases.

Hydrates basiques. — 106. Nous avons déjà défini incidemment les *bases* ou *hydrates basiques* (§ 54) ; mais les notions
que nous avons acquises depuis nous donnent le moyen de
préciser notre définition et de la rendre en même temps plus
claire.

Faisons réagir le sodium sur l'eau dans la proportion de
1 atome de sodium pour 1 molécule d'eau (qui contient, on le
sait, 2 atomes d'hydrogène). Le sodium enlève 1 atome
d'hydrogène de l'eau et prend sa place, d'après l'équation :

$$Na + HOH = H + NaOH.$$

De l'hydrogène se dégage, et nous avons un corps (NaOH dans le cas présent) qui résulte de la substitution d'un métal à la moitié de l'hydrogène de l'eau.

Nous avons appelé *base* ou *hydrate basique* un semblable corps, c'est-à-dire *le produit de substitution d'un métal à la moitié de l'hydrogène de l'eau.*

De cette définition il découle que dans la base il reste, provenant de la molécule d'eau initiale, le groupement monovalent OH, et c'est précisément à la présence de ce groupement que la base doit ses caractères particuliers.

Dans l'exemple que nous avons choisi, *le métal est monovalent*. Il a pu par conséquent se substituer à un atome d'hydrogène dans une molécule d'eau pour s'unir au groupement monovalent OH et former

$$\text{Na} - \text{OH}.$$

Supposons maintenant que nous choisissions un *métal bivalent*, comme le calcium ; la base correspondante sera encore le produit de substitution du métal à la moitié de l'hydrogène de l'eau. Mais la moitié de l'hydrogène d'une molécule d'eau, c'est un atome d'hydrogène, et le calcium, bivalent, se substitue à deux atomes de ce métalloïde. Il en résulte qu'un atome de calcium, pour former un hydrate basique, réagira sur deux molécules d'eau :

$$\text{Ca} + 2\text{HOH} = 2\text{H} + \text{Ca} \Big\langle {{\text{OH}} \atop {\text{OH}}} .$$

La molécule de base, dans ce cas, renferme un atome de métal bivalent uni à deux groupements OH monovalents.

En résumé, selon que le métal sera monovalent ou bivalent, nous aurons, pour la base correspondante, une formule du type NaOH ou du type $Ca(OH)^2$. Il faut, dès à présent, nous bien familiariser avec ces deux types de formules.

Oxydes basiques. — **107.** Si, au lieu de ne faire réagir qu'un atome de sodium sur une molécule d'eau, on en fait intervenir deux, la totalité de l'hydrogène de l'eau se trouve déplacée selon l'équation :

$$2Na + H^2O = 2H + Na^2O.$$

Il se forme alors un oxyde, dans le cas présent l'oxyde de sodium. Cet oxyde est susceptible de se combiner avec une molécule d'eau pour donner l'hydrate basique, d'après l'équation :

$$NaONa + HOH = 2NaOH.$$

Un oxyde qui, par fixation d'eau, donne une base est, avons-nous dit, un *oxyde basique*.

Si à un métal bivalent, comme le calcium, on ne fournissait qu'une molécule d'eau, l'atome de calcium expulserait les deux atomes d'hydrogène pour se faire la place que comporte sa bivalence :

$$Ca + H^2O = 2H + CaO.$$

Nous avons encore un oxyde basique, qui est ici l'oxyde de calcium ou *chaux vive* (§ 19), mais il faut remarquer que la molécule ne renferme qu'un atome de métal : celui-ci étant bivalent s'est uni à l'atome d'oxygène également bivalent.

De même que dans le cas précédent, l'oxyde de calcium se combine avec l'eau pour donner l'hydrate basique correspondant, qui est l'hydrate de calcium ou *chaux éteinte* (§ 19).

$$CaO + HOH = Ca (OH)^2.$$

Acides et sels.

Acides. — **108.** Nous avons nommé *acide un produit renfermant de l'hydrogène remplaçable par un métal.*

C'est donc l'hydrogène doué de cette mobilité particulière qui communique le caractère acide à un corps, c'est à cet élément qu'est due la fonction acide.

Ainsi, pour fixer les idées, citons le composé AzO^3H, qui renferme un atome d'hydrogène remplaçable par un métal, l'argent par exemple :

$$AzO^3H \rightarrow AzO^3Ag.$$

Ce composé est donc un acide que l'on appelle acide azotique.

Mais tous les corps qui renferment de l'hydrogène remplaçable par un métal ne sont pas considérés comme des acides; à ce titre-là, par exemple, l'eau serait un acide. *Encore faut-il que la substitution du métal à l'hydrogène puisse se faire par action d'une base avec élimination d'eau.*

On comprend aisément le mécanisme de cette réaction. Supposons que nous fassions réagir l'acide azotique sur l'hydrate de sodium (soude caustique), on a :

$$AzO^3H + NaOH = AzO^3Na + HOH.$$

Le sodium déplace l'hydrogène de l'acide et lui offre le groupement OH pour lui permettre de former de l'eau.

REMARQUE. — **109.** Nous l'avons déjà dit, mais il n'est pas inutile de le répéter, la présence de l'hydrogène dans une molécule est seule nécessaire pour que cette molécule possède des propriétés acides. Aussi existe-t-il des acides ne renfermant pas d'oxygène. Mais il existe aussi des acides oxygénés.

Comme types d'acides non oxygénés, nous mentionnerons les suivants :

Acide fluorhydrique	Acide chlorhydrique	Acide bromhydrique	Acide iodhydrique
HF,	HCl,	HBr,	HI.

Aux acides oxygénés correspondent des combinaisons oxygénées qui n'en diffèrent que par les éléments de l'eau qu'elles ont en moins. Ces combinaisons sont appelées *anhydrides d'acides*. Ainsi à l'acide sulfurique SO^4H^2 correspond l'anhydride sulfurique SO^3 (c'est-à-dire SO^4H^2 moins H^2O); à l'acide azotique AzO^3H correspond l'anhydride azotique Az^2O^5 (c'est-à-dire $2AzO^3H$ moins H^2O), etc.

Sels. Acides monobasiques et acides polybasiques. — **110.** Nous venons de voir que, lorsqu'un acide réagit sur une base, le métal se substitue à l'hydrogène de l'acide et il y a élimination d'eau. Par exemple :

$$AzO^3H + NaOH = AzO^3Na + H^2O.$$

Le produit de substitution d'un métal à l'hydrogène d'un acide porte le nom de *sel*.

Étudions de plus près l'action des acides sur les bases.

Fixons, pour cela, notre attention sur les acides. Plusieurs cas peuvent se présenter *selon le nombre des atomes d'hydrogène remplaçables par du métal qui sont contenus dans la molécule d'acide.*

1° L'acide renferme un seul atome d'hydrogène remplaçable par du métal. — **111.** Un tel acide est dit *monobasique.* L'acide chlorhydrique HCl, l'acide azotique ou nitrique AzO^3H, sont des acides monobasiques.

Étudions l'action d'un acide monobasique, l'acide azotique, par exemple, d'abord sur une base de métal monovalent, ensuite sur une base de métal bivalent.

Une base de métal monovalent, telle que la soude, possède une seule fois la fonction basique, c'est-à-dire un seul groupement OH ; notre acide monobasique réagira, sur une telle base, conformément à l'équation :

$$AzO^3H + NaOH = AzO^3Na + H^2O.$$

L'atome de sodium de la molécule de soude se substitue à un seul atome d'hydrogène de l'acide, de sorte qu'une seule molécule d'acide aura à intervenir.

Avec une base de métal bivalent, telle que la chaux, possédant deux fois la fonction basique, nous aurons une réaction du type :

$$2AzO^3H + Ca(OH)^2 = (AzO^3)^2Ca + 2H^2O.$$

Le métal est bivalent, il se substitue à 2H ; il faut donc

faire intervenir deux molécules d'acide pour fournir ces 2H. Le calcium se fixe par une valence à la place laissée libre par suite du départ de l'hydrogène de la première molécule d'acide, et par l'autre valence sur la place laissée libre par le départ de l'hydrogène de la seconde molécule d'acide :

$$\left.\begin{array}{c} AzO^3 \\ AzO^3 \end{array}\right\rangle Ca$$

que l'on peut écrire : $(AzO^3)^2 Ca$.

Quant aux deux atomes déplacés, ils vont séparément s'unir aux deux groupements OH de la chaux, pour former deux molécules d'eau.

Il faut, dès à présent, nous habituer à raisonner les réactions chimiques comme nous venons de le faire.

2° *L'acide renferme plusieurs atomes d'hydrogène remplaçables par du métal.* — **112.** Un semblable acide est dit *polybasique.* En particulier, on appelle acide *bibasique, tribasique, tétrabasique,* etc., un acide dont le nombre des atomes d'hydrogène remplaçables par du métal est égal à 2, 3, 4, etc.

Prenons l'acide sulfurique SO^4H^2 comme exemple d'acide bibasique. Un acide bibasique renfermant deux atomes d'hydrogène remplaçables par du métal fonctionnera comme *deux molécules d'acide monobasique.* Étudions son action : 1° sur une base de métal monovalent, telle que la soude $NaOH$; 2° sur une base de métal bivalent, telle que la chaux $Ca (OH)^2$.

Dans le premier cas, selon qu'on fera réagir une ou deux molécules de base sur une molécule d'acide, on substituera un ou deux atomes de métal à un ou deux atomes d'hydrogène, selon les équations

$$SO^4H^2 + NaOH = SO^4NaH + H^2O,$$
$$SO^4H^2 + 2NaOH = SO^4Na^2 + 2H^2O.$$

La première réaction conduit à un composé SO^4NaH, *qui est un sel,* puisqu'il provient de la substitution d'un métal à l'hydrogène d'un acide, *mais qui est aussi un acide* et un acide monobasique puisqu'il renferme encore un atome d'hydrogène remplaçable par un métal. Un tel composé est un *sel acide*.

La seconde réaction conduit à l'élimination complète de l'hydrogène de l'acide et, par conséquent, à ce qu'on appelle un *sel neutre*.

En résumé, *un acide bibasique peut donner, avec une base de métal monovalent, un sel acide et un sel neutre.*

Voyons ce qui se passe avec une base de métal bivalent :

$$SO^4H^2 + Ca(OH)^2 = SO^4Ca + 2H^2O.$$

Le métal bivalent a besoin de la place des deux atomes d'hydrogène, de sorte qu'*un acide bibasique donne seulement un sel neutre avec une base de métal bivalent.*

D'autres cas, plus compliqués, peuvent se présenter, ceux qui correspondent par exemple à l'action des acides tribasiques sur les bases.

Mais, si nous avons bien compris les mécanismes des réactions qui précédent, ces cas ne présenteront pour nous aucune difficulté.

Alcalimétrie et Acidimétrie.

Alcalimétrie. — 113. Les bases sont souvent désignées sous le nom d'*alcalis*, nom qui s'applique cependant plus spécialement à certaines bases fortes, telles que la potasse et la soude. Le problème de l'alcalimétrie a pour but la détermination de la quantité de base contenue dans un produit, autrement dit le dosage des alcalis.

Dans un verre mettons un certain volume de solution d'un alcali, la soude par exemple.

Ajoutons quelques gouttes de teinture de tournesol, nous savons (§ 64) que le liquide prendra une teinte bleue.

Remplissons une *burette à robinet (fig. 35)* d'une solution d'acide chlorhydrique. Une burette à robinet est un appareil en verre ayant la forme d'un tube cylindrique divisé en centimètres cubes et dixièmes de centimètre cube ; à la partie inférieure, ce tube est rétréci et muni d'un robinet permettant de régler à volonté l'écoulement du liquide.

À l'aide de cette burette à robinet, versons goutte à goutte la solution d'acide chlorhydrique dans notre solution de soude bleuie à l'aide du tournesol.

L'acide se combine à la base, c'est-à-dire la neutralise, selon l'équation :

$$HCl + NaOH = NaCl + H^2O.$$

Tant qu'il reste de la soude dans la liqueur, celle-ci demeure bleue. Mais il arrivera un moment où la totalité de la soude se trouvera neutralisée, c'est-à-dire où l'on aura versé la quantité d'acide qui correspond exactement à la quantité de soude contenue dans le verre. A ce moment-là, une seule goutte de plus d'acide suffira pour rendre acide la solution, et, par conséquent, pour faire virer brusquement la couleur du bleu au rouge. C'est donc ce brusque changement de teinte qui nous montrera que nous aurons versé une quantité d'acide correspondant à la quantité de soude à déterminer. Il nous suffit de faire une simple lecture sur la graduation de la burette pour connaître le volume de solution acide versé. Si un volume connu d'acide correspond à un poids connu de soude, nous aurons toutes les données pour résoudre numériquement le problème.

Il importe donc de définir une solution acide dont un volume connu corresponde à un poids connu de base.

Solution normale acide. — **114.** Il sera particulièrement commode de faire usage d'une solution telle que 1 litre renferme un nombre de grammes d'*acide monobasique* (acide chlorhydrique, par exemple) égal au nombre qui exprime le poids moléculaire de cet acide.

Un telle solution est appelée *solution normale acide.*

Si l'on veut préparer une solution normale avec un *acide bibasique* tel que l'acide

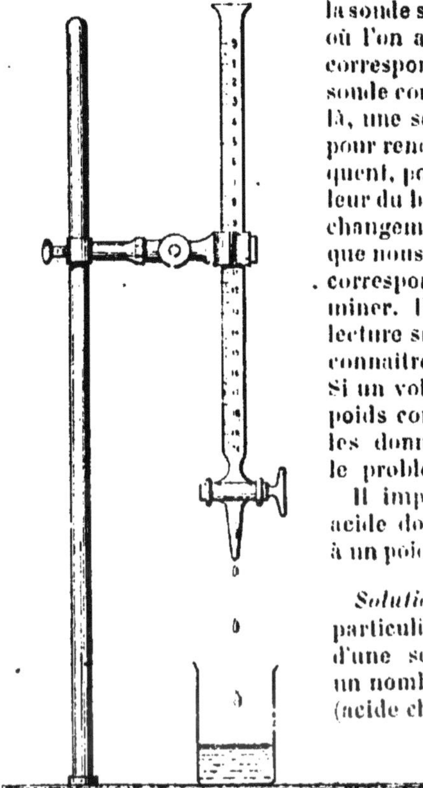

Fig. 35. — Burette à robinet.

sulfurique, il y a lieu de se rappeler (§ 112) qu'une molécule d'un tel acide fonctionne comme deux molécules d'acide monobasique. Donc, pour avoir une solution équivalente à la précédente, il faudra prendre un nombre de grammes d'acide égal à la *moitié* seulement du *nombre* qui exprime son poids moléculaire.

Un litre, c'est-à-dire 1.000 centimètres cubes d'une solution normale acide, neutralisera un nombre de grammes de soude égal au nombre qui exprime le poids moléculaire de cette base, car à une molécule d'acide monobasique correspond une molécule de soude ou de toute autre base de métal monovalent. Par contre, s'il s'agit d'une base de métal bivalent, l'équation :

$$2HCl + Ca(OH)^2 = CaCl^2 + 2H^2O,$$

montre qu'il faut 2 molécules d'acide pour 1 molécule de base et que, par conséquent, 1.000 centimètres de solution normale acide neutralisent un nombre de grammes d'une telle base égale à *la moitié* seulement du nombre qui mesure son poids moléculaire.

Exercice. — **115.** Dans 900 centimètres cubes d'eau de chaux additionnée de teinture de tournesol, il faut verser 13ᶜᶜ,5 de solution normale acide pour que la teinture vire au rouge. Quel est le poids de chaux contenu dans 1 litre d'eau de chaux ?

Etant donnés les poids atomiques : 40 du calcium, 16 de l'oxygène, 1 de l'hydrogène, nous pouvons calculer le poids moléculaire de la chaux, qui est :

$$40 + (2 \times 16) + 2 = 74.$$

La chaux réagissant sur deux molécules d'acide monobasique, 1 litre de solution normale acide correspond à un nombre de grammes de chaux égal à *la moitié* du nombre qui exprime son poids moléculaire, c'est-à-dire à $\dfrac{74}{2} = 37$ grammes.

1.000 c. c. de solution normale acide correspondent à 37 gr. de chaux

$$1 \text{ c. c.} \qquad — \qquad \text{correspondra à } \dfrac{37}{1.000} \qquad —$$

$$13^{cc},5 \qquad — \qquad \text{correspondent à } \dfrac{37 \times 13,5}{1.000} \text{ gr. de chaux}$$

Tel est le poids de chaux contenu dans 900 centimètres cubes d'eau de chaux ; dans 1.000 centimètres cubes, le poids de chaux contenu sera donc égal à :

$$\frac{37 \times 13,5 \times 1.000}{1.000 \times 900} = 0^{gr},555.$$

Acidimétrie. — **116.** C'est le problème inverse du précédent. Il consiste, à l'aide d'une solution alcaline de titre connu, à déterminer la richesse en acide d'une solution.

Il est commode de faire usage d'une *solution alcaline normale*, c'est-à-dire d'une solution enfermant, par litre, un nombre de grammes de base égal au nombre qui mesure le poids moléculaire de celle-ci, s'il s'agit d'une *base de métal monovalent*. S'il s'agit d'une *base de métal bivalent*, il faudra dans 1 litre un nombre de grammes de base égal à *la moitié* seulement du nombre qui en exprime le poids moléculaire.

Le titrage se fait en versant, à l'aide de la burette, la solution alcaline normale dans un volume connu de liqueur acide colorée en rouge par du tournesol, jusqu'à ce que le liquide vire au bleu.

Principes de la nomenclature chimique.

117. Nous avons fait connaître des conventions générales qui nous permettent de représenter symboliquement les corps ; il importe maintenant d'adopter des règles qui nous permettent de donner à ces corps des noms rationnels indiquant à quelle catégorie ils appartiennent. On comprendra aisément quelle simplification nous aurons apportée à nos efforts en ramenant en grande partie à la connaissance de ces règles générales l'appellation des nombreuses substances dont nous aurons à nous occuper.

Toutefois, il ne faut pas nous dissimuler que ce sera la pratique, plutôt que l'exposé aride des règles de la nomenclature, qui nous familiarisera complètement avec ces règles.

Corps simples.

118. Aucune règle ne préside à la nomenclature des corps simples. Mais, comme le nombre de ces corps est assez restreint et que, d'ailleurs, nous limiterons notre étude aux plus importants d'entre eux, la connaissance de leurs noms ne nous obligera pas à un grand effort de mémoire.

Corps composés.

Nomenclature des bases. — 119. On désigne les bases par les mots *hydrate de*, suivis du nom du métal qui les forme.

Toutefois, l'usage a consacré, pour certaines bases, des noms qui sont employés concurremment avec ceux qui résultent de cette règle.

Ainsi : l'*hydrate de potassium* KOH se nomme aussi *potasse caustique*, ou simplement *potasse ;*
L'*hydrate de sodium* NaOH se nomme aussi *soude caustique*, ou simplement *soude ;*
L'*hydrate de calcium* Ca (OH)² se nomme aussi *chaux éteinte ;*
L'*hydrate de baryum* Ba (OH)² se nomme aussi *baryte.*

Nomenclature des oxydes basiques. — **120.** Les oxydes basiques ou anhydrides basiques se nomment conformément aux règles générales de momenclature des oxydes (§ 128).

Nomenclature des acides. — 1° *Acides non oxygénés.* — **121.** On emploie le mot *acide* que l'on fait suivre du nom du corps uni à l'hydrogène terminé par le suffixe *hydrique*.

Ainsi l'acide HCl, provenant de la combinaison du chlore avec l'hydrogène, se nomme *acide chlorhydrique*.

2° *Acides oxygénés.* — **122.** On dit le mot *acide* que l'on fait suivre du nom du corps, autre que l'oxygène, uni à l'hydrogène et l'on ajoute à ce nom le suffixe *ique*. L'oxygène ne se nomme pas.

Ainsi l'acide AzO^3H, provenant de la combinaison de l'azote, de l'oxygène et de l'hydrogène, se nomme *acide azotique*.

S'il existe deux acides provenant de l'union des mêmes éléments, le moins oxygéné prend la terminaison *eux* et c'est au plus oxygéné qu'est réservée la terminaison *ique*.

C'est ainsi que, parmi les composés oxygénés acides de l'azote, nous aurons à nommer l'*acide azoteux* AzO^2H et l'*acide azotique* AzO^3H.

Si les acides provenant de l'union des mêmes éléments sont plus nombreux, on fait usage des préfixes *hypo*, *per* et *hyper* indiquant, le premier une proportion moindre d'oxygène, les seconds des proportions plus grandes de cet élément.

Nomenclature des anhydrides d'acides. — **123.** Les anhydrides d'acides se nomment comme les acides, mais en remplaçant le mot *acide* par le mot *anhydride*.

Nomenclature des sels. — 1° *Sels d'acides non oxygénés.* — **124.** On les nomme comme les acides dont ils dérivent en supprimant le mot *acide*, en remplaçant la terminaison *hydrique* par la terminaison *ure* et ajoutant la préposition *de*, puis le nom du métal.

Par exemple, le sel de potassium de l'acide chlorhydrique s'appellera *chlorure de potassium*.

2° *Sels d'acides oxygénés.* — **125.** On prend le nom de l'acide, on supprime le mot *acide*, on remplace les terminaisons *eux* par *ite*, *ique* par *ate*, on ajoute la préposition *de*, puis le nom du métal.

Exemples : le sel de calcium de l'acide sulfureux se nommera *sulfite de calcium*, le sel de calcium de l'acide sulfurique s'appellera *sulfate de calcium*.

Nomenclature des combinaisons binaires ne rentrant pas dans les catégories ci-dessus. — 126. Disons tout d'abord qu'on entend par combinaison binaire une combinaison formée de deux éléments seulement.

1° *Combinaisons binaires non oxygénées.* — **127.** On nomme l'un des corps, on lui ajoute la terminaison *ure*, on fait suivre la préposition *de* et finalement le nom du second corps.

L'usage nous apprendra quel est l'ordre dans lequel on nomme les deux éléments d'une telle combinaison.

Exemple : Le corps CS^2 se nomme *sulfure de carbone*.

Si deux éléments forment plusieurs combinaisons, des préfixes *sous*, *proto*, *sesqui*, *bi*, *tri*, *tétra*, *penta*, etc., ou *per* indiquent qu'il y a moins ou plus de l'élément qui se nomme en premier.

Exemples : PCl^3 est le *trichlorure de phosphore*, PCl^5 est le *pentachlorure de phosphore*.

2° *Combinaisons binaires oxygénées.* — **128.** On fait suivre les mots *oxyde de* du nom de l'élément autre que l'oxygène, en faisant usage, s'il y a lieu, des préfixes mentionnés au précédent paragraphe.

Exemples : CO est l'*oxyde de carbone*, Pb^2O est le *sous-oxyde de plomb*, PbO le *protoxyde de plomb*, Pb^2O^3 le *sesquioxyde de plomb*, PbO^2 le *bioxyde de plomb*.

Nomenclature des matières organiques. — 129. Nous nous en occuperons seulement au fur et à mesure de l'étude de la chimie organique, c'est-à-dire lorsque nous connaîtrons les substances auxquelles nous aurons à donner des noms.

DEUXIÈME PARTIE

MÉTALLOÏDES

CHAPITRE I

GÉNÉRALITÉS SUR LES MÉTALLOÏDES. — HYDROGÈNE

130. Les caractères extérieurs et les propriétés physiques des corps simples nous ont permis, au début de l'ouvrage (§ 24), de diviser ces corps en deux groupes : les *métalloïdes* et les *métaux*. Nous avons dit qu'à l'inverse de ce qui a lieu pour les métaux, les éléments rangés dans le groupe des métalloïdes sont mauvais conducteurs de la chaleur et de l'électricité et n'ont généralement pas cet éclat spécial que possèdent les métaux polis.

Il existe aussi entre la généralité des métalloïdes et la généralité des métaux des différences chimiques : les métalloïdes donnent, par leur combinaison avec l'oxygène, des anhydrides d'acides, mais pas d'oxydes basiques; au contraire, parmi les composés oxygénés d'un métal, il en est toujours au moins un qui possède les caractères d'un oxyde basique ; mais, comme les métalloïdes, certains métaux donnent des anhydrides d'acides.

Classification des métalloïdes.

131. Dans ce qui précède (§ 98), nous avons énuméré, avec leurs symboles et leurs poids atomiques respectifs, les divers métalloïdes actuellement connus. Nous ne les étudierons pas tous, car un certain nombre d'entre eux n'ont encore qu'un intérêt d'ordre exclusivement scientifique.

Parmi les métalloïdes qu'il importe de connaître, nous signalerons tout d'abord l'hydrogène. Nous avons pu nous rendre compte déjà du rôle considérable qu'il joue dans les combinaisons. C'est à la présence de cet élément que l'eau doit sa propriété de pouvoir engendrer des bases en fixant sur un métal une partie des atomes de sa molécule ; c'est à la présence de cet élément encore que les acides doivent leurs propriétés caractéristiques. Et nous verrons plus tard que ce ne sont pas là des faits isolés ; c'est surtout lorsque nous étudierons la chimie organique que nous aurons l'occasion de bien comprendre l'importance réelle du rôle que joue l'hydrogène dans le mécanisme des réactions chimiques.

La place de l'hydrogène dans les combinaisons est différente de celle de tous les autres métalloïdes ; elle est, par contre, tout à fait analogue à la place que peuvent occuper les métaux, puisque, nous l'avons vu, beaucoup de combinaisons hydrogénées (les acides par exemple) doivent leurs caractères particuliers à leur aptitude à céder de l'hydrogène en échange d'un métal.

Logiquement, l'hydrogène devra donc être étudié à part.

Si l'on veut faire des éléments une classification rationnelle, il est nécessaire de la faire reposer sur leurs caractères chimiques. Or il est à supposer que des éléments de même valence doivent former des combinaisons analogues et par conséquent présenter une grande similitude de propriétés. Il paraît donc logique d'essayer de considérer les métalloïdes de même valence comme appartenant à une même famille naturelle. Effectivement, en adoptant ce système de classification, on trouve généralement réunis des métalloïdes possédant des propriétés assez voisines. Toutefois, le bore, qui est trivalent comme l'azote, le phosphore, l'arsenic et l'antimoine, s'écarte de la famille de ces corps par l'ensemble de ses propriétés chimiques. Il faudra donc le mettre à part.

En résumé, d'après les considérations qui précèdent, nous serons amenés à ranger les métalloïdes dans l'ordre suivant :

En premier lieu, et isolément, *l'hydrogène*.

Ensuite, ainsi distribués entre cinq familles naturelles, les autres métalloïdes :

PREMIÈRE FAMILLE, métalloïdes monovalents : *fluor, chlore, brome, iode.*

DEUXIÈME FAMILLE, métalloïdes bivalents : *oxygène, soufre, sélénium, tellure.* Ces métalloïdes, le soufre notamment, sont, dans certaines combinaisons, tétravalents ou hexavalents.

TROISIÈME FAMILLE, métalloïdes trivalents : *azote, phosphore, arsenic, antimoine.* Ils sont aussi, dans un certain nombre de combinaisons, pentavalents.

QUATRIÈME FAMILLE, métalloïdes tétravalents : *carbone, silicium.* Le carbone fonctionne quelquefois, mais très rarement, comme bivalent.

CINQUIÈME FAMILLE, un seul représentant : le *bore*, élément trivalent, différent de ceux de la troisième famille.

Nous allons consacrer la suite de ce chapitre à l'hydrogène et les cinq chapitres suivants aux cinq familles de métalloïdes que nous venons d'énumérer, en limitant notre étude aux plus importants de ces métalloïdes.

Hydrogène.

Symbole : H; poids atomique : 1.

État naturel. — 132. A l'état libre, l'hydrogène se trouve dans l'air atmosphérique, dans les gaz rejetés par les volcans, dans le soleil et dans un grand nombre d'étoiles. On peut se demander par quelle extraordinaire méthode d'analyse on est arrivé à démontrer la présence de tel ou tel corps dans le soleil. C'est en décomposant la lumière, comme on apprend à le faire dans les cours de physique, de façon à obtenir ce qu'on appelle un spectre, et en constatant, dans ce spectre, la présence de raies bien caractéristiques de certaines substances.

L'hydrogène existe à l'état de combinaison dans l'eau et dans presque toutes les matières organiques que l'on rencontre chez les animaux ou chez les végétaux.

Préparation. — 133. D'une manière générale, pour préparer avantageusement un corps, il faut partir d'une matière première d'un prix peu élevé.

Examinons les principales matières renfermant de l'hydrogène et remplissant cette condition de bon marché.

En premier lieu nous devons penser à l'eau. Les acides, qui, nous le savons, renferment de l'hydrogène susceptible d'être chassé par un métal, seront aussi des matières premières d'autant mieux indiquées que le déplacement à l'aide d'un métal se fera dans des conditions plus faciles. Nous aurons recours à l'acide sulfurique ou à l'acide chlorhydrique, qui sont des acides industriels d'un prix très modique. Il y aura donc lieu de nous occuper de la préparation de l'hydrogène : 1° *par l'eau;* 2° *par les acides sulfurique ou chlorhydrique.*

1° *Préparation par l'eau.* — 134. Industriellement, on obtient l'hydrogène par *électrolyse* de l'eau (§ 52). On opère sur une solution de soude caustique à 15 0/0.

Ainsi préparé, l'hydrogène est comprimé dans des cylindres en acier.

135. On peut obtenir encore l'hydrogène en *décomposant la vapeur d'eau par le fer* chauffé au rouge dans un tube en porcelaine.

L'hydrogène est mis en liberté; quant à l'oxygène, il se combine avec le fer pour donner un corps appelé oxyde magnétique de fer :

$$4H^2O + 3Fe = 8H + Fe^3O^4.$$

Expliquons la réaction. L'oxyde magnétique renferme dans sa molécule 3 atomes de fer et 4 atomes d'oxygène ; il faut donc faire intervenir 3 atomes de fer et 4 molécules d'eau, puisque chaque molécule renferme 1 atome d'oxygène. En se décomposant, les 4 molécules d'eau donneront 8 atomes d'hydrogène. C'est ce qu'indique l'équation ci-dessus.

2° *Préparation par l'acide sulfurique ou l'acide chlorhydrique.* — 136. Nous avons vu déjà (§ 63) que l'acide sulfurique étendu d'eau est décomposé à froid par le zinc, avec mise en liberté d'hydrogène. La figure 27 (page 67) montre le dispositif à l'aide duquel on peut réaliser cette décomposition. L'acide sulfurique étendu est versé, à l'aide d'un entonnoir, sur le zinc placé dans un flacon à deux tubulures. Le gaz hydrogène qui se dégage est reçu dans une éprouvette sur la cuve à eau.

L'équation qui rend compte de la réaction est la suivante :

$$SO^4H^2 + Zn = SO^4Zn + 2H.$$

Le zinc étant bivalent, 1 atome de ce métal prend la place de 2 atomes d'hydrogène qui sont mis en liberté.

Dans une semblable opération, il faut bien avoir soin de laisser perdre le gaz qui se dégage en premier, car ce gaz n'est autre chose que l'air qui remplissait le flacon. On ajoute à nouveau un peu d'acide chaque fois que le dégagement gazeux se ralentit. On peut, à la place de l'acide sulfurique, faire usage de l'acide chlorhydrique dissous dans l'eau. La réaction est alors la suivante :

$$2HCl + Zn = ZnCl^2 + 2H.$$

Comme métal bivalent, le zinc se combine avec 2 atomes de chlore ; donc sur 1 atome de zinc réagissent 2 molécules d'acide chlorhydrique apportant les 2 atomes de chlore nécessaires et mettant en liberté 2 atomes d'hydrogène.

Dans ces réactions, on peut, à la place du zinc, faire intervenir le fer. L'appareil n'a à subir aucun changement et les équations qui rendent compte des réactions se déduisent des précédentes en y remplaçant Zn par Fe, car le fer est, comme le zinc, bivalent.

Hydrogène naissant. — 137. L'hydrogène intervient souvent dans les réactions, notamment en chimie organique, pour être combiné soit avec des éléments tels que l'oxygène, soit avec des groupements d'atomes. Mais cette intervention, pour être effective, doit rencontrer des conditions particulières. L'hydrogène libre est formé de molécules provenant, comme nous l'avons vu (§ 92), de l'union de 2 atomes. Pour que l'hydrogène puisse se combiner, il faut que ces atomes soient séparés, c'est-à-dire que la valence de chacun d'eux (valence que nous avons comparée à un crochet à l'aide duquel l'atome peut se fixer à un autre) soit libre ; et il n'en est ainsi qu'à l'instant même où l'hydrogène est mis en liberté ; aussitôt après, les atomes se groupent par deux et leurs valences cessent d'être disponibles (*fig.* 36).

Il est donc difficile de faire réagir l'hydrogène libre.

Mais si, dans le milieu même où l'on fait prendre naissance à ce corps, on place la substance sur laquelle on veut le faire réagir, les atomes d'hydrogène, au lieu de se grouper deux à deux, se jetteront sur la substance en question.

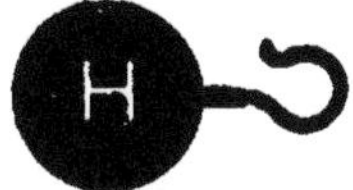

Molécule d'hydrogène inapte à réagir, c'est-à-dire à se fixer.

Atome d'hydrogène apte à réagir, c'est-à-dire à se fixer.

Fig. 36. — Schémas représentant la molécule et l'atome d'hydrogène.

Cet hydrogène, ainsi saisi au moment de sa formation, avant que les atomes ne se soient unis pour former des molécules, prend le nom d'*hydrogène naissant*. C'est l'hydrogène naissant qu'il est indispensable de faire intervenir pour obtenir certaines réactions, notamment en chimie organique. En pareil cas, on traite la substance sur laquelle on veut opérer la réaction, non pas par de l'hydrogène libre, mais bien par un mélange (tel qu'un acide et un métal) susceptible de produire cet élément.

Propriétés physiques. — **138.** L'hydrogène est un gaz incolore, inodore, sans saveur.

C'est le plus léger de tous les gaz connus. Il est 16 fois plus léger que l'oxygène et 14 fois plus léger que l'azote ; par conséquent un ballon gonflé d'hydrogène s'élèvera aisément dans l'air.

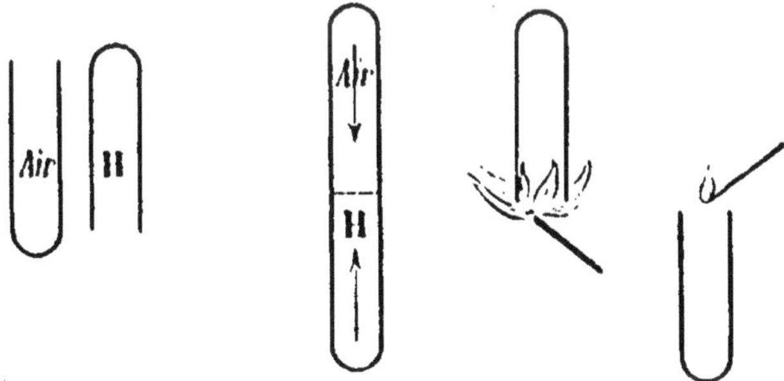

Fig. 37. — Démonstration de la légèreté de l'hydrogène.

Le fait que l'hydrogène est plus léger que l'air se démontre aisément à l'aide des expériences suivantes. Superposons verticalement deux éprouvettes, l'éprouvette supérieure pleine d'air et l'éprouvette inférieure remplie d'hydrogène (*fig*. 37), en faisant coïncider leurs deux ouvertures. Au bout de quelques minutes, présentons la flamme d'une allumette à l'ouverture de l'éprouvette supérieure, primitivement exempte d'hydrogène, nous constatons que son contenu s'enflamme, et c'est là une propriété de l'hydrogène (§ 52). Ce gaz, qui s'est rendu de l'éprouvette inférieure dans l'éprouvette supérieure, est donc plus léger que l'air.

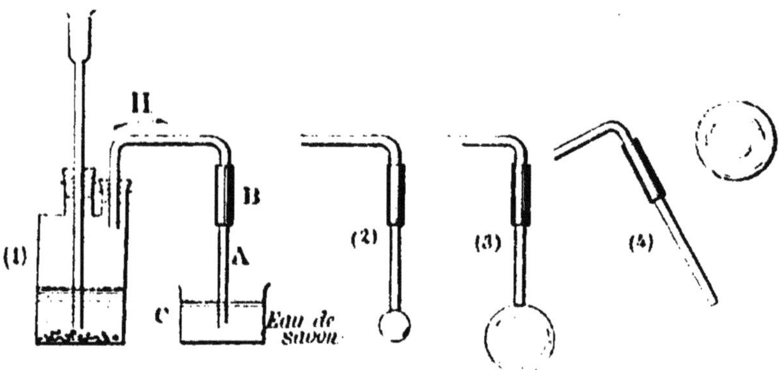

Fig. 38. — Bulles de savon gonflées à l'hydrogène.

(1) Au tube à dégagement d'un appareil à hydrogène, on adapte un tube en verre A, au moyen d'un tube en caoutchouc B. On plonge le tube dans l'eau de savon C.

(2) On retire le tube de l'eau de savon, en soulevant l'appareil. Une bulle de savon se forme (2) et grossit (3).

(3) En serrant le caoutchouc avec les doigts et en secouant légèrement le tube, la bulle se détache et s'élève dans l'air.

Si nous plongeons dans l'eau de savon l'extrémité du tube par lequel l'hydrogène s'échappe de l'appareil producteur, il se forme des bulles de savon qui s'élèvent rapidement dans l'air (*fig*. 38).

139. Tout le monde sait que les liquides, l'eau par exemple, peuvent passer à travers les pores de certaines substances. Pour les gaz, cette propriété est encore plus accentuée, et la rapidité avec laquelle un gaz traverse une substance poreuse est d'autant plus grande que ce gaz est plus léger.

L'hydrogène étant le gaz le plus léger, sera donc en même temps celui qui passera le plus rapidement à travers les parois. L'expérience suivante permet de constater cette faculté.

Prenons un vase cylindrique en terre poreuse, fermé à la partie supérieure et relié à la partie inférieure, à l'aide d'un bon bouchon de caoutchouc, avec un tube de verre deux fois recourbé. Mettons dans le tube un liquide teinté de rouge : celui-ci s'élèvera au même niveau dans les deux branches. Plaçons une cloche en verre (*fig.* 39) au-dessus du vase poreux et faisons arriver sous cette cloche un courant d'hydrogène. Ce gaz va se précipiter

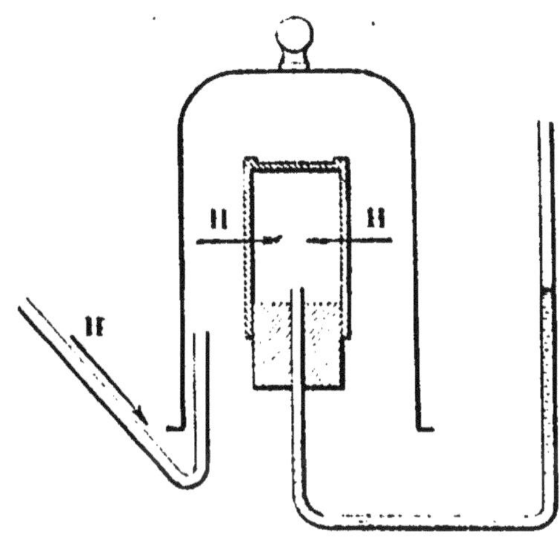

Fig. 39. — L'hydrogène traverse rapidement les parois poreuses.

dans le vase poreux, traversant sa paroi plus vite que l'air ne pourra en sortir. En conséquence, la pression dans l'intérieur du vase augmentera, ce que l'on constatera en voyant le liquide repoussé dans la branche opposée du tube.

La propriété que nous venons de signaler nous obligera donc à ne faire usage, pour la conservation ou la circulation de l'hydrogène, que de vases ou de tubes non poreux. Les ballons gonflés à l'hydrogène se dégonflent très rapidement, en raison de la vitesse du passage du gaz à travers la paroi.

140. L'hydrogène est susceptible d'être amené à l'état liquide ; mais c'est, après l'hélium, le gaz le plus difficilement liquéfiable.

Propriétés chimiques. — **141.** L'hydrogène est capable de s'unir *directement* avec la plupart des autres métalloïdes. Il faut entendre par union directe de deux éléments la combinaison de ces éléments, pris à l'état libre, sans intervention d'aucune autre substance, c'est-à-dire sous l'influence des seuls agents physiques : chaleur, électricité ou lumière.

Action des métalloïdes de la première famille. — **142.** C'est ainsi que le fluor, le chlore, le brome et l'iode se combinent à l'hydrogène ; mais la facilité avec laquelle s'effectue cette union directe va en diminuant lorsqu'on passe d'un métalloïde à un autre en allant du fluor vers l'iode.

Avec le *fluor*, la combinaison a lieu à n'importe quelle température, pourvu qu'on mette les deux gaz en contact. Avec le *chlore*, l'union a lieu à la température ordinaire, mais avec le concours de la lumière diffuse ; à la lumière solaire, il y a explosion. La combinaison directe de l'hydrogène avec le *brome* n'a lieu qu'à 100°. La combinaison avec l'*iode* ne s'effectue qu'en chauffant à 350° les deux métalloïdes dans un tube en verre épais scellé à la lampe, et encore n'est-elle que partielle.

Ces composés des métalloïdes de la première famille, métalloïdes monovalents, se forment avec un atome d'hydrogène. Leurs formules respectives sont : HF, HCl, HBr, HI. Ce sont des acides énergiques.

Action de l'oxygène. — **143.** L'hydrogène brûle dans l'oxygène en donnant de l'eau, d'après l'équation :

$$2H + O = H^2O.$$

Cette combustion se produit avec un grand dégagement de chaleur, surtout si elle est effectuée avec l'oxygène lui-même.

Pour constater la formation d'eau, il suffit de faire brûler l'hydrogène en approchant une allumette enflammée de l'orifice du tube de dégagement du gaz et de recouvrir la flamme avec une cloche en verre (*fig.* 40). L'eau qui se forme à température élevée est à l'état de vapeur, mais celle-ci se condense au contact de la paroi froide de la cloche et l'eau ne tarde pas à ruisseler ; on peut même la recueillir dans un verre.

Par cette expérience, nous avons réalisé la *synthèse de l'eau.*

Un mélange de deux volumes d'hydrogène et d'un volume d'oxygène enflammé à l'aide d'une allumette produit une explosion violente. Cette explosion est due à la combinaison rapide des deux gaz avec formation de vapeur d'eau ; le dégagement de chaleur étant considérable, la vapeur s'est brusquement dilatée et a instantanément projeté l'air hors du flacon ;

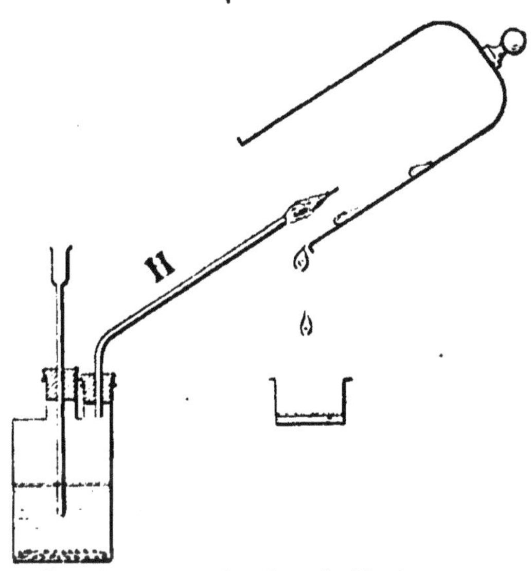

Fig. 40. — Combustion de l'hydrogène.

la vapeur s'est condensée et l'air est revenu violemment. Le bruit est produit par cette sortie et cette rentrée si brusques. L'expérience est dangereuse ; si l'on se risque à l'effectuer, il ne faut le faire qu'en employant un tout petit flacon enveloppé d'un linge.

La conclusion de ce que nous venons de dire est que, lorsqu'on allume l'hydrogène à la sortie d'un appareil producteur de ce gaz, il faut être bien sûr que la totalité de l'air de l'appareil a été préalablement chassé, pour éviter une explosion qui pourrait être dangereuse.

144. La facilité avec laquelle, dans des conditions convenables, l'oxygène est fixé par l'hydrogène fait de ce dernier gaz un agent réducteur. Est-il besoin de rappeler que nous avons nommé agent réducteur un corps très apte à s'emparer de l'oxygène, c'est-à-dire à réduire la proportion d'oxygène contenue dans un autre corps ? L'hydrogène peut, en particulier, servir à *réduire un grand nombre d'oxydes métalliques,* tels que l'oxyde de cuivre, en mettant le métal en liberté :

$$CuO + 2H = Cu + H^2O.$$

La réduction de ces oxydes n'a lieu qu'à chaud.

Applications. — **145.** À cause de son extrême légèreté, l'hydrogène est employé pour gonfler les ballons. Étant le plus léger de tous les gaz, c'est celui qui permet aux ballons de s'élever le plus rapidement, mais c'est aussi, pour la même raison, celui qui traverse le plus rapidement les parois et qui, par conséquent, se perd le plus vite.

L'énorme quantité de chaleur dégagée par la combustion de l'hydrogène dans l'oxygène fait utiliser la flamme résultant de cette combustion pour produire des températures très élevées (plus de 2.500°). Le *chalumeau* employé se compose de deux tubes concentriques : le tube intérieur reçoit le courant d'oxygène, tandis que l'hydrogène arrive dans l'espace annulaire. On allume à l'extrémité. C'est dans la flamme obtenue que l'on place le corps à chauffer.

Ajoutons que l'hydrogène est employé comme agent réducteur.

CHAPITRE II

MÉTALLOÏDES DE LA PREMIÈRE FAMILLE

146. Les métalloïdes de la première famille : le *fluor*, le *chlore*, le *brome* et l'*iode*, sont monovalents.

Le fluor et ses composés.

147. Nous dirons seulement quelques mots du fluor et de sa combinaison hydrogénée, l'acide fluorhydrique, dont on fait usage pour la décoration et la gravure sur verre.

Fluor

Symbole : F; poids atomique : 19.

148. Il existe à l'état naturel sous forme de combinaisons avec les métaux (fluorures) ; le fluorure naturel le plus important est le fluorure de calcium, CaF^2, appelé *fluorine* ou *spath fluor*.

MOISSAN a isolé le fluor en 1886 par électrolyse de l'acide fluorhydrique rendu conducteur au moyen d'un peu de fluorhydrate de fluorure de potassium KF.HF.

Le fluor est un gaz jaune verdâtre, possédant une faculté de combinaison considérable. Il s'unit avec l'hydrogène, même dans l'obscurité et à très basse température; *aussi décompose-t-il aisément les combinaisons hydrogénées avec formation d'acide fluorhydrique.*

Acide fluorhydrique.

Formule : HF ; poids moléculaire : $1 + 19 = 20$.

Préparation. — 149. On l'obtient en faisant réagir l'acide sulfurique sur la fluorine (fluorure de calcium naturel), d'après l'équation :

$$CaF^2 + SO^4H^2 = 2HF + SO^4Ca.$$

Les 2 atomes d'hydrogène de l'acide sulfurique prennent les 2 atomes de fluor du fluorure de calcium, pour donner 2 molécules d'acide fluorhydrique, et le calcium, bivalent, remplace les 2 atomes d'hydrogène de l'acide sulfurique, formant ainsi du sulfate de calcium.

L'appareil consiste en une cornue en plomb composée de deux parties s'emboîtant l'une sur l'autre et lutées avec du plâtre, après introduction du mélange de

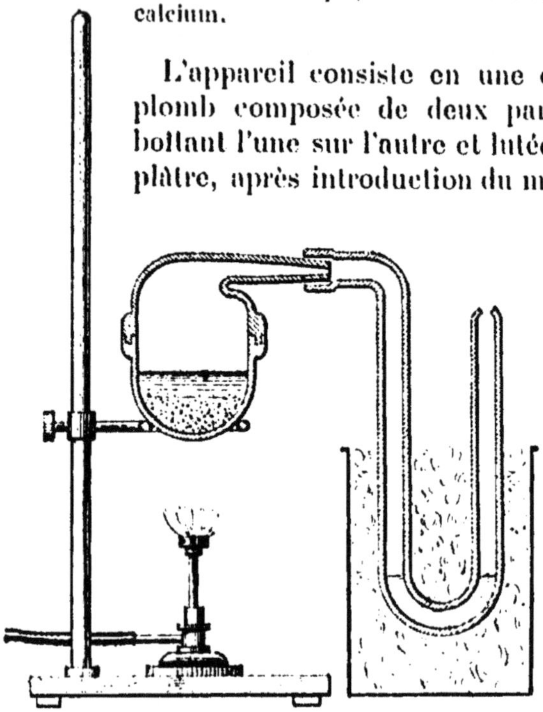

Fig. 41. — Préparation de l'acide fluorhydrique.

fluorure de calcium en poudre et d'acide sulfurique concentré (*fig.* 41). Cette cornue communique avec un tube en plomb en forme d'U. C'est dans ce tube, bien refroidi et contenant un peu d'eau, que l'acide fluorhydrique vient se condenser.

Propriétés. — **150.** C'est un liquide qui émet, même à la température ordinaire, des vapeurs extrêmement irritantes. Une goutte tombant sur la peau y produit une brûlure très dangereuse. Il faut donc ne le manier qu'avec les plus grandes précautions.

Gravure sur verre. — **151.** La propriété chimique caractéristique de l'acide fluorhydrique est celle d'attaquer le verre.

Les verres sont formés de sels appelés silicates; ces silicates sont les sels correspondant à un acide, l'acide silicique, dont l'anhydride n'est autre chose que la silice SiO^2 (quartz ou cristal de roche).

Réagissant sur la silice, l'acide fluorhydrique donne du fluorure de silicium et de l'eau :

$$SiO^2 + 4HF = SiF^4 + 2H^2O.$$

Les 2 atomes d'oxygène de la silice donnent, avec 4 atomes d'hydrogène, 2 molécules d'eau ; ces 4 atomes d'hydrogène sont fournis par 4 molécules d'acide fluorhydrique qui apportent en même temps 4 atomes de fluor. Ceux-ci remplacent précisément les 2 atomes d'oxygène en s'unissant au silicium, élément tétravalent.

Cette action de l'acide fluorhydrique sur la silice et sur les silicates est appliquée à la gravure sur verre. On recouvre la surface du verre d'un vernis formé d'un mélange de cire et d'essence de térébenthine. On trace ensuite les traits à dessiner avec une pointe, de façon à mettre le verre à nu, et on expose pendant quelques instants la surface vernie à l'action des vapeurs d'acide fluorhydrique. Ces vapeurs attaquent le verre seulement sur les parties non protégées par la cire, et le dessin se grave en traits dépolis. Il suffit d'enlever le vernis avec de l'alcool pour qu'il apparaisse.

L'acide fluorhydrique se dégage d'un vase de plomb contenant le mélange de fluorure de calcium et d'acide sulfurique qu'on chauffe légèrement.

L'acide fluorhydrique étendu attaque aussi le verre et peut être employé pour sa décoration; mais, dans ce cas, le trait obtenu demeure transparent et par conséquent moins visible que lorsqu'on fait usage des vapeurs.

Le chlore et ses composés.

152. Le chlore joue un rôle important dans l'ensemble des matières minérales. Il est très répandu dans la nature sous forme de combinaisons avec les métaux, combinaisons connues sous le nom de *chlorures* métalliques. Le chlorure de sodium ou sel de cuisine, dont nous nous sommes occupés déjà, existe dans les eaux de mer et dans les mines de sel gemme. On rencontre aussi le chlorure de sodium dans l'économie animale : le sang, l'urine en sont riches.

Parmi les composés du chlore, nous aurons à étudier tout d'abord sa combinaison avec l'hydrogène : l'acide chlorhydrique. Les combinaisons du chlore avec l'oxygène sont assez nombreuses, mais nous nous bornerons à mentionner les plus importantes au point de vue pratique.

Chlore.

Symbole : Cl ; poids atomique : 35,5.

Préparation. — *Préparation au moyen de l'acide chlorhydrique.* — **153.** Quand, dans les *Leçons préparatoires*, nous avons étudié le sel marin, nous avons indiqué que ce corps fournit de l'acide chlorhydrique. A l'aide de l'acide chlorhydrique on peut préparer le chlore. Pour cela, on le fait réagir sur un oxyde métallique très riche en oxygène, le bioxyde de manganèse, MnO^2. L'équation qui rend compte de la réaction est la suivante :

$$MnO^2 + 4HCl = MnCl^2 + 2H^2O + 2Cl.$$

Nous allons expliquer comment, au cours de cette réaction, du chlore peut être mis en liberté. Le chlore, préférant encore les métaux à l'hydrogène, quitte l'hydrogène de l'acide chlorhydrique pour aller s'unir au manganèse, métal bivalent, et former le chlorure de manganèse $MnCl^2$. Mais, pour cela, il faut que l'oxygène du bioxyde de manganèse soit enlevé, et c'est l'hydrogène de l'acide chlorhydrique qui effectuera cet enlèvement.

Les 2 atomes d'oxygène nécessiteront, pour former de l'eau, l'intervention de 4 atomes d'hydrogène, c'est-à-dire de 4 molécules d'acide chlorhydrique; on aura 2 molécules d'eau.

Mais, en se décomposant, les 4 molécules d'acide chlorhydrique libéreront 4 atomes de chlore et, comme le manganèse bivalent n'en prend que 2, *il restera 2 atomes de chlore à l'état libre*. On voit donc que la formation de chlore libre est due à ce fait que le chlorure de manganèse qui se forme correspond, non pas au bioxyde de manganèse MnO^2, mais bien à l'oxyde moins oxygéné MnO. Un oxyde métallique qui donnerait un chlorure correspondant, c'est-à-dire le produit de substitution de 2 atomes de chlore à chacun de ses atomes d'oxygène, ne fournirait pas de chlore libre lorsqu'on le traite par l'acide chlorhydrique. Son oxygène s'emparerait, en effet, de la seule quantité d'hydrogène combinée à la quantité de chlore susceptible de s'unir au métal. Ainsi :

$$MnO + 2HCl = MnCl^2 + H^2O.$$

Voici la description de l'appareil à l'aide duquel on peut préparer le chlore dans les laboratoires (*fig.* 42). Dans un ballon sont placés le bioxyde de manganèse et la solution d'acide chlorhydrique. Le tube de dégagement fixé au ballon arrive au fond d'un flacon laveur contenant de l'eau à travers laquelle le gaz se débarrasse de l'acide chlorhydrique qu'il a pu entraîner. Il s'échappe ensuite pour se rendre dans un autre flacon à trois tubulures, contenant de l'eau qui se sature de chlore. Lorsque cette eau est saturée, le gaz passe à travers le liquide et remonte le long d'une colonne destinée à la dessiccation. A cet effet, la colonne est garnie de pierre ponce imbibée d'acide sulfurique, acide très avide d'eau. Le gaz sec s'échappant de la colonne est reçu finalement dans un flacon au fond duquel plonge le tube d'arrivée. C'est que le chlore, étant un gaz plus lourd que l'air, déplacera celui-ci et viendra se rassembler au fond du flacon. Le flacon rempli, ce qu'on verra à la couleur jaune verdâtre uniforme de son contenu, on le fermera avec un bouchon de verre. On ne peut recevoir le chlore gazeux ni sur la cuve à eau, puisqu'il se dissout dans ce liquide, ni sur la cuve à mercure, car il se combine avec ce métal.

Souvent on ne veut obtenir que du chlore en solution dans l'eau. Dans ce cas, il suffit de placer à la suite des deux flacons laveurs toute une série de flacons laveurs semblables contenant de l'eau. Dans ces flacons successifs, l'eau se sature de chlore de proche en proche.

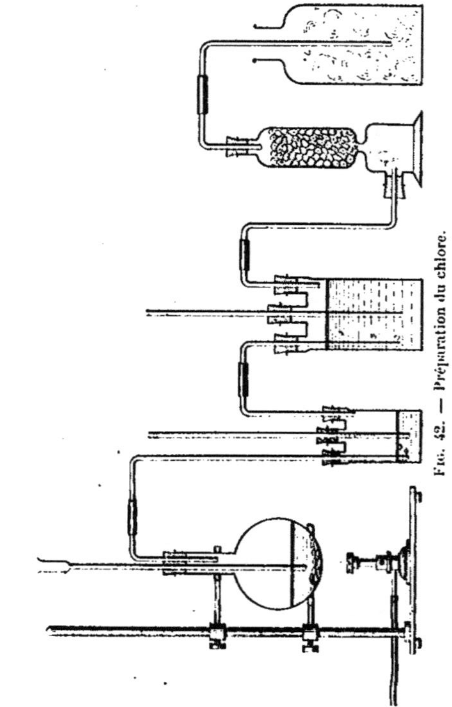

Fig. 42. — Préparation du chlore.

La réaction commence à froid ; mais, lorsque le dégagement gazeux se ralentit, on chauffe *légèrement* le ballon. On ajoute, au besoin, de l'acide chlorhydrique à l'aide d'un tube terminé par un entonnoir.

2° Préparation au moyen du chlorure de sodium. — **154.** On peut préparer industriellement le chlore par électrolyse du chlorure de sodium.

Propriétés physiques. — **155.** C'est un gaz jaune verdâtre, d'odeur désagréable et suffocante. Il est dangereux à respirer, car il provoque la toux et peut déterminer des crachements de sang. Aussi faut-il le préparer en plein air, dans une cour par exemple.

Il est environ deux fois et demie plus lourd que l'air. C'est un corps soluble dans l'eau.

On peut le liquéfier par compression, et c'est à l'état liquide qu'on le trouve dans le commerce, logé dans des cylindres en acier, matière sur laquelle il est sans action à froid.

Propriétés chimiques. — *Action du chlore sur l'hydrogène libre.* — **156.** L'action du chlore sur l'hydrogène est une des plus importantes, comme on va le voir. Nous avons indiqué déjà que les deux gaz se combinent directement à froid, avec la seule intervention de la lumière diffuse, pour donner de l'acide chlorhydrique :

$$H + Cl = HCl.$$

Cela montre bien que l'hydrogène a pour le chlore des attraits tout particuliers; aussi pouvons-nous nous attendre à voir le chlore le rechercher partout et s'en emparer, même lorsqu'il se trouvera engagé dans des combinaisons.

Action du chlore sur l'hydrogène combiné; le chlore agent d'oxydation en présence de l'eau. — **157.** Comme nous venons de le dire, le chlore s'empare si puissamment de l'hydrogène, qu'il est même capable d'arracher celui-ci de ses combinaisons.

Ainsi, *le chlore décompose très aisément l'hydrogène sulfuré*

(§ 59) gazeux ou dissous en lui enlevant son hydrogène, de sorte que le soufre se trouve abandonné à lui-même :

$$H^2S + 2Cl = 2HCl + S.$$

Dans l'hydrogène sulfuré, le soufre, bivalent, est uni à 2 atomes d'hydrogène; ceux-ci attireront à eux 2 atomes de chlore pour former 2 molécules d'acide chlorhydrique.

De même, *le gaz ammoniac est obligé de céder son hydrogène au chlore*, si bien que l'azote se trouve mis en liberté :

$$AzH^3 + 3Cl = 3HCl + Az.$$

Les trois atomes d'hydrogène se trouvant combinés à l'azote s'unissent à 3 atomes de chlore pour former 3 molécules d'acide chlorhydrique et mettre en liberté 1 atome d'azote. C'est ce qu'exprime l'équation ci-dessus.

La réaction, très violente, est de ce fait dangereuse; on la modère en opérant sur les corps en dissolution dans l'eau.

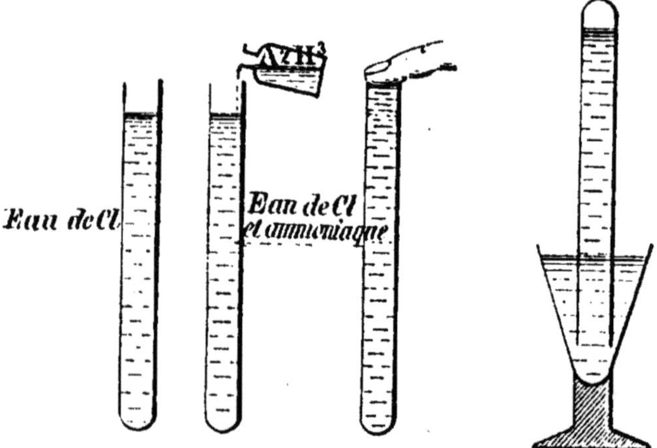

Fig. 43. — Action du chlore sur l'ammoniaque.

L'expérience s'effectue ainsi : Une longue éprouvette (*fig.* 43) est remplie aux $\frac{9}{10}$ d'eau de chlore, on achève de la remplir avec un peu de solution de gaz ammoniac dans l'eau, solution que nous désignerons désormais sous le nom d'*ammoniaque*. On bouche avec le pouce et on retourne l'éprouvette. On voit des bulles gazeuses se dégager ; c'est de l'azote qui se rend au sommet de l'éprouvette.

L'hydrogène sulfuré ainsi que l'ammoniaque se trouvent dans les fosses d'aisances. Aussi *le chlore, qui détruit ces substances pour s'emparer de leur hydrogène, est-il un désinfectant.*

158. Toujours à cause de son affinité pour l'hydrogène, le chlore est susceptible de prendre cet élément à l'eau ; mais, à la température ordinaire, il ne le peut pas à lui seul. L'oxygène de l'eau défend plus énergiquement son hydrogène que ne l'ont fait les éléments que nous avons jusqu'ici rencontrés dans les combinaisons examinées.

Si, en présence de l'eau, nous mettons *en même temps* et le chlore qui tend à lui prendre son hydrogène, et une autre substance tirant de son côté l'oxygène, la séparation des deux éléments, hydrogène et oxygène, s'effectuera comme l'indique le schéma :

$$2Cl \longleftarrow \boxed{H^2}\, O \longrightarrow \text{substance oxydable.}$$

L'équation qui rend compte de cette décomposition est la suivante :

$$2Cl + H^2O = 2HCl + O.$$

On peut dire, d'après cela, que *le chlore en présence de l'eau joue le rôle d'un oxydant.*

Ainsi donc, la solution de chlore dans l'eau, autrement dit l'eau de chlore, ne s'altère pas sensiblement, à condition de la conserver dans l'obscurité ; mais, si on la met en présence d'une substance susceptible de prendre l'oxygène de l'eau, le chlore, ainsi aidé, pourra plus facilement s'emparer de l'hydrogène, et l'eau de chlore réagira comme un oxydant.

De nombreuses matières colorantes, et en particulier celles qui donnent à certaines fibres leurs teintes écrues, sont des substances organiques (§ 69) que modifie cet agent d'oxydation : l'eau de chlore. L'eau de chlore jouit donc de *propriétés décolorantes.* Mais nous verrons bientôt qu'il est plus commode dans la pratique, pour le blanchiment de la toile, de disposer du chlore sous une autre forme.

Sur une tache d'encre, mettons une goutte d'eau de chlore, nous voyons la tache d'encre disparaître et faire place à une tache couleur jaunâtre. L'encre est une combinaison d'une matière organique avec le fer. Le chlore a transformé la matière organique et un composé du fer occasionne la tache qui reste. Si nous voulons la faire disparaître, il nous faudra la laver avec une solution étendue d'acide chlorhydrique.

Le chlore peut donc servir à enlever les taches d'encre et à effacer l'écriture à l'encre ordinaire ; mais il faut bien veiller à ne pas détériorer en même temps le papier ou le tissu.

159. Ce n'est pas seulement en les oxydant grâce au concours de l'eau, que *le chlore modifie la nature des matières organiques*, c'est aussi en s'emparant de leur hydrogène. Lorsqu'un atome de chlore prend un atome d'hydrogène à une matière organique pour former de l'acide chlorhydrique, on voit immédiatement un autre atome de chlore se précipiter pour prendre la place de l'atome d'hydrogène enlevé. On dit qu'il y a *substitution du chlore à l'hydrogène*.

Action du chlore sur les métaux. — **160.** Le chlore attaque les métaux pour les transformer en *chlorures*. L'attaque peut avoir lieu même lorsque le métal est déjà uni à d'autres éléments. En particulier, le chlore, plus fort que le brome et l'iode, déplace ces deux métalloïdes. Ainsi, lorsqu'on traite la combinaison de l'iode avec le potassium (combinaison que nous devons nommer iodure de potassium pour obéir aux règles établies), le chlore chasse l'iode et donne avec le métal le chlorure de potassium :

$$Cl + KI = I + KCl.$$

On peut même baser sur ce fait une réaction permettant de reconnaître la présence du chlore libre. En effet, l'iode possède la propriété de donner une coloration bleue intense avec l'amidon, cette matière solide blanche bien connue qui forme une partie de la farine de blé. Si donc nous mettons un peu d'eau de chlore dans une solution renfermant de l'iodure de potassium et un peu d'empois d'amidon, le chlore déplacera l'iode et celui-ci, devenu libre, colorera immédiatement en bleu la solution d'amidon.

Action du chlore sur les alcalis. — **161.** Rappelons que les bases fortes, comme la potasse et la soude, sont souvent nommées *alcalis*.

Faisons arriver un courant de chlore dans une *solution étendue* (c'est-à-dire renfermant une forte proportion d'eau) *et froide* d'un alcali; nous obtenons un produit qui possède les mêmes propriétés décolorantes et désinfectantes que le chlore et dont le maniement est plus commode. Une telle matière s'appelle un *chlorure décolorant*. Nous n'allons pas tarder à nous en occuper d'une façon particulière.

Choisissons comme exemple, pour étudier la formation des chlorures décolorants, l'action du chlore sur la potasse KOH.

Opérons comme nous venons de l'indiquer, c'est-à-dire sur la potasse en solution étendue et froide. Nous obtiendrons un mélange renfermant : 1° du chlorure de potassium KCl; 2° le sel de potassium d'un acide instable ClOH, l'acide hypochloreux (ce sel ClOK doit se nommer, d'après les règles adoptées, *hypochlorite de potassium*); 3° de l'eau.

Examinons le mécanisme de la réaction. Un premier atome de chlore réagit sur une première molécule de potasse pour donner du chlorure de potassium KCl :

$$Cl \quad\quad\quad K\,OH.$$

Le groupement OH est aussitôt fixé par un second atome de chlore pour former une molécule d'acide hypochloreux ClOH qui, réagissant immédiatement sur une seconde molécule de potasse, donnera une molécule d'hypochlorite de potassium et 1 molécule d'eau :

$$ClOH + KOH = ClOK + H^2O.$$

En somme, 2 atomes de chlore ont réagi sur 2 molécules de potasse pour former une molécule de chlorure de potassium, 1 molécule d'hypochlorite de potassium et une molécule d'eau. L'équation qui rend compte de la réaction est donc la suivante :

$$2Cl + 2KOH = KCl + ClOK + H^2O.$$

162. Si nous chauffons une solution d'un hypochlorite, l'hypochlorite de potassium par exemple, ce sel se transforme en sel de potassium correspondant à un acide, l'acide chlorique ClO^3H non isolé à l'état pur, mais défini par ses sels (ce sel de potassium ClO^3K est le *chlorate de potassium*).

Cette transformation est facile à concevoir. Considérons les 3 molécules d'hypochlorite de potassium apportant les 3 atomes d'oxygène nécessaires pour former une molécule de chlorate de potassium :

$$\begin{array}{l} Cl\,O\,K \\ Cl\,O\,K \\ Cl\,O\,K \end{array}$$

Le schéma ci-dessus nous montre comment l'hypochlorite se convertit en chlorate, et il nous fait voir en outre qu'il se forme en même temps 2 molécules de chlorure de potassium.

Donc, si au lieu de faire réagir le chlore sur une solution alcaline froide on le fait arriver *sur une solution alcaline chaude*, ce n'est pas l'hypochlorite que l'on obtiendra, mais bien le chlorate.

Pour écrire l'équation qui rend compte de la réaction, il suffit de se rappeler que, sous l'influence de la chaleur, il faut 3 molécules d'hypochlorite pour donner 1 molécule de chlorate et qu'il se forme en outre 2KCl. Donc nous ferons intervenir les quantités de Cl et de potasse nécessaires pour l'obtention de 3ClOK, soit 6Cl et 6KOH, et les 2KCl qui accompagnent la décomposition des 3ClOH viendront s'ajouter aux 3KCl qui accompagnent leur formation. On aura donc en somme :

$$6Cl + 6KOH = 5KCl + ClO^3K + 3H^2O.$$

Les chlorates cèdent facilement leur oxygène et sont des oxydants si violents qu'ils forment, avec les substances oxydables, des poudres explosives, souvent dangereuses à manier. On les emploie pour la préparation des poudres chloratées. Un mélange de chlorate de potassium et de soufre *pulvérisés à part* détone sous le choc.

En résumé, lorsqu'on traite par le chlore une solution alcaline, on obtient à froid un chlorure et un hypochlorite, à chaud un chlorure et un chlorate.

L'instabilité des hypochlorites et des chlorates nous montre que le chlore ne semble s'unir qu'à regret à l'oxygène et ne demande qu'à abandonner cet élément.

Applications. — **163.** Le chlore est un des produits importants de la grande industrie chimique. C'est que ses usages sont nombreux. Indépendamment de la fabrication des chlorures décolorants, diverses préparations, en particulier dans l'industrie des matières colorantes, donnent lieu à une consommation de chlore assez considérable.

Acide chlorhydrique.

Formule : HCl ; poids moléculaire : $1 + 35,5 = 36,5$.

164. L'acide chlorhydrique est vulgairement appelé *esprit de sel*, nom qui rappelle son origine. Nous n'avons pas oublié, en effet, qu'il s'obtient en partant du sel marin ou chlorure de sodium.

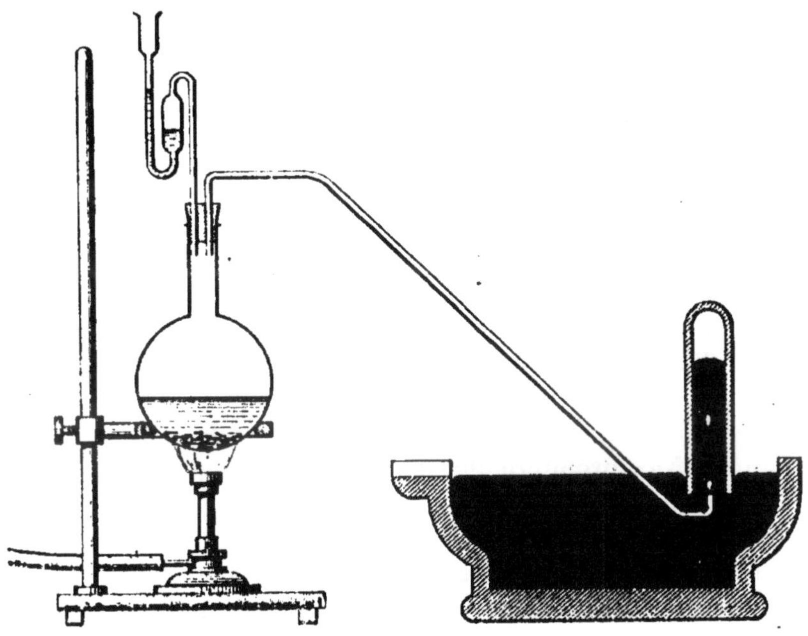

Fig. 44. — Préparation de l'acide chlorhydrique.

Préparation. — **165.** Dans un ballon de verre, introduisons du sel marin préalablement fondu et concassé grossièrement, puis versons de l'acide sulfurique concentré (*fig.* 44). Il se produit une effervescence ; de l'acide chlorhydrique, composé gazeux, se dégage. On le reçoit sur la cuve à mercure. La réaction commence à froid, mais on chauffe lorsque le dégagement gazeux se ralentit.

La réaction qui se produit est la suivante :

$$NaCl + SO^4H^2 = HCl + SO^4NaH.$$

L'acide sulfurique, plus fort, a déplacé l'acide chlorhydrique. D'une façon plus précise, 1 atome d'hydrogène de l'acide sulfurique est allé s'unir au chlore du chlorure de sodium pour donner de l'acide chlorhydrique, tandis que l'atome de sodium allait remplacer cet atome d'hydrogène. Il s'est ainsi formé un sel SO^4NaH, dans lequel il existe encore un atome d'hydrogène remplaçable par du métal ; c'est le *sulfate acide de sodium* ou *bisulfate de sodium*.

166. Le sulfate acide de sodium peut encore, par son atome d'hydrogène, réagir sur une molécule de chlorure de sodium, selon l'équation :

$$NaCl + SO^4NaH = HCl + SO^4Na^2.$$

On aboutit alors au *sulfate neutre de sodium* SO^4Na^2. Cette transformation plus complète a lieu dans les appareils industriels où l'on peut, grâce à la nature des vases employés, atteindre la température élevée qu'elle nécessite.

L'opération industrielle vise à l'obtention du sulfate de sodium SO^4Na^2, première phase de la préparation de l'un des produits les plus importants de la grande industrie chimique, le carbonate de sodium (soude du commerce). Il faut donc bien retenir que l'acide chlorhydrique est obtenu industriellement au cours de la fabrication de la soude du commerce.

Propriétés physiques. — **167.** L'acide chlorhydrique est un gaz incolore, d'une odeur piquante, d'une saveur extrêmement acide.

Il est très soluble dans l'eau. Ce caractère est précieux, car à l'état gazeux l'acide chlorhydrique serait difficile à manier ; aussi le trouve-t-on dans le commerce en solution dans l'eau (1 litre de ce liquide dissout 500 litres environ de gaz acide chlorhydrique).

L'acide chlorhydrique du commerce, vendu sous le nom d'*esprit de sel*, est donc une solution du gaz dans l'eau. C'est un liquide incolore quand il est pur.

Propriétés chimiques. — 168. L'acide chlorhydrique est un acide très énergique. Il rougit, bien entendu, la teinture de tournesol.

Son action sur beaucoup de *métaux* aboutit à la formation de *chlorures* (sels de l'acide chlorhydrique), par suite du déplacement de l'hydrogène. Nous avons d'ailleurs appris qu'on pouvait utiliser une semblable réaction pour préparer ce gaz (§ 136) :

$$2HCl + Zn = ZnCl^2 + 2H.$$

L'acide chlorhydrique est sans action sur l'or et le platine.

Réagissant sur les *bases*, l'acide chlorhydrique donne des sels avec élimination d'eau.

Selon qu'il s'agit d'une base une fois ou deux fois basique, cette base réagira sur une ou sur deux molécules d'acide chlorhydrique. Exemples :

$$HCl + KOH = KCl + H^2O ;$$
$$2HCl + Ca(OH)^2 = CaCl^2 + 2H^2O.$$

Caractère analytique. — 169. Les *chlorures*, sels de l'acide chlorhydrique, sont généralement solubles dans l'eau. Par contre, le *chlorure d'argent* est insoluble. Lorsqu'on traite une solution renfermant soit de l'acide chlorhydrique libre, soit un chlorure soluble comme le sel marin, par une solution de nitrate d'argent, il se forme du chlorure d'argent (§ 22), qui se manifeste sous forme de *précipité blanc* insoluble dans l'acide azotique. Cette réaction permet de reconnaître la présence de l'acide chlorhydrique ou des chlorures dans une solution, par exemple dans une eau.

Applications. — 170. L'acide chlorhydrique a de nombreuses applications dans l'industrie. Il sert à fabriquer le chlore, à traiter les os en vue de la fabrication de la gélatine, à préparer des chlorures. Il joue un rôle dans la fabrication d'un grand nombre de produits chimiques. C'est l'esprit de sel qui sert à décaper les métaux, c'est-à-dire à nettoyer leur surface.

Les ferblantiers et les plombiers s'en servent pour faciliter la soudure. En chauffant les métaux avec cet acide, ils convertissent les oxydes en chlorures. Les oxydes, qui ne sont pas volatils, resteraient et gêneraient la soudure. Au contraire, les chlorures sont volatils et par conséquent s'échappent, de sorte que rien ne s'oppose plus à l'adhérence des métaux lors de la soudure.

Chlorures décolorants.

171. Le chlore possède, avons-nous vu, des propriétés décolorantes très précieuses. Mais il n'est pas d'un maniement commode. L'eau de chlore n'est pas elle-même d'un usage bien pratique, car elle ne contient que 2 ou 3 litres de gaz par litre de liquide, c'est-à-dire un poids très faible.

Si l'on fait passer un courant de chlore dans une solution alcaline froide (solution de potasse, de soude ou de chaux), on obtient, comme nous l'avons dit, un chlorure décolorant, et celui-ci renferme, sous le même volume, une quantité de chlore considérablement plus grande que l'eau de chlore.

L'action du chlore sur la soude donne ce qu'on appelle aujourd'hui l'*eau de Javel* (ce produit était appelé jadis eau de Labarraque; le nom d'eau de Javel était alors donné au produit analogue obtenu avec la potasse); avec la chaux, on a le produit appelé *chlorure de chaux*. Au point de vue scientifique, le nom de chlorure de chaux n'a aucune signification; c'est une expression purement commerciale.

Le chlorure de chaux est employé pour la désinfection. On en fait aussi usage pour le blanchiment de la toile, c'est-à-dire pour la transformation de la-toile écrue en toile blanche.

Les chlorures décolorants, eau de Javel ou chlorure de chaux, sont bien connus des blanchisseuses. Celles-ci doivent l'employer modérément et avoir soin ensuite de bien rincer le linge pour éviter de le détériorer.

Il est intéressant d'étudier le mécanisme chimique de l'action décolorante du chlore et des chlorures décolorants.

Le chlore agit comme décolorant grâce aux propriétés oxydantes qu'il possède en présence de l'eau. Le pouvoir décolorant dépend donc de la quantité d'oxygène dégagée par suite de la décomposition de l'eau. L'équation :

$$2Cl + H^2O = 2HCl + O,$$

montre que l'intervention de 2 *atomes libres de chlore* entraîne la mise en liberté de 1 *atome d'oxygène*.

Comparons ce rendement à celui que l'on obtient à l'aide d'un chlorure décolorant, l'eau de Javel par exemple. L'eau de Javel agit grâce à l'hypochlorite de sodium qui se décompose selon l'équation :

$$ClONa = NaCl + O.$$

Cette équation montre qu'à 1 *atome de chlore sous forme d'hypochlorite* correspond la mise en liberté de 1 *atome d'oxygène*. Il semble donc que le rendement soit double de ce qu'il est lorsqu'on fait usage du chlore libre. Mais il ne faut pas oublier que, pour 1 atome de chlore sous forme d'hypochlorite, le chlorure décolorant renferme aussi 1 atome de chlore sous forme de chlorure métallique (§ 161) ; soit : 1 atome de chlore grâce auquel 1 atome d'oxygène est mis en liberté et 1 atome de chlore inactif ; le rendement est donc ramené, comme lorsqu'on emploie le chlore libre, à 1 atome d'oxygène pour 2 atomes de chlore.

REMARQUE. — Tandis que l'eau de Javel est un mélange d'hypochlorite de sodium et de chlorure de sodium, le chlorure de chaux est considéré comme une combinaison définie, mais cette combinaison se comporte absolument comme s'il s'agissait d'un mélange d'hypochlorite de calcium et de chlorure de calcium. Cette opinion que le chlorure de chaux est une combinaison définie repose sur ce fait que le gaz carbonique déplace la totalité de son chlore, ce qui ne se produirait pas si la matière contenait du chlorure de calcium.

Le brome et ses composés.

Brome.

Symbole : Br ; poids atomique : 80.

172. Il existe à l'état de bromure dans les eaux de mer et parmi les sels formant les gisements de Stassfurt (Allemagne).

Sa préparation est basée sur ce que le chlore, plus fort, le déplace de ses combinaisons avec les métaux (bromures).

C'est un liquide lourd, d'une couleur rouge foncé, d'une odeur désagréable. Ses propriétés sont analogues à celles du chlore.

Acide bromhydrique et bromures.

173. Avec l'hydrogène, le brome forme l'acide *bromhydrique* HBr, moins stable que l'acide chlorhydrique, et analogue à celui-ci.

Le bromure de potassium KBr est employé en médecine; le bromure d'argent, en photographie.

L'iode et ses composés.

Iode.

Symbole : I; poids atomique : 127.

174. L'iode existe dans l'eau de mer, notamment sous forme d'iodures.

Quand, dans une solution renfermant des bromures et des iodures, on fait arriver du chlore, l'iode, le plus faible, est d'abord déplacé; c'est ensuite le brome, plus fort que l'iode, mais moins fort que le chlore, qui est jeté hors de ses combinaisons. Les cendres provenant de la combustion des varechs contiennent des bromures et des iodures; elles peuvent servir à préparer l'iode par lavage à l'eau et traitement au chlore, en s'appuyant sur l'observation que nous venons de signaler.

On prépare aussi l'iode en partant des eaux mères provenant de l'extraction du salpêtre du Chili. Elles renferment un sel analogue au chlorate de sodium, l'iodate de sodium.

L'iode est un corps solide, brun, possédant un éclat métallique. Il se sublime ($\S$ 7). Ses propriétés sont analogues à celles du chlore, mais très atténuées. Il colore en bleu l'empois d'amidon.

L'iode est employé en médecine sous forme de teinture. Il sert à préparer des iodures et l'iodoforme, puissant antiseptique.

Acide iodhydrique et iodures.

175. L'acide iodhydrique HI, analogue à l'acide chlorhydrique, est encore moins stable que l'acide bromhydrique.

Il donne avec les métaux des iodures. L'iodure de potassium KI est employé en médecine et en photographie.

Analogies et différences entre les métalloïdes de la première famille.

176. Les métalloïdes de la première famille : fluor, chlore, brome, iode, appelés *éléments halogènes*, possèdent des propriétés analogues qui vont en s'atténuant quand on passe de l'un de ces éléments au suivant. On observe aussi une sorte de gradation dans leurs caractères physiques et leurs grandeurs atomiques :

	Fluor F	*Chlore* Cl	*Brome* Br	*Iode* I
	gazeux	gazeux	liquide	solide
Poids atomique...	19	35,5	80	127

177. Tous ces métalloïdes sont *monovalents* dans la plupart de leurs combinaisons. Ils sont définis comme tels, en particulier par leurs *combinaisons avec l'hydrogène*. Chacun d'eux forme avec cet élément un seul composé :

$$HF, HCl, HBr, HI.$$

Ces quatre corps sont des *acides monobasiques non oxygénés* dont la stabilité va en décroissant depuis l'acide fluorhydrique jusqu'à l'acide iodhydrique. Leur formation, *par union directe des éléments*, est due à l'affinité du fluor, du chlore, du brome, de l'iode pour l'hydrogène. Mais cette affinité va en diminuant du fluor à l'iode : c'est pour cela que la stabilité des acides correspondants est décroissante.

178. A cause de cette affinité, la série des éléments halogènes possède, mais avec une intensité qui décroît du fluor à l'iode, la propriété d'enlever l'hydrogène à ses combinaisons. La différence d'intensité de cette propriété se manifeste nettement dans *l'action sur l'eau*. Le fluor décompose l'eau à froid : le chlore n'agit qu'à une température élevée ; le brome agit plus difficilement encore ; avec l'iode il n'y a pas d'attaque. C'est même la réaction inverse qui a lieu, puisque l'iode de l'acide iodhydrique se laisse à chaud enlever l'hydrogène par l'oxygène. Malgré cela, la décomposition de l'eau a toujours lieu, même avec l'iode, si l'enlèvement de l'hydrogène par l'élément halogène est facilité par l'enlèvement de l'oxygène à l'aide d'une substance oxydable.

179. Quand un atome d'élément halogène enlève un atome d'hydrogène à une combinaison organique, aussitôt un autre atome d'halogène va prendre la place de l'hydrogène enlevé. Il y a *substitution*. Cette substitution s'effectue avec une facilité qui décroît du fluor à l'iode ; avec l'iode elle ne s'effectue pas directement.

180. L'affinité des quatre éléments pour les *métaux* décroît aussi du fluor à l'iode. C'est pour cela que le chlore déplace le brome des bromures et plus facilement encore l'iode des iodures. Si l'on traite par le chlore un mélange d'un bromure et d'un iodure, c'est au plus faible, l'iode, que le chlore va tout d'abord s'attaquer ; après l'avoir chassé de sa combinaison, il en fera autant du brome.

D'une manière générale, un élément est déplacé par ceux qui le précèdent dans la série : fluor, chlore, brome, iode ; il déplace ceux qui le suivent.

181. L'affinité des éléments halogènes pour l'*oxygène* est nulle ou très faible, mais elle va en augmentant du fluor à l'iode. Aussi les combinaisons oxygénées de ceux de ces éléments (chlore, brome, iode) qui se combinent à l'oxygène sont-elles très instables et cèdent-elles très aisément leur oxygène.

182. L'activité chimique toute particulière du fluor se manifeste dans l'action que ce corps exerce sur le carbone, action que les autres éléments de la famille n'exercent pas. De même, seul, l'acide fluorhydrique attaque le verre.

CHAPITRE III

MÉTALLOÏDES DE LA DEUXIÈME FAMILLE

183. La seconde famille de métalloïdes réunit des éléments bivalents : *oxygène, soufre, sélénium, tellure*. Les deux premiers seulement présentent un intérêt pratique ; c'est à eux que nous limiterons notre étude.

L'oxygène et ses composés.

184. Nous avons déjà emprunté, à l'étude de l'oxygène et de l'eau, un certain nombre de faits essentiels dont la connaissance a éclairé notre voie dans le domaine que nous avons eu à parcourir jusqu'ici. Dans ce qui va suivre, nous reprendrons cette étude en nous appuyant sur ce que nous avons appris depuis ; et, grâce à l'habitude maintenant acquise de pénétrer au fond des choses, nous pourrons la compléter et la préciser.

Oxygène.

Symbole : O; poids atomique : 16.

185. L'oxygène, nous le savons déjà, forme environ le cinquième du volume de l'air atmosphérique, d'où nous avons appris à l'extraire (§ 40). Nous connaissons aussi son extrême diffusion dans les combinaisons que l'on rencontre dans la nature ou que l'on obtient dans les laborat ires et dans l'industrie.

Préparation. — *Préparation industrielle.* — **186.** Industriellement, on peut extraire l'oxygène de l'air comme nous l'avons indiqué au paragraphe 40.

On procède aussi par *électrolyse de l'eau*, en opérant sur une solution de soude caustique à 15 0/0. L'eau est décomposée et l'on obtient simultanément de l'hydrogène (§ 134) et de l'oxygène.

Préparation dans les laboratoires. — **187.** Le chlore n'a pas grande affinité pour l'oxygène, aussi ses combinaisons oxygénées se décomposent-elles très facilement. On peut baser sur ce fait une méthode de préparation de l'oxygène dans les laboratoires.

Le chlorate de potassium ClO^3K, corps cristallisé blanc (§ 162), se décompose sous l'influence de la chaleur en abandonnant son oxygène et donnant du chlorure de potassium, selon l'équation :

$$ClO^3K = KCl + 3O.$$

Pour que le dégagement gazeux soit régulier, on mélange au chlorate de potassium un corps réduit en poudre, le bioxyde de manganèse, que l'on retrouve tel quel à la fin de l'opération.

La préparation s'effectue dans un ballon de verre (*fig.* 45). Le gaz est recueilli sur la cuve à eau, il est en effet très peu soluble dans ce liquide.

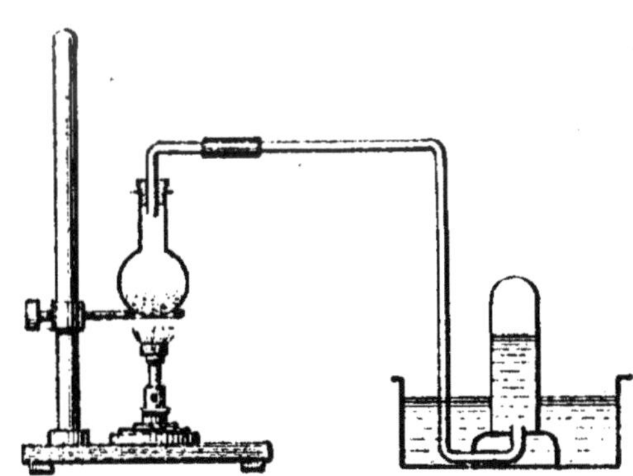

Fig. 45. — Préparation de l'oxygène.

On rejette le gaz des premières éprouvettes, car il renferme l'air que contenait l'appareil. Il se dégage de l'oxygéné pur quand le gaz recueilli rallume une allumette présentant un point rouge.

Propriétés. — 188. Nous avons indiqué au paragraphe 11 les propriétés physiques de l'oxygène, nous n'avons pas à y revenir.

En ce qui concerne les propriétés chimiques, nous rappellerons simplement que l'oxygène produit la combustion de certaines substances en se combinant avec elles avec dégagement de chaleur rapide (combustions vives), et qu'avec d'autres substances les combustions, c'est-à-dire les oxydations qu'il produit, sont progressives, le dégagement de chaleur qui les accompagne est trop lent pour être manifeste (combustions lentes) (voir §§ 42 à 47).

Usages. — 189. On fait respirer l'oxygène à certains malades dont l'oxygénation du sang s'effectue d'une façon difficile.

Les combustibles brûlent dans l'oxygène pur plus aisément et avec un dégagement de chaleur par conséquent plus rapide que dans l'air. C'est ce qui explique l'emploi de ce gaz pour obtenir des températures élevées, comme celle du chalumeau oxhydrique (§ 145).

Ozone.

Formule : O^3; poids moléculaire : 48.

190. Nous allons nous trouver en présence d'un corps assez curieux, qui existe en faible proportion dans l'air des campagnes, surtout le matin.

La molécule d'ozone est formée uniquement d'atomes d'oxygène; mais, tandis que la molécule d'oxygène n'est formée que de 2 atomes, la molécule d'ozone en renferme trois; on peut donc écrire de la façon suivante les formules de ces deux corps :

$$
\begin{array}{cc}
 & O \\
 & \diagup \; \diagdown \\
O = O & O - O \\
\text{oxygène} & \text{ozone}
\end{array}
$$

Nous allons voir que l'ozone possède une activité chimique toute particulière, ce qu'il nous sera facile de comprendre. Nous nous sommes déjà habitués à cette idée (§ 137) qu'un élément, pour réagir, doit avoir des valences libres, c'est-à-dire que ses molécules doivent préalablement se disloquer de façon que ses atomes se trouvent en quelque sorte décrochés les uns des autres et prêts à s'accrocher à autre chose. Or, dans la molécule d'oxygène, les deux atomes se trouvent assez solidement unis, de sorte que on éprouve quelque difficulté à les rendre aptes à réagir. Par contre, si l'on soumet une substance oxydable à l'action de l'ozone, la molécule de celui-ci se décompose généralement en donnant un volume d'oxygène égal au sien (c'est-à-dire une molécule) et en fixant un atome d'oxygène sur la substance oxydable :

$$
\underset{\text{molécule d'ozone}}{\overset{\text{O}}{\text{O} - \text{O}}} \quad = \quad \underset{\text{molécule d'oxygène}}{\text{O} = \text{O}} \quad + \quad \underset{\substack{\text{atome d'oxygène se fixant sur} \\ \text{la substance oxydable}}}{- \text{O} -}
$$

Le schéma ci-dessus explique ce qui se produit : la molécule d'ozone se disloque, un atome d'oxygène s'en décroche pour aller se fixer, à l'aide de ses deux valences, sur la substance oxydable, tandis que le groupe des deux atomes d'oxygène qui restent de la molécule d'ozone unissent l'une à l'autre les deux valences que cette séparation a rendues disponibles :

$$
\underset{\text{O} \cdots \text{O}}{\text{O}} \quad \rightarrow \quad \underset{\text{O} -}{\overset{\text{O}}{|}} \quad \rightarrow \quad \underset{\text{O}}{\overset{\text{O}}{\|}}
$$

ils forment une molécule d'oxygène qui demeure libre.

En résumé, une molécule d'ozone réagit généralement sur les matières oxydables en leur cédant un atome d'oxygène et en mettant en liberté une molécule de cet élément.

L'ozone est un oxydant plus énergique que l'oxygène, grâce à cette propriété de mettre aisément en liberté un atome d'oxygène doué de la faculté de s'accrocher par ses deux valences rendues disponibles.

Préparation. — 191. On transforme l'oxygène en ozone en le soumettant à l'action de *l'effluve.* On donne le nom d'effluve au phénomène de recombinaison des deux électricités de signes contraires, recombinaison effectuée sans étincelle et sans grande élévation de température.

Cette transformation de l'oxygène en ozone peut s'effectuer aussi bien dans les laboratoires que dans l'industrie.

Propriétés. — 192. C'est un gaz de couleur bleue, d'une odeur caractéristique, rappelant un peu celle du homard. Comme nous l'avons dit plus haut, l'ozone est un oxydant énergique.

Usages. — 193. L'ozone détruit, par oxydation, les matières organiques ; c'est au surplus un antiseptique. Aussi en fait-on usage pour la stérilisation des eaux.

On peut utiliser ses propriétés oxydantes pour transformer certains composés organiques. En particulier, l'industrie des parfums artificiels fait usage de l'ozone pour préparer un corps odorant, chimiquement identique à celui qui donne à la gousse de vanille son arome si particulier.

Eau.

Formule : H^2O; poids moléculaire : $2 + 16 = 18$.

194. Cette combinaison de l'hydrogène et de l'oxygène a déjà été l'objet d'une étude suffisamment complète (§§ 48 à 55) pour nous dispenser de revenir sur ce qui a été dit à ce sujet.

Eau oxygénée.

Formule : H^2O^2; poids moléculaire : $2 + (2 \times 16) = 34$.

195. L'oxygène est susceptible de donner avec l'hydrogène une combinaison autre que l'eau, combinaison qui prend le nom d'eau oxygénée. Une molécule d'eau oxygénée provient de la combinaison de 2 atomes d'hydrogène avec 2 atomes d'oxygène. Nous pouvons nous rendre compte de la constitution d'une telle molécule en considérant celle-ci comme provenant de la substitution d'un groupement monovalent OH (§ 103) à un atome d'hydrogène de l'eau :

$$H - O - H \qquad H - O - O - H$$
eau   eau oxygénée

Nous voyons ainsi que les 2 atomes d'oxygène de l'eau oxygénée sont bien bivalents.

Préparation. — **196.** La préparation de l'eau oxygénée est basée sur l'existence d'un composé oxygéné du baryum, le bioxyde de baryum BaO^2, qui, sous l'influence de l'acide chlorhydrique, donne le chlorure $BaCl^2$ correspondant à l'oxyde de baryum, moins oxygéné, BaO ou baryte. Écrivons l'équation qui rend compte de la réaction de l'acide chlorhydrique sur le bioxyde de baryum :

$$BaO^2 + 2HCl = BaCl^2 + H^2O^2.$$

Cette préparation s'effectue en versant le bioxyde de baryum délayé avec un peu d'eau dans un vase bien refroidi extérieurement par de la glace et contenant de l'acide chlorhydrique étendu d'eau. De cette façon, l'eau oxygénée formée se trouve en contact avec l'acide chlorhydrique en excès, condition favorable à sa conservation. Les acides, en effet, lui donnent de la stabilité; au contraire, les bases facilitent sa décomposition. C'est pour cette raison qu'il faut éviter d'opérer en versant l'acide chlorhydrique dans le bioxyde de baryum.

Il faut aussi refroidir extérieurement le vase dans lequel on opère, car l'eau oxygénée est décomposée par la chaleur.

La solution d'eau oxygénée, obtenue comme il vient d'être dit, renferme le chlorure de baryum formé. On y ajoute goutte à goutte de l'acide sulfurique qui décompose le chlorure de baryum d'après l'équation :

$$\overline{Ba}Cl^2 + SO^4H^2 = 2HCl + SO^4Ba.$$

L'acide chlorhydrique est donc régénéré et peut servir à nouveau. Quant au sulfate de baryum formé par suite de la substitution du baryum, bivalent, à 2H de l'acide sulfurique, il est insoluble dans l'eau. Il forme donc un précipité qu'on sépare par filtration, non pas à travers un papier à filtrer (celui-ci amènerait la décomposition de l'eau oxygénée), mais à travers une matière appelée fulmi-coton.

Le liquide renfermant l'acide chlorhydrique régénéré peut à nouveau réagir sur du bioxyde de baryum qu'il suffira de verser. On concentrera ainsi la solution d'eau oxygénée en faisant plusieurs opérations successives.

Propriétés et usages. — 197. À son maximum de concentration, l'eau oxygénée est un liquide incolore et huileux. Peu volatile, elle peut être concentrée par évaporation de l'eau dans le vide à température ordinaire.

Son caractère chimique essentiel est d'agir comme *oxydant*, grâce à la facilité avec laquelle *elle met en liberté un atome d'oxygène* en dégageant de la chaleur :

$$H^2O^2 = H^2O + O.$$

La décomposition de l'eau oxygénée est facilitée par la présence des matières pulvérulentes et des alcalis. La chaleur décompose aussi ce corps.

Ses propriétés oxydantes font employer l'eau oxygénée pour la décoloration des cheveux et le blanchiment de certaines matières telles que la laine, la soie, les éponges, la paille, l'ivoire, etc. En médecine, on utilise ses vertus antiseptiques.

Le soufre et ses composés.

198. Le soufre, que nous avons étudié dans la première partie de cet ouvrage (§§ 55-63), donne des composés qu'il est très important de connaître.

Avec l'hydrogène, il fournit en particulier une combinaison H^2S analogue à l'eau par sa composition ; c'est le corps que nous avons jusqu'ici appelé *hydrogène sulfuré*. Ce corps possède de véritables propriétés acides, car son hydrogène est remplaçable par du métal et, de plus, il donne des sels avec élimination d'eau, lorsqu'on le traite par des bases. Nous l'étudierons sous le nom d'*acide sulfhydrique*.

Avec l'oxygène, le soufre forme de nombreuses combinaisons. Deux d'entre elles ont un intérêt tout particulier; nous les avons mentionnées déjà, ce sont l'*anhydride sulfureux* SO^2 et l'*anhydride sulfurique* SO^3.

L'anhydride sulfureux SO^2 est un gaz soluble dans l'eau. Sa solution aqueuse réagit absolument comme le ferait l'acide bibasique correspondant SO^3H^2 provenant de sa combinaison avec une molécule d'eau. Cet acide n'a pas été isolé, mais on connaît bien ses sels.

L'anhydride sulfurique SO^3 s'unit à l'eau pour donner l'*acide sulfurique* SO^4H^2, acide bibasique.

Soufre.

Symbole : S; poids atomique : 32.

199. Pour compléter l'étude que nous avons déjà faite de cet élément, il nous suffira d'en préciser quelques points.

Nous avons vu que le soufre donne des combinaisons avec les métaux, combinaisons que l'on désigne sous le nom de *sulfures* et qui correspondent aux oxydes métalliques. Ainsi, à l'oxyde de potassium K^2O (oxyde d'un métal monovalent) correspond le sulfure de potassium K^2S; à l'oxyde de calcium CaO (oxyde d'un métal bivalent) correspond le sulfure de calcium CaS.

La combinaison du soufre avec le carbone, le *sulfure de carbone*, a pour formule CS^2.

L'*anhydride sulfureux* SO^2 prend naissance par combustion du soufre :

$$S + 2O = SO^2.$$

Il est lui-même susceptible de s'oxyder pour donner de l'*anhydride sulfurique* :

$$SO^2 + O = SO^3,$$

qui, en présence de l'eau, se convertit en *acide sulfurique* :

$$SO^3 + H^2O = SO^4H^2.$$

Usages. — **200.** Pour un grand nombre de parasites animaux ou végétaux, le soufre est un poison ; aussi sert-il à préparer des pommades destinées à combattre certaines maladies de la peau et donne-t-il de bons résultats lorsqu'on le pulvérise sur les vignes menacées par la maladie appelée *oïdium*.

Il sert à préparer des mèches soufrées que l'on brûle dans les tonneaux ; l'anhydride sulfureux produit par sa combustion détruit les germes des maladies des vins.

La poudre noire contient du soufre, en même temps que du salpêtre et du charbon.

Le caoutchouc naturel se ramollit sous l'influence de la chaleur. On obvie à cet inconvénient par la *vulcanisation*, qui consiste à lui incorporer une petite quantité de soufre.

Ajoutons que le soufre peut servir de matière première pour la préparation de l'anhydride sulfureux que l'on transforme en anhydride et en acide sulfurique. Mais il est plus avantageux de faire usage, pour cette préparation, d'un minerai, la *pyrite* ou sulfure de fer, FeS^2.

Acide sulfhydrique.

Formule : H^2S ; poids moléculaire : $2 + 32 = 34$.

201. L'acide sulfhydrique ou hydrogène sulfuré H^2S est, par sa composition, un corps tout à fait analogue à l'eau H^2O. On le rencontre soit à l'état libre, soit à l'état de sels dans certaines eaux naturelles dites sulfureuses.

Les *sulfures*, sels correspondant à l'acide sulfhydrique, sont très répandus dans la nature. Nous citerons les principaux : sulfure de fer ou pyrite, sulfure de plomb ou galène, sulfure de zinc ou blende, sulfure de mercure ou cinabre, sulfure de cuivre ou pyrite cuivreuse.

Préparation. — **202.** Quand, dans un flacon tubulé, comme celui qui sert dans la préparation de l'hydrogène, en traite du sulfure de fer FeS (obtenu en fondant dans un creuset de

la limaille de fer et du soufre) par de l'acide chlorhydrique
étendu d'eau, il se forme du chlorure de fer FeCl² qui reste
en solution et de l'acide sulfhydrique, gaz qui se dégage :

$$FeS + 2HCl = H^2S + FeCl^2.$$

Il y a permutation de l'hydrogène et du fer. Seulement le fer, bivalent,
est remplacé par 2 atomes d'hydrogène pour donner H²S, ce qui nécessite
l'intervention de 2 molécules d'acide chlorhydrique. Il remplace lui-même
les 2 atomes d'hydrogène en fixant 2Cl.

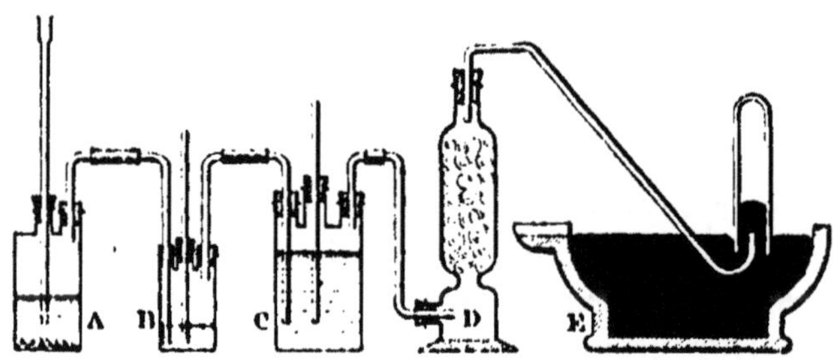

Fig. 16. — Préparation de l'acide sulfhydrique.

A. Flacon générateur. — B. Flacon laveur contenant un peu d'eau. — C. Flacon à
trois tubulures contenant de l'eau. On y obtient une solution d'acide sulfhydrique.
— D. Éprouvette à dessécher le gaz. — E. Cuve à mercure sur laquelle on recueille
le gaz sec.

L'acide sulfhydrique est un gaz un peu soluble dans l'eau,
aussi le reçoit-on sur la cuve à mercure (*fig.* 16). Comme
il entraîne avec lui de l'acide chlorhydrique, on le débarrasse
de ce gaz en lui faisant traverser l'eau contenue dans un
flacon laveur.

Sa solubilité n'est pas telle qu'on ne puisse le recevoir sur
la cuve à eau, mais en opérant ainsi on se trouverait incom-
modé par son odeur nauséabonde.

On peut, dans cette préparation, remplacer l'acide chlorhydrique par l'acide sulfurique. La réaction qui se produit
est analogue à la précédente :

$$Fe + SO^4H^2 = H^2S + SO^4Fe.$$

Propriétés physiques. — 203. L'acide sulfhydrique est
un gaz incolore, d'une odeur fort désagréable rappelant celle

des œufs pourris. A la température ordinaire, l'eau en dissout environ 3 fois son propre volume.

Propriétés chimiques. — **204.** *L'acide sulfhydrique se décompose aisément en ses éléments :* hydrogène et soufre.

Cette décomposition s'effectue partiellement sous l'influence de la chaleur. Mais elle est favorisée par l'action de substances susceptibles de réagir soit sur l'hydrogène, soit sur le soufre, ainsi que nous allons le voir.

Action du chlore. — **205.** Le chlore, avide d'hydrogène, décompose énergiquement l'acide sulfhydrique (§ 157) :

$$H^2S + 2Cl = 2HCl + S.$$

Action de l'oxygène. — **206.** L'oxygène, susceptible de se combiner avec l'hydrogène et avec le soufre, pourra, dans des conditions convenablement choisies, décomposer l'acide sulfhydrique.

Allumons l'acide sulfhydrique contenu dans une éprouvette longue et étroite. L'accès de l'air étant insuffisant pour provoquer une combustion complète, c'est *l'hydrogène seul* qui brûle, tandis que le soufre se déposera sur les parois de l'éprouvette :

$$H^2S + O = H^2O + S.$$

Mais, dans une quantité d'oxygène plus grande, *la combustion est subie par l'hydrogène et aussi par le soufre :*

$$H^2S + 3O = H^2O + SO^2.$$

Il se forme alors non seulement de l'eau, mais encore de l'anhydride sulfureux, ce qui nécessite l'intervention de 3 atomes d'oxygène.

L'oxydation de l'hydrogène du gaz sulfhydrique s'effectue aussi lorsque ce gaz est en solution dans l'eau. On constate en effet que les solutions d'acide sulfhydrique se troublent à la longue et qu'un dépôt de soufre s'y forme :

$$H^2S \text{ dissous} + O = H^2O + S.$$

La facilité avec laquelle il se décompose pour permettre à son hydrogène de réagir fait de l'*hydrogène sulfuré un agent réducteur*, c'est-à-dire susceptible d'enlever leur oxygène à d'autres corps.

Caractères acides. — **207.** L'acide sulfhydrique cède aisément son hydrogène et son soufre, d'autre part les métaux se combinent facilement avec le soufre. Il en résulte qu'ils sont aptes à chasser l'hydrogène de l'acide sulfhydrique pour prendre sa place. L'acide sulfhydrique a donc des caractères acides. Effectivement, il réagit sur les bases en fournissant des sels (sulfures), c'est-à-dire les produits de substitution des métaux à l'hydrogène, en même temps que de l'eau s'élimine, mais c'est un acide faible. Il rougit à peine la teinture de tournesol.

C'est au surplus un acide bibasique. En effet il renferme 2 atomes d'hydrogène remplaçables par du métal. Lorsqu'on fait réagir sur ce corps une base de métal monovalent, base qui possède une seule fois la propriété basique, c'est-à-dire qui renferme un seul groupement OH, la potasse KOH par exemple, on a les réactions suivantes :

Avec 1 molécule de base, il y a substitution de 1 atome de potassium à 1 seul atome d'hydrogène et formation d'un *sulfhydrate :*

$$H^2S + KOH = KHS + H^2O$$

(le sulfhydrate de potassium KHS est analogue à l'hydrate de potassium ou potasse caustique KOH).

Avec 2 molécules de base, il y a substitution de 2 atomes de potassium aux 2 atomes d'hydrogène et formation d'un *sulfure :*

$$H^2S + 2KOH = K^2S + 2H^2O$$

(le sulfure de potassium K^2S est analogue à l'oxyde de potassium K^2O).

Action sur les sels. — **208.** Assez nombreux sont les sels sur lesquels réagit l'acide sulfhydrique pour donner des sulfures. Ceux-ci, généralement insolubles, forment des précipités dont la couleur est souvent caractéristique du métal. Ainsi le cuivre donne un précipité noir de sulfure de cuivre, le manganèse un précipité saumon de sulfure de manganèse.

Il en résulte que l'acide sulfhydrique pourra servir à reconnaître certains métaux dans leurs combinaisons.

Propriétés physiologiques. — **209.** L'acide sulfhydrique est un poison violent. Il se dégage des fosses d'aisance combiné à l'ammoniaque. Aussi constitue-t-il un véritable danger pour les ouvriers qui pénètrent dans ces fosses. On le détruit à l'aide du chlore.

Usages. — 210. Les précipités colorés que l'acide sulfhydrique donne avec certains sels métalliques le font employer comme réactif dans l'analyse chimique.

Certaines eaux minérales contiennent de l'acide sulfhydrique soit libre, soit combiné. En bains, elles sont employées pour combattre certaines affections de la peau. Administrées comme boissons, elles sont efficaces contre les maladies des voies respiratoires.

Anhydride sulfureux.

Formule : SO^2 ; poids moléculaire : $32 + (2 \times 16) = 64$.

211. On l'appelle encore *gaz sulfureux* et quelquefois aussi, mais d'une façon tout à fait impropre, acide sulfureux. C'est une dénomination qu'il faut bien nous garder d'adopter. En réalité, l'acide sulfureux serait la combinaison de l'anhydride sulfureux avec une molécule d'eau. Cette combinaison doit exister dans les solutions, mais elle se décompose lorsqu'on essaie de concentrer celles-ci.

Le gaz sulfureux se dégage des volcans.

Préparation. — 212. Nous avons vu que le soufre en brûlant se convertit en anhydride sulfureux :

$$S + 2O = SO^2.$$

Nous avons donc là un moyen très simple d'obtenir ce gaz.

Industriellement, on a à préparer de grandes quantités d'anhydride sulfureux en vue de l'obtention de l'acide sulfurique. On emprunte alors le soufre à un minerai, la *pyrite de fer* ou bisulfure de fer FeS^2, que l'on trouve abondamment. On grille la pyrite, ce qui veut dire qu'on la brûle dans un courant d'air. Le fer et le soufre s'oxydent en donnant : le premier, du sesquioxyde de fer que nous nous habituerons à nommer *oxyde ferrique* Fe^2O^3 ; le second, de l'anhydride sulfureux :

$$2FeS^2 + 11O = Fe^2O^3 + 4SO^2.$$

Pour avoir Fe^2O^3, il nous faut 2 atomes de fer, c'est-à-dire 2 molécules de pyrite. Celles-ci nous apporteront 4 atomes de soufre fournissant 4 molécules d'anhydride sulfureux. La consommation totale d'oxygène sera de $3 + (4 \times 2) = 11$ atomes.

Propriétés physiques. — 213. L'anhydride sulfureux est un gaz incolore, d'une odeur pénétrante, qui provoque la toux.

On le liquéfie très facilement en le refroidissant dans un mélange de glace et de sel ou bien en le comprimant.

On le trouve dans le commerce sous forme liquide et on le livre dans des siphons.

Fig. 47. — Expérience permettant de constater le froid produit par l'évaporation de l'anhydride sulfureux liquide.

Mettons de l'anhydride sulfureux liquide dans un flacon (*fig.* 47) portant un bouchon traversé par un thermomètre et par deux tubes dont l'un plonge jusqu'au fond et l'autre communique avec l'extérieur par un caoutchouc. A l'aide d'une soufflerie, faisons passer un courant d'air dans l'anhydride sulfureux : celui-ci se vaporise et ses vapeurs, constamment entraînées au loin, se reforment activement. Cette vaporisation continue nécessite l'utilisation de la chaleur environnante. Il y a donc refroidissement, c'est ce que permet de constater le thermomètre qui descend au-dessous de zéro. On obtient le même effet en faisant le vide à la surface de l'anhydride sulfureux liquide.

L'anhydride sulfureux peut donc être employé pour *produire du froid*.

Le gaz sulfureux est très soluble dans l'eau.

Propriétés chimiques. — *Propriétés réductrices.* — **214.** L'anhydride sulfureux est capable de fixer l'oxygène pour se convertir en anhydride sulfurique SO^3 :

$$SO^2 + O = SO^3.$$

Cette fixation ne s'effectue qu'en présence des matières poreuses, telles que l'amiante imprégnée de platine ou d'oxyde de fer (¹). Ces matières, qui ne subissent aucune altération, jouent un rôle dont le mécanisme est encore obscur. Admettons, pour la clarté de notre exposé, qu'elles séparent les atomes d'oxygène pour rendre leurs valences disponibles, leurs crochets libres. De telles substances, qui n'interviennent que par leur présence, sans subir aucune modification, sont dites des *catalyseurs*, et leur action est appelée *action catalytique*.

Cette oxydation catalytique du gaz sulfureux est appliquée aujourd'hui dans l'industrie de l'acide sulfurique. Elle a une grande importance pratique.

Les propriétés réductrices de l'anhydride sulfureux rendent ce corps apte à *décolorer* certaines substances, à *détacher* le linge.

Propriétés acides de la solution. — **215.** La solution de gaz sulfureux possède des propriétés acides. Elle rougit le tournesol comme le font les acides forts. Nous devons logiquement admettre qu'elle renferme le vrai *acide sulfureux* SO^3H^2, combinaison de l'anhydride avec une molécule d'eau. On connaît, en effet, les sels de l'acide sulfureux. Ils portent le nom de *sulfites*.

Cet acide sulfureux, que nous supposons exister dans la solution, est au surplus un acide bibasique, comme l'indique la formule SO^3H^2. Nous allons nous en rendre compte.

Prenons une base qui *présente une seule fois le caractère basique*, c'est-à-dire dont la molécule renferme un seul groupement OH, comme la potasse KOH. Une molécule d'une telle base ne peut réagir que sur un seul atome d'hydrogène de l'acide :

$$SO^3H^2 + KOH = SO^3KH + H^2O.$$

____
(¹) L'amiante est un minéral filamenteux incombustible.

Il doit donc se former du sulfite acide de potassium SO^3KH, sur lequel une nouvelle molécule de base doit pouvoir réagir pour donner le sulfite neutre SO^3K^2 :

$$SO^3KH + KOH = SO^3K^2 + H^2O.$$

L'acide sulfureux fournit en effet des sels acides et des sels neutres des métaux monovalents. Les sels acides s'appellent *sulfites acides* ou *bi-sulfites*; exemple : le bisulfite de potassium ; les sels neutres s'appellent simplement *sulfites* : exemple : le sulfite de potassium.

Une molécule d'acide sulfureux, acide bibasique, doit réagir avec une seule molécule de base *possédant deux groupements* OH comme la chaux $Ca\,(OH)^2$ (base d'un métal bivalent) :

$$SO^3H^2 + Ca\,(OH)^2 = SO^3Ca + 2H^2O.$$

En pareil cas, en effet, on ne voit se former qu'un sulfite neutre : il n'existe pas de bisulfite correspondant.

Applications. — 216.

L'anhydride sulfureux est produit en grande abondance en vue de la fabrication de l'acide sulfurique, matière dont le rôle industriel est capital. Il sert aussi à fabriquer des sulfites et différents sels employés, en particulier, en photographie.

On fait usage de l'anhydride sulfureux pour produire du froid (voir propriétés physiques).

Ses propriétés réductrices le font employer pour décolorer la laine, la soie et d'autres substances. Après exposition des objets à décolorer dans une atmosphère de gaz sulfureux produit par la combustion du soufre, il faut avoir soin de les bien laver, car, en s'oxydant, le gaz sulfureux s'est converti, grâce à la présence d'un peu d'eau, en acide sulfurique qui rongerait les tissus.

C'est un antiseptique puissant. Aussi brûle-t-on des mèches soufrées dans les tonneaux, de façon à produire de l'anhydride sulfureux qui détruit les germes des maladies du vin. L'usage de brûler du soufre pour la désinfection des locaux est bien connu.

L'anhydride sulfureux n'étant pas comburant, on éteint parfois les feux de cheminée en jetant quelques poignées de soufre dans le foyer.

Anhydride sulfurique.

Formule : SO^3; poids moléculaire : $32 + (3 \times 16) = 80$.

Préparation. — **217.** On l'obtient en faisant passer un mélange d'anhydride sulfureux et d'air sec sur de l'amiante imprégnée de platine ou d'oxyde de fer (§ 214) et convenablement chauffée. L'anhydride sulfureux se combine avec l'oxygène de l'air et donne des poussières blanches d'anhydride sulfurique :

$$SO^2 + O = SO^3.$$

C'est le procédé catalytique ou procédé de contact, employé industriellement pour obtenir de l'anhydride sulfurique destiné à être converti en acide sulfurique (§ 220).

Propriétés. — **218.** L'anhydride sulfurique est un corps solide blanc formant de longs cristaux.

Il répand d'épaisses fumées à l'air. Très avide d'eau, il doit être conservé dans des vases hermétiquement clos.

Si, dans un grand verre d'eau, nous projetons un peu d'anhydride sulfurique, nous entendrons un bruit comparable à celui que produirait un fer rouge dans les mêmes conditions. Il se forme de *l'acide sulfurique* SO^4H^2 qui reste en dissolution :

$$SO^3 + H^2O = SO^4H^2.$$

Le liquide obtenu rougit fortement la teinture de tournesol.

Acide sulfurique.

Formule : SO^4H^2; poids moléculaire : $32 + (4 \times 16) + 2 = 98$.

219. C'est le *vitriol*. Les sels de l'acide sulfurique, appelés *sulfates*, sont très répandus dans la nature ; pour s'en convaincre, il suffit de songer que le gypse ou pierre à plâtre n'est autre chose que du sulfate de calcium, uni à deux molécules d'eau.

Préparation. — 1° *Par action de l'eau sur l'anhydride sulfurique.* — **220.** On prépare tout d'abord l'anhydride sulfurique par le procédé de contact, comme il a été dit au paragraphe 217, et on le traite ensuite par la quantité d'eau voulue :

$$SO^3 + H^2O = SO^4H^2.$$

Si à une molécule d'acide sulfurique on ajoute une molécule d'anhydride sulfurique, on obtient un produit fumant à l'air; l'industrie l'emploie sous le nom d'*acide sulfurique fumant*.

Le procédé que nous venons de décrire se répand de plus en plus et tend à se substituer au suivant qui, pendant longtemps, fut universellement adopté dans l'industrie.

2° *Procédé des chambres de plomb.* — **221.** Il consiste à oxyder le gaz sulfureux à l'aide d'une petite quantité d'acide azotique.

Dans une vaste chambre dont les parois sont recouvertes de feuilles de plomb, on fait arriver de l'anhydride sulfureux, de la vapeur d'eau et des vapeurs d'acide azotique.

On peut, d'une façon abrégée, rendre compte de ce qui se passe par l'équation :

$$SO^2 + H^2O + O = SO^4H^2.$$

L'oxygène est fourni par l'acide azotique et par des composés oxygénés de l'azote provenant de sa décomposition; ces composés oxygénés de l'azote se reforment grâce à l'oxygène de l'air qu'ils cèdent ensuite à une nouvelle quantité d'anhydride sulfureux.

L'acide sulfurique qui sort des chambres de plomb contient de l'eau; il marque alors 50-52° à l'aréomètre de Baumé (voir *Cours de Physique*). Il est nécessaire de le concentrer si on le veut privé d'eau. Il titre alors 66° Baumé.

Lorsque l'anhydride sulfureux a été obtenu par la combustion du soufre, l'acide sulfurique est généralement exempt d'arsenic; mais il n'en est pas de même lorsqu'on l'obtient par le grillage des pyrites.

Propriétés physiques. — **222.** A l'état pur, l'acide sulfurique est un liquide incolore très lourd, de consistance sirupeuse. Il cristallise par refroidissement pour fondre ensuite à 10° environ, et bout à 338°. Nous n'indiquons ces chiffres que pour fixer les idées.

C'est un corps *très avide d'eau*. Retenons bien ce fait qui est de la plus haute importance.

Dans un vase en verre contenant de l'eau dont nous avons noté la température, versons petit à petit de l'acide sulfurique, en agitant constamment à l'aide d'une baguette de verre. Nous constatons que *la température s'élève* progressivement, et il arrive un moment où il nous est impossible de tenir le verre avec la main.

Dans cette expérience, et toutes les fois que l'on a à préparer de l'acide sulfurique étendu d'eau, il faut avoir soin de verser l'acide dans l'eau et *jamais l'eau dans l'acide*, car il se produirait des projections d'acide qui ne seraient pas sans danger. L'acide sulfurique est en effet un corps très corrosif.

L'acide sulfurique absorbe même la vapeur d'eau de l'air, aussi l'emploie-t-on pour produire la dessiccation des corps, ou bien d'une atmosphère limitée, en le plaçant par exemple dans un verre, sous une cloche.

Propriétés chimiques. — **223.** L'acide sulfurique est un *acide très fort :* il chasse les autres acides de leurs combinaisons avec les métaux, réagit sur les bases en dégageant beaucoup de chaleur, rougit fortement la teinture de tournesol.

Action des métaux. — **224.** A l'exception de l'or et du platine, tous les métaux réagissent sur l'acide sulfurique.

Il en est, comme le zinc et le fer, qui sont attaqués par l'acide sulfurique *étendu* et froid. *L'hydrogène est chassé* (préparation de l'hydrogène) et remplacé par le métal, de sorte qu'il se forme un *sulfate*. Exemple :

$$SO^4H^2 + Zn = SO^4Zn + 2H.$$

L'acide *concentré* n'attaque à froid que les métaux dits alcalins comme le potassium et le sodium. Mais tous les autres, à l'exception toujours de l'or et du platine, réagissent à chaud. Dans ce cas *une molécule d'acide sulfurique est transformée en sulfate par le métal*, comme dans le cas précédent; mais *l'hydrogène déplacé*[1] *réagit immédiatement sur une autre molécule d'acide sulfurique*, lui enlève une partie de son oxygène *pour former de l'eau* et la transformer ainsi en *anhydride sulfureux*.

En résumé, on obtient dans ce cas un sulfate, de l'eau et de l'anhydride sulfureux.

Action des bases. Sulfates. — **225.** En réagissant sur les bases, l'acide sulfurique donne des sels appelés *sulfates* et de l'eau.

Étudions de près l'action des bases sur l'acide sulfurique, acide bibasique, c'est-à-dire renfermant deux atomes d'hydrogène remplaçables par du métal. Nous sommes amenés à examiner, dans ce cas particulier, un fait général déjà exposé. Étudions d'abord le cas où la base considérée présente *une seule fois la fonction basique*, c'est-à-dire renferme un seul groupement OH (base d'un métal monovalent). Prenons comme exemple la potasse KOH. Si nous mettons en présence *une molécule* d'acide sulfurique et *une molécule* de potasse, nous aurons la réaction :

$$SO^4H^2 + KOH = SO^4KH + H^2O.$$

Un seul OH pour enlever de l'hydrogène, un seul atome d'hydrogène déplacé par un seul atome de métal monovalent. Il se forme un sel SO^4KH qui est encore acide, puisqu'il contient encore un H remplaçable par du métal. Ce sel acide prend le nom de *sulfate acide*. Nous nous trouvons ici en présence du sulfate acide de potassium.

Si nous mettons en présence *une molécule* d'acide et *deux molécules* de potasse ou, ce qui revient au même, une molécule de sulfate acide de potassium et une nouvelle molécule de potasse, nous obtenons du *sulfate neutre* de potassium SO^4K^2 :

$$SO^4KH + KOH = SO^4K^2 + H^2O.$$

Cette équation montre qu'un second atome de potassium est allé prendre la place du second atome d'hydrogène de l'acide.

Donc il existe des sulfates acides et des sulfates neutres des métaux monovalents.

[1] Cet hydrogène est à l'état naissant (§ 137).

226. Passons maintenant au cas où la base présente *deux fois la fonction basique*, c'est-à-dire renferme deux groupements OH (base d'un métal bivalent). La chaux Ca (OH)^2 en est un exemple.

Si nous mettons *une molécule* d'acide sulfurique en présence d'*une molécule* de chaux, les 2OH de la chaux enlèveront d'un coup les 2H de l'acide, et l'atome de calcium bivalent ira occuper les deux places laissées libres par les 2H enlevés :

$$SO^4H^2 + Ca(OH)^2 = SO^4Ca + 2H^2O.$$

En pareil cas il ne pourra pas se former de sulfate acide, et nous aurons d'emblée le *sulfate neutre* de calcium, le seul qui puisse exister d'après la théorie et le seul aussi qui, en réalité, existe. Ce résultat n'a rien de surprenant, puisqu'une molécule de chaux Ca (OH)^2 équivaut, grâce à ses 2OH, à deux molécules de potasse KOH.

227. Une base peut présenter *plus de deux fois la fonction basique*, c'est-à-dire renfermer dans sa molécule plus de 2OH. C'est ce que nous allons voir.

Le fer donne, entre autres composés oxygénés, les oxydes FeO, appelé *oxyde ferreux*, et Fe^{2}O^3, appelé *oxyde ferrique*. A ces deux oxydes correspondent des hydrates basiques formés comme l'indiquent les équations :

$$FeO + H^2O = Fe(OH)^2 ;$$
hydrate ferreux

$$Fe^2O^3 + 3H^2O = Fe^2(OH)^6.$$
hydrate ferrique

L'hydrate ferreux Fe (OH)^2 est tout à fait analogue à la chaux ; il réagit sur l'acide sulfurique absolument comme cette base, en donnant seulement un sulfate neutre appelé *sulfate ferreux*, SO^{4}Fe.

Mais l'hydrate ferrique Fe^2 (OH)^6 présente *six fois la fonction basique*, parce qu'il renferme six groupements OH (le groupement métallique Fe^2 est ici hexavalent). Ces 6OH enlèveront d'emblée 6 atomes d'hydrogène de l'acide sulfurique pour former de l'eau, ce qui nécessitera l'intervention de 3 molécules d'acide :

$$\left. \begin{array}{l} Fe^2(OH)^6 \\ SO^4\,H^2 \\ SO^4\,H^2 \\ SO^4\,H^2 \end{array} \right\} \longrightarrow 6H^2O$$

Le groupement métallique Fe^2, qui renferme deux atomes de fer attachés ensemble, est hexavalent ; il ira donc occuper les six places laissées par les 6 atomes d'hydrogène des 3 molécules d'acide sulfurique, pour donner (SO^4)^3 Fe^2, appelé *sulfate ferrique*.

Il existe donc *deux sulfates de fer*, correspondant respectivement à l'hydrate ferreux et à l'hydrate ferrique : le sulfate ferreux, SO^{4}Fe, et le sulfate ferrique, (SO^4)^3 Fe^2.

Le fer n'est pas le seul métal qui donne une base présentant six fois la fonction basique, et par conséquent équivalente à six molécules de potasse.

L'aluminium est aussi dans ce cas; par conséquent, à l'alumine hydratée, $Al^2(OH)^6$, correspondra le *sulfate d'aluminium*, $(SO^4)^3 Al^2$.

Cet exposé nous aura complètement familiarisés avec la question si importante, en chimie minérale, de l'action des acides polybasiques sur les bases.

228. Les sulfates, à l'exception du sulfate de baryum et du sulfate de plomb, sont des corps solubles dans l'eau. On pourra donc reconnaître la présence de l'acide sulfurique (libre ou sous forme de sulfate) en solution dans l'eau, en le convertissant en sulfate de baryum par addition d'une solution de chlorure de baryum, et constatant la formation d'un précipité blanc.

Supposons qu'il s'agisse du sulfate de sodium, on aura la réaction :

$$\underset{\text{dissous}}{SO^4Na^2} + BaCl^2 = \underset{\text{insoluble}}{SO^4Ba} + 2NaCl.$$

En recueillant sur un filtre le précipité de sulfate de baryum, le séchant et le pesant, on peut déduire, à l'aide de l'équation ci-dessus, le poids de sulfate de sodium contenu dans la solution. Le calcul s'effectue conformément à l'un des exemples indiqués précédemment (§ 101).

Action corrosive. — 229. L'action corrosive du vitriol sur la peau est bien connue. Pour la mettre en lumière, qu'il nous suffise de dire qu'un morceau de bois projeté dans l'acide sulfurique ne tarde pas à être complètement calciné.

Usages. — 230. Il s'agit de l'un des produits les plus importants de la grande industrie chimique. Nous avons dit déjà qu'on en fait usage dans l'industrie de la soude. On s'en sert pour préparer d'autres acides, pour préparer l'hydrogène, les superphosphates employés comme engrais, pour fabriquer les bougies, etc. Si nous voulions énumérer les applications de l'acide sulfurique, il nous faudrait parcourir tout le domaine des arts chimiques.

Analogies et différences entre les métalloïdes de la deuxième famille.

231. Des liens de parenté existent entre les quatre éléments de cette famille. Nous observerons tout d'abord ici, comme nous l'avons fait pour les éléments de la première famille, une sorte de gradation dans les caractères physiques. En rangeant les éléments par ordre de grandeur croissante des poids atomiques :

Oxygène O	Soufre S	Sélénium Se	Tellure Te
gazeux	solide	solide	solide
16	32	79	127

on constate que ces éléments se trouvent aussi rangés par ordre de grandeur croissante des points de fusion et des points d'ébullition. On va voir que les propriétés qui feront ressortir les analogies entre ces quatre métalloïdes iront en s'atténuant depuis l'oxygène jusqu'au tellure.

232. Les quatre métalloïdes sont *bivalents* dans la généralité de leurs combinaisons. Ils sont définis comme tels, en particulier par leurs combinaisons avec l'hydrogène :

H^2O,	H^2S,	H^2Se,	H^2Te.
eau	acide sulfhydrique	hydrogène sélénié	hydrogène telluré

Ces combinaisons, analogues par leurs compositions, renferment chacune $2H$ remplaçables par du métal ; elles possèdent donc des propriétés acides et se comportent en quelque sorte comme des acides bibasiques. Mais leur stabilité, qui est maxima pour l'eau, va en diminuant quand on passe d'un terme de la série au suivant.

233. Entre les *combinaisons oxygénées* des éléments de cette famille, il existe aussi une certaine analogie. En considérant l'ozone comme la combinaison de 1 atome d'oxygène avec 2 atomes du même élément, on rencontre la série suivante de combinaisons analogues par leurs compositions :

OO^2,	SO^2,	SeO^2,	TeO^2.
ozone	anhydride sulfureux	anhydride sélénieux	anhydride tellureux

On connaît, en outre, les acides de compositions analogues :

SO^4H^2, .	SeO^4H^2,	TeO^4H^2.
acide sulfurique	acide sélénique	acide tellurique

Les propriétés acides, très énergiques chez le premier, deviennent extrêmement faibles chez le dernier.

234. D'une manière générale, on peut dire qu'à une combinaison oxygénée correspond souvent une combinaison sulfurée, le soufre pouvant occuper la même place que l'oxygène.

À l'*anhydride carbonique* CO^2 correspond le *sulfure de carbone* CS^2.

Aux *oxydes* tels que K^2O ou CaO correspondent des *sulfures* tels que K^2S ou CaS.

Aux *hydrates* tels que KOH ou $Ca(OH)^2$ correspondent des *sulfhydrates* tels que KSH ou $Ca(SH)^2$.

CHAPITRE IV

MÉTALLOÏDES DE LA TROISIÈME FAMILLE

235. A cette famille appartiennent des éléments qui sont trivalents dans la plupart de leurs combinaisons : *azote, phosphore, arsenic* et *antimoine*. Ce dernier, moins important que les autres, ne sera l'objet d'aucune étude spéciale.

L'azote et ses composés.

236. L'azote n'est plus pour nous un inconnu. C'est l'élément (aussi inapte à entretenir la vie qu'à produire les combustions) déjà rencontré dans l'air à l'état de mélange avec l'oxygène.

Nous nous trouverons, en étudiant l'azote, en présence d'un corps dont l'inertie chimique est peu commune. Mais il nous fournira, par contre, des composés extrêmement actifs par leur facilité de décomposition.

Avec l'hydrogène, il fournit différentes combinaisons. L'une d'elles, le gaz ammoniac AzH^3, nous révélera des particularités chimiques fort intéressantes.

Avec l'oxygène, il forme des combinaisons nombreuses :

Parmi ces combinaisons, nous mentionnerons les suivantes qui sont les plus importantes : oxyde azoteux Az^2O ; oxyde azotique AzO ; anhydride azoteux Az^2O^3 et acide azoteux AzO^2H ; peroxyde d'azote AzO^2 ; anhydride azotique Az^2O^5 et acide azotique AzO^3H.

Nous étudierons d'une façon spéciale l'acide azotique ou nitrique.

Azote.

Symbole : Az (ou N); poids atomique : 14.

237. Indépendamment même de sa présence à l'état libre dans l'air, l'azote est très répandu dans la nature sous forme de combinaison. Il existe dans des principes jouant un rôle de la plus haute importance au point de vue de la vie animale ou végétale. Il entre dans la composition de substances extrêmement intéressantes : les nitrates et les sels ammoniacaux.

Préparation. — 238. *Industriellement*, on peut obtenir l'azote par distillation fractionnée de l'air liquide. On effectue d'ailleurs cette extraction au cours de l'opération qui a pour objet la séparation de l'oxygène (§ 40).

Dans les laboratoires, on obtient de l'azote en enlevant au gaz ammoniac son hydrogène au moyen de l'oxygène fourni par l'oxyde de cuivre à la température du rouge :

$$2AzH^3 + 3CuO = 3H^2O + 3Cu + 2Az.$$

Avec l'oxygène on enlève 2 atomes d'hydrogène à la fois : il faut donc faire intervenir une quantité de gaz ammoniac telle qu'elle contienne un nombre pair d'atomes d'hydrogène, soit 2 molécules. Nous aurons alors 6H à enlever : il faudra pour cela 3 atomes d'oxygène, c'est-à-dire 3 molécules d'oxyde de cuivre.

Propriétés. — 239. L'azote est un gaz incolore, peu soluble dans l'eau et difficilement liquéfiable.

Il présente peu d'aptitude à réagir chimiquement. Pour le combiner aux autres corps, il est nécessaire de faire intervenir une énergie étrangère. D'ailleurs, il n'entretient pas la vie et n'est nullement comburant.

Air atmosphérique.

240. L'étude que nous en avons déjà faite nous a suffisamment fait connaître cette substance. Il nous suffira donc de nous reporter à ce qui a été dit à ce sujet (§§ 29 à 38).

Gaz ammoniac.

Formule : AzH^3 ; poids moléculaire : $14 + 3 = 17$.

241. Nous désignerons sous le nom de *gaz ammoniac* le produit gazeux AzH^3 et nous appellerons *ammoniaque* la solution de ce gaz dans l'eau. Nous serons d'ailleurs amenés à considérer cette solution comme renfermant un autre composé, véritable base provenant de la combinaison d'une molécule d'eau avec une molécule de gaz ammoniac, et répondant, par conséquent, à la formule AzH^4OH.

Pour cette raison, et à cause de sa faculté de dégager du gaz ammoniac, l'ammoniaque est souvent appelée *alcali volatil*.

Préparation. — 242. On trouve de l'ammoniaque dans les *urines* putréfiées.

D'autre part, rappelons-nous que, par distillation de la houille, on obtient le gaz d'éclairage. Or, celui-ci renferme des impuretés, parmi lesquelles des combinaisons de l'ammoniaque qu'on arrête au moyen de l'eau. On a donc ainsi des *eaux ammoniacales*.

L'extraction de l'ammoniaque peut, en conséquence, se faire en partant soit des urines putréfiées, soit des eaux ammoniacales provenant de l'épuration du gaz d'éclairage.

Si l'on chauffe un de ces produits avec de la chaux éteinte, celle-ci déplace le gaz ammoniac qui se dégage. En le recevant dans l'eau, on a l'*ammoniaque*. En le recevant dans un acide étendu, on a la solution du sel ammoniacal correspondant ; le sel lui-même, à l'état solide, s'obtient ensuite par évaporation de l'eau.

Quand on veut se procurer du gaz ammoniac dans un laboratoire, on part d'un sel ammoniacal. On déplace le gaz ammoniac par la chaux vive en chauffant et on le reçoit sur la cuve à mercure. Nous n'écrivons pas encore l'équation qui rend compte de la réaction, car la formule du sel ammoniacal nous étonnerait un peu. Quelques explications, qui seront données bientôt, nous semblent nécessaires pour la bien comprendre.

Propriétés physiques. — **243.** Le gaz ammoniac est incolore ; il possède une odeur irritante qui provoque les larmes. Il est extrêmement soluble dans l'eau. C'est, avons-nous dit, le produit en solution dans ce liquide qui se nomme ammoniaque. La solution commerciale correspond habituellement à une teneur d'environ 900 grammes de gaz ammoniac par litre.

Le gaz ammoniac est industriellement *liquéfié* par compression ; il est ensuite vendu dans des cylindres en fer. Ainsi liquéfié, il s'évapore en utilisant la chaleur environnante, d'où son application industrielle à la production du froid.

Propriétés chimiques. — *Action du chlore.* — **244.** Nous avons vu (§ 157) que le chlore, grâce à la grande attraction qu'il exerce sur l'hydrogène, décompose le gaz ammoniac :

$$AzH^3 + 3Cl = 3HCl + Az.$$

Propriétés basiques de l'ammoniaque. Sels ammoniacaux. — **245.** Plongeons deux baguettes de verre, l'une dans l'acide chlorhydrique, l'autre dans l'ammoniaque, et rapprochons les extrémités de ces deux baguettes, nous voyons immédiatement se former d'épaisses fumées blanches. Ces fumées sont formées de particules d'une matière provenant de l'union d'une molécule de gaz ammoniac avec une molécule d'acide chlorhydrique et répondant dès lors à la formule AzH^4Cl. Écrivons cette formule au-dessus de celle du chlorure de potassium :

$$AzH^4Cl$$
$$KCl.$$

Si l'on fait arriver du gaz ammoniac dans l'acide azotique, on obtient un produit cristallisé AzO^3AzH^4 provenant de la combinaison d'une molécule d'acide azotique avec une molé-

cule de gaz ammoniac. Écrivons sa formule au-dessus de celle
de l'azotate de potassium :

$$AzO^3 | AzH^4$$
$$AzO^3 | K.$$

De même, en faisant arriver du gaz ammoniac dans l'acide
sulfurique, il se forme la combinaison $SO^4(AzH^4)^2$, qui provient de l'union d'une molécule d'acide sulfurique avec, cette
fois, *deux molécules* de gaz ammoniac. Écrivons sa formule
au-dessus de celle du sulfate de potassium :

$$SO^4 | (AzH^4)^2$$
$$SO^4 | K^2.$$

Comparons les formules de ces divers composés ammoniacaux à celles des combinaisons correspondantes du potassium.

Nous trouvons toujours, dans les premières, un ensemble
d'atomes, le groupe AzH^4, qui a la place occupée, dans les secondes, par un atome de potassium K.

Ce groupe AzH^4 occupe aussi la place d'un H dans les
acides correspondants. Il joue le rôle d'un métal monovalent
et constitue lui-même un groupement monovalent.

*Il existe donc des sels dans lesquels le groupement AzH^4 joue
le même rôle qu'un métal monovalent.*

On nomme *ammonium* ce groupement et les sels en question
(sels ammoniacaux) sont des sels d'ammonium.

Sachons bien que l'ammonium *n'est pas un corps*, mais un
groupe d'atomes attachés les uns aux autres et portant encore
sur l'azote une valence libre toute prête à se fixer :

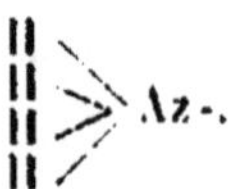

Considérons maintenant l'ammoniaque, c'est-à-dire la solution du gaz ammoniac. Ce produit bleuit la teinture de tournesol préalablement rougie par une trace d'acide. Il réagit

comme une véritable base sur les acides en donnant des sels d'ammonium. Il est donc naturel d'y admettre l'existence d'un hydrate basique analogue à la potasse KOH et dont la formule serait AzH^4OH. Nous attribuerons donc à l'ammoniaque la formule AzH^4OH et nous verrons ce corps réagir absolument comme la potasse.

Exemples :

$$HCl + KOH = KCl + H^2O ;$$
chlorure de potassium

$$HCl + AzH^4OH = AzH^4Cl + H^2O ;$$
chlorure d'ammonium

$$SO^4H^2 + 2KOH = SO^4K^2 + 2H^2O ;$$
sulfate de potassium

$$SO^4H^2 + 2AzH^4OH = SO^4(AzH^4)^2 + 2H^2O.$$
sulfate d'ammonium

Il existe un sulfate acide et un sulfate neutre d'ammonium, comme il existe un sulfate acide et un sulfate neutre de potassium.

En résumé, l'ammoniaque est une base qui donne des sels appelés *sels d'ammonium*, dans lesquels le groupement AzH^4 joue absolument le même rôle qu'un métal monovalent.

REMARQUES. — **246.** L'azote est trivalent dans le gaz ammoniac :

$$H \atop H \atop H {\Large\rangle} Az.$$

Il devient pentavalent pour fixer une molécule d'acide chlorhydrique et donner :

$$H \atop H \atop H \atop H {\Large\rangle} Az - Cl.$$

247. Nous pouvons comprendre maintenant la réaction qui se produit lorsqu'on traite un sel ammoniacal (§ 242) par la chaux vive CaO. Partant, par exemple, du chlorure d'ammonium, nous avons la réaction :

$$2AzH^4Cl + CaO = CaCl^2 + H^2O + 2AzH^3.$$

Cette réaction peut être utilisée pour reconnaître la présence d'un sel ammoniacal.

Le dégagement de gaz ammoniac se perçoit aisément à l'odeur caractéristique du corps et aussi en présentant une baguette préalablement plongée dans l'acide chlorhydrique, ce qui provoque la formation de fumées blanches ; de plus, un papier de tournesol rougi par un acide est ramené au bleu.

Usages. — **248.** C'est un produit intéressant au point de vue pratique.

Dans les laboratoires, on l'emploie comme réactif.

Il sert à cautériser les plaies provenant de piqûres ou de morsures d'animaux venimeux (vipères, scorpions).

On l'emploie dans l'industrie de la soude et aussi pour la préparation de sels ammoniacaux, qui sont d'excellents engrais. Le chlorure d'ammonium est un décapant.

L'industrie frigorifique fait usage d'ammoniaque.

Ajoutons enfin que, possédant la propriété de dissoudre les matières grasses, il sert à dégraisser les laines.

Acide azotique.

Formule : AzO^3H ; poids moléculaire : $14 + (3 \times 16) + 1 = 63$.

249. L'acide azotique s'appelle encore *acide nitrique*. Ses sels sont les *azotates* ou *nitrates*.

L'*anhydride azotique* correspondant a pour formule Az^2O^5.

En se combinant avec une molécule d'eau, une molécule de cet anhydride donne *deux molécules* d'acide azotique :

$$Az^2O^5 + H^2O = 2AzO^3H.$$

L'acide azotique renferme un seul H ; il est donc *monobasique*.

On le rencontre dans la nature sous forme d'azotate de sodium, d'azotate de potassium et d'azotate de calcium.

Au Chili, on trouve des gisements importants d'azotate de sodium (salpêtre du Chili) ; l'azotate de potassium (salpêtre ou nitre) est moins répandu ; il apparaît, mélangé à du nitrate de calcium, sur les murs des caves humides. Le sol renferme aussi des nitrates qui jouent un rôle très important dans la végétation.

Préparation. — 250. C'est du salpêtre du Chili que l'on part pour préparer l'acide azotique.

Le déplacement de cet acide s'effectue à l'aide de l'acide sulfurique. On chauffe le mélange de nitrate de sodium et d'acide sulfurique dans une cornue que l'on met en communication avec un ballon refroidi dans l'eau (*fig.* 48). On a la réaction :

$$AzO^3Na + SO^4H^2 = AzO^3H + SO^4NaH.$$

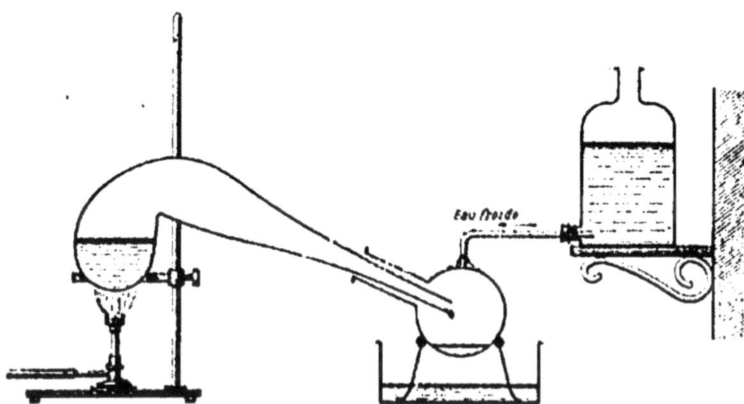

Fig. 48. — Préparation de l'acide azotique.

L'acide azotique distille et va se condenser dans le ballon refroidi.

Il se forme du sulfate acide de sodium.

Si l'on faisait réagir une seconde molécule de nitrate de sodium, on pourrait déplacer le second atome d'hydrogène de l'acide sulfurique, comme l'indique l'équation :

$$AzO^3Na + SO^4NaH = AzO^3H + SO^4Na^2.$$

Mais il faudrait alors élever la température à ce point que l'acide nitrique formé serait partiellement décomposé.

La préparation industrielle s'effectue dans des appareils en fonte, qui ne sont attaqués ni par l'acide sulfurique *concentré* ni par les *vapeurs* d'acide azotique.

Propriétés physiques. — 251. L'acide azotique, tel que nous venons de l'obtenir, contient bien un peu d'eau, mais il est concentré. C'est un liquide incolore appelé **acide fumant**. Au contact de l'air, il émet des vapeurs blanches dangereuses à respirer.

L'acide du commerce est étendu d'eau, il ne fume pas à l'air.

Propriétés chimiques. — 252. L'acide azotique se décompose facilement en cédant son oxygène, ce qui en fait un *oxydant énergique*.

Déjà à la lumière, l'acide fumant se décompose d'après l'équation :

$$2AzO^3H = 2AzO^2 + O + H^2O,$$

en formant du *peroxyde d'azote* AzO^2 qui communique alors à l'acide azotique une coloration jaune rougeâtre.

La décomposition est infiniment plus facile, si l'on met en présence de l'acide azotique une substance susceptible de s'oxyder, c'est-à-dire de s'emparer de son oxygène.

Action sur les métaux. — 253. Les métaux, à l'exception de ceux qui sont très oxydables, comme le potassium, le sodium ou le zinc, ne sont pas attaqués par l'*acide fumant*.

Par contre, l'*acide étendu* d'un peu d'eau attaque beaucoup de métaux (cuivre, mercure, argent, fer, zinc). Le métal déplace l'hydrogène de l'acide pour former un azotate et cet hydrogène est ensuite oxydé par une nouvelle quantité d'acide azotique en formant de l'eau.

Grâce à sa propriété d'attaquer le cuivre, l'acide azotique étendu est employé sous le nom d'*eau-forte* pour graver sur ce métal.

Caractères acides ; azotates ou nitrates. — 254. L'acide azotique est un acide énergique. Il rougit fortement la teinture de tournesol.

Sa molécule renferme un atome d'hydrogène remplaçable par du métal, c'est un acide *monobasique*.

Avec une *base* (comme la potasse ou l'ammoniaque) *présentant une seule fois la fonction basique*, une molécule d'acide réagit sur une molécule de base :

$$AzO^3H + KOH = AzO^3K + H^2O;$$

azotate de
potassium

$$AzO^3H + AzH^4OH = AzO^3AzH^4 + H^2O.$$

azotate
d'ammonium

Avec une *base* (comme la chaux) *présentant deux fois la fonction basique*, il faudra 2H pour faire au métal bivalent les deux places dont il a besoin, et par conséquent 2 molécules d'acide interviendront :

$$\begin{matrix} AzO^3H \\ AzO^3H \end{matrix} + Ca(OH)^2 = (AzO^3)^2 Ca + 2H^2O.$$

azotate de
calcium

Les sels de l'acide azotique, c'est-à-dire les *azotates* ou *nitrates*, sont nécessaires à la plante pour la formation de ses tissus.

C'est grâce à la facilité avec laquelle il se décompose que le salpêtre est employé dans la fabrication de la poudre.

Projetons quelques fragments de ce nitrate sur des charbons ardents, il se produira une véritable fusée : la décomposition aura lieu bruyamment.

La propriété explosive de la poudre, mélange de salpêtre, de soufre et de charbon, est due à la combustion instantanée du carbone et du soufre, opérée grâce à l'oxygène fourni par le nitrate.

En colorant les poudres avec certaines substances telles que le nitrate de baryum qui leur donne une flamme verte, le nitrate de strontium qui leur donne une flamme rouge, on réalise les feux d'artifice.

Usages. — **255.** L'acide fumant a de nombreux emplois industriels.

Il sert à la préparation des matières colorantes, des explosifs, de l'acide sulfurique, etc.

L'acide étendu est employé sous le nom d'*eau-forte*, pour graver sur cuivre.

L'acide azotique forme avec l'acide chlorhydrique un mélange connu sous le nom d'*eau régale*, parce qu'il dissout l'or, le roi des métaux (que n'attaque aucun des deux acides pris isolément). C'est que l'acide azotique oxyde l'hydrogène de l'acide chlorhydrique pour libérer du chlore. Celui-ci attaque ensuite l'or pour former une combinaison soluble dans les acides en question.

L'eau régale dissout également le platine.

Rôle de l'azote dans la végétation.

256. L'azote joue, dans la végétation, et, d'une manière plus générale, dans la vie, un rôle considérable. C'est le constituant essentiel de principes indispensables à la plante, nécessaires aussi à l'entretien de la vie animale. Ces principes azotés, les herbivores les empruntent aux végétaux dont ils se nourrissent; ils les communiquent ensuite aux carnivores qui s'alimentent de leur chair. L'azote est finalement éliminé de l'organisme dans les urines et dans les excréments, par l'intermédiaire desquels il est, son cycle accompli, restitué au sol, pour recommencer son cheminement à travers les êtres dont il est l'élément de vie.

Il est donc indispensable que la plante trouve des substances susceptibles de lui fournir l'azote.

Certains végétaux, ceux qui appartiennent à la famille des Légumineuses, sont susceptibles, à l'aide d'un admirable mécanisme, de *fixer l'azote atmosphérique*. Mais ce privilège énorme n'appartient qu'à une minorité, et il faut aux autres les ressources d'un sol riche en azote pour qu'ils puissent croître.

L'azote peut être fourni au sol, sous forme de *combinaisons organiques*, par un grand nombre de moyens : les engrais humains, les fumiers de ferme, différents détritus, certains déchets de produits d'origine animale ou végétale, des sous-produits des industries agricoles (tels que les tourteaux provenant de l'extraction de certaines huiles), sont autant de matières auxquelles le végétal peut emprunter des principes azotés.

Ces matières, par leur décomposition, engendrent de l'ammoniaque que certains microbes du sol convertissent en *nitrates*, *forme sous laquelle s'effectue l'assimilation de l'azote par la plante.*

C'est dire que les *sels ammoniacaux* eux-mêmes constitueront de bons engrais, puisqu'ils sont susceptibles d'être métamorphosés en nitrates dans le sol.

Puisque c'est par l'intermédiaire des nitrates que l'azote, quelle que soit sa forme première, est absorbé par la plante, on pourra avec succès fertiliser la terre par le moyen de ces composés. Le nitrate de sodium du Chili est, à ce point de vue, une matière du plus haut intérêt. Mais, en prévision de l'épuisement possible de ses gisements, et en raison de l'accroissement de la consommation d'acide azotique, on s'est préoccupé de chercher une autre source de nitrates.

MM Muntz et Lainé sont arrivés à transformer rapidement en nitrate le sulfate d'ammonium en présence de la chaux et des tourbes, grâce au concours du microbe (ferment nitrique) qui exerce sur l'azote ammoniacal son action oxydante.

En outre, les nitrates commencent d'être préparés artificiellement avec le concours de l'électricité.

Le phosphore et ses composés.

257. Le phosphore donne une combinaison hydrogénée, . phosphure d'hydrogène gazeux, PH^3, analogue à l'ammoniaque, AzH^3, sans parler de deux autres combinaisons de moindre importance, entre les mêmes éléments.

Ce phosphure gazeux, dont nous ne ferons pas une étude particulière, s'enflamme spontanément à l'air lorsqu'il est mélangé de vapeurs d'un autre phosphure, le phosphore liquide P^2H^4. C'est ce qui produit les feux follets quand, par suite de la sécheresse, le sol se fendille dans les cimetières ou dans le voisinage des rivières et des étangs, et laisse s'échapper les gaz phosphorés provenant de la décomposition de la matière cérébrale ou bien des poissons, qui sont riches en phosphore.

Avec l'oxygène, le phosphore forme de nombreuses combinaisons dont les plus importantes sont : l'*anhydride phosphorique* P^2O^5 et l'*acide phosphorique* PO^4H^3, ce dernier appelé aussi acide orthophosphorique, pour le distinguer de deux autres acides dérivés du même anhydride par fixation de quantités d'eau différentes.

La fixation de $3H^2O$ sur une molécule d'anhydride phosphorique P^2O^5 entraîne la formation de 2 molécules d'acide phosphorique PO^4H^3 :

$$P^2O^5 + 3H^2O = 2PO^4H^3.$$

L'acide orthophosphorique nous fournira un exemple d'acide tribasique, car ses 3 atomes d'hydrogène sont remplaçables par du métal.

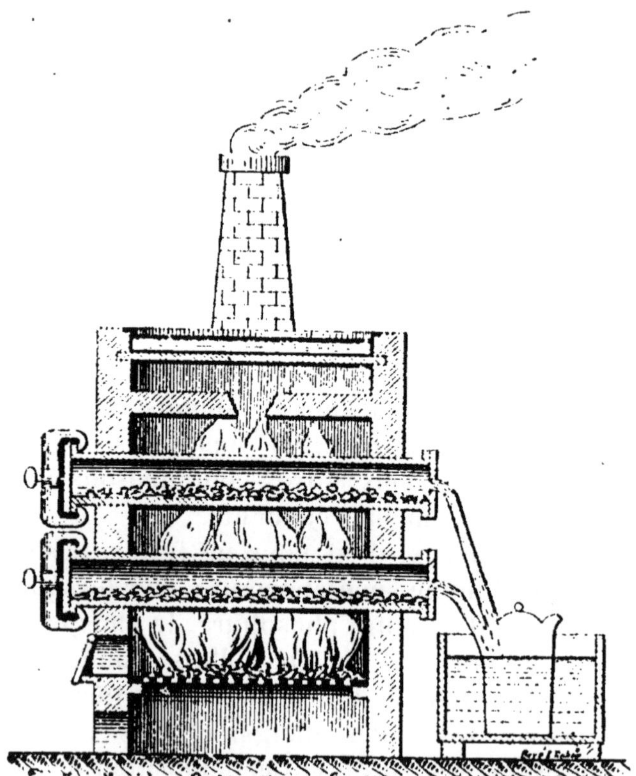

Fig. 49. — Préparation du phosphore blanc.

Phosphore.

Symbole : P; poids atomique : 31.

258. On trouve le phosphore dans le sol, sous forme de phosphate de calcium, et aussi dans les os. C'est un des éléments de la matière cérébrale.

Préparation. — **259.** On le prépare au moyen de l'acide phosphorique extrait des os comme nous l'indiquerons plus loin.

L'acide phosphorique est réduit à l'état de phosphore par du charbon de bois avec lequel on le chauffe à la température du rouge (*fig.* 49). En s'emparant de l'oxygène de l'acide phosphorique, le charbon se transforme en oxyde de carbone et le phosphore mis en liberté distille. On le reçoit dans l'eau où il se condense et prend la forme solide.

Propriétés physiques. — **260.** Ainsi obtenu et purifié ensuite, le phosphore est un solide de couleur légèrement ambrée. Il fond à 44° environ et se dissout dans le sulfure de carbone.

C'est le *phosphore blanc.*

Lorsqu'on le soumet en vase clos (*fig.* 50) à l'action de la lumière ou de la chaleur, il ne subit aucune modification chimique, mais il change complètement d'aspect. Sa couleur devient rougeâtre et il cesse de se dissoudre dans le sulfure de carbone. On a du *phosphore rouge.*

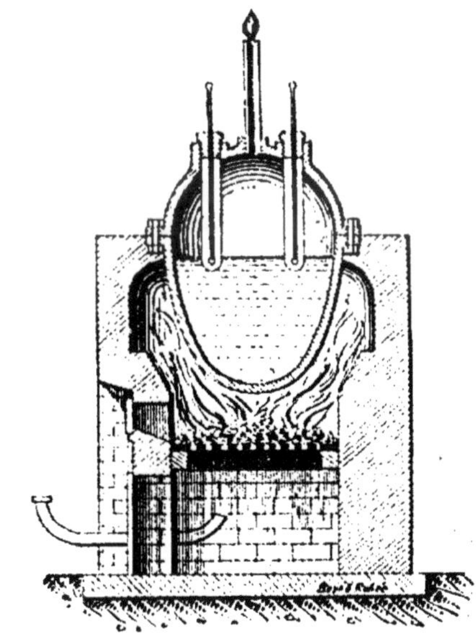

Fig. 50. — Préparation du phosphore rouge.

Propriétés chimiques. — **261.** Le phosphore ne se combine pas directement avec l'*hydrogène*.

Par contre, sa combinaison avec l'*oxygène* s'effectue très énergiquement. Au-dessus de 60°, le phosphore blanc s'enflamme à l'air; avec le phosphore rouge, il faut atteindre une température beaucoup plus élevée (260°). La combustion est très vive et il se forme de l'anhydride phosphorique :

$$2P + 5O = P^2O^5.$$

A froid, l'oxydation du phosphore a lieu lentement à l'air; et, si l'on fait l'obscurité, on constate qu'elle est accompagnée d'une lueur bleuâtre : c'est le phénomène de *phosphorescence*.

Il nous explique la traînée lumineuse que laisse, dans l'obscurité, une allumette que l'on frotte contre le mur. L'oxydation du phosphore devient très aisément une combustion vive. Il suffit quelquefois de toucher le corps avec la main pour qu'il prenne feu; et, comme les brûlures qu'il produit sont très dangereuses, nous éviterons soigneusement son contact et ne le manierons que sous une couche d'eau.

Cette faculté d'oxydation que possède le phosphore fait de cet élément un *réducteur* énergique.

Le *chlore*, le *brome*, l'*iode* ont une grande affinité pour le phosphore, qui s'enflamme à leur contact. En particulier, avec le chlore on obtient, selon les proportions des deux éléments, soit le trichlorure de phosphore PCl^3, soit le pentachlorure ou perchlorure de phosphore PCl^5.

Le phosphore blanc est un poison. — **262.** Le *phosphore blanc* à l'état libre est un poison très violent, il s'attaque aux os et amène leur gangrène, c'est-à-dire leur mort; cette maladie terrible est connue sous le nom de *nécrose*. Il est assez curieux qu'un élément aussi dangereux à l'état libre devienne un réconfortant de l'organisme lorsqu'il est engagé dans certaines combinaisons.

L'empoisonnement peut être chronique chez les ouvriers

qui travaillent pendant longtemps dans une atmosphère renfermant des vapeurs de phosphore.

Le *phosphore rouge* n'a pas d'action toxique.

Applications. — **263.** Le principal usage du phosphore est la fabrication des *allumettes* : on substitue au phosphore blanc, soit le phosphore rouge, soit le sesquisulfure de phosphore P^2S^3. C'est l'oxydation, favorisée par la chaleur que produit le frottement, qui amène l'inflammation. Les allumettes sont de petits fragments de bois trempés sur une longueur de quelques millimètres dans du soufre fondu, puis imprégnés à l'extrémité d'un mélange formé par exemple de sesquisulfure de phosphore, de chlorate de potassium, de verre pulvérisé, de colle, d'eau et d'une couleur.

Pour éviter l'odeur désagréable de l'anhydride sulfureux qui se dégage lors de la combustion, on remplace parfois le soufre par la paraffine.

On vend des pâtes phosphorées pour la destruction des rats et autres animaux nuisibles.

Notre squelette et notre matière cérébrale contiennent du phosphore. Aussi est-il nécessaire que des combinaisons de ce corps se trouvent dans nos aliments : le poisson (et en particulier la laitance de poisson), la cervelle, le pain, etc., sont riches en phosphore. L'enfant rachitique a besoin d'une suralimentation en phosphates.

Acide phosphorique.

Formule : PO^4H^3; poids moléculaire : $31 + (4 \times 16) + 3 = 98$.

264. Comme nous l'avons déjà vu, l'acide phosphorique existe dans la nature à l'état de phosphate de calcium, et c'est ainsi qu'on le rencontre dans les os. On trouve des gisements importants de ce sel, notamment en Algérie, en Tunisie et dans quelques-uns de nos départements (Ardennes, Lot, etc.).

Préparation. — **265.** Les os sont formés de matière organique et de matière minérale : celle-ci est constituée par du phosphate et du carbonate de calcium. La matière organique, l'*osséine*, se transforme en gélatine lorsqu'on la chauffe avec l'eau dans un vase clos (autoclave), de façon que la vapeur produite et surchauffée exerce une forte pression. Il y a intérêt à extraire cette matière, car la gélatine est un produit commercial important.

Pour cela, on traite les os par l'acide chlorhydrique. L'osséine, insoluble, se sépare. L'acide phosphorique du phosphate de calcium est déplacé par l'acide chlorhydrique qui forme du chlorure de calcium : acide phosphorique déplacé et chlorure de calcium restent dans la solution. Le carbonate de calcium des os est, lui aussi, décomposé par l'acide chlorhydrique : le gaz carbonique se dégage et le chlorure de calcium formé se dissout. On peut enlever l'osséine insoluble et on a, dans la solution : de l'acide phosphorique et du chlorure de calcium. Pour faire la séparation, on neutralise l'acide phosphorique par la chaux. Il se forme un phosphate de calcium insoluble qui se dépose et qu'on recueille. Pour mettre en liberté l'acide phosphorique, on le déplace par l'acide sulfurique, qui donne du sulfate de calcium. Celui-ci se sépare sous forme de bouillie cristalline. L'acide phosphorique reste dans la solution qu'on concentre par évaporation de l'eau.

En résumé, on peut obtenir l'acide phosphorique en partant du phosphate de calcium extrait *soit du sol, soit des os*, et le décomposant à l'aide de l'acide sulfurique : l'acide sulfurique lui enlève le calcium pour former du sulfate de calcium restant hors de la solution; l'acide phosphorique mis en liberté reste dissous.

Propriétés. — **266.** On trouve généralement dans le commerce l'acide phosphorique en solution; mais, en réalité, c'est une matière solide.

Il est soluble dans l'eau en toutes proportions.

Action de la chaleur. — **267.** L'acide phosphorique se déshydrate partiellement sous l'influence de la chaleur en donnant successivement deux autres acides phosphoriques : le premier formé, $P^2O^7H^4$ (*acide pyrophosphorique*), provient de l'élimination d'une molécule d'eau entre 2 molécules d'acide phosphorique ordinaire; le second formé, PO^3H (*acide métaphosphorique*), provient de l'élimination d'une molécule d'eau dans une seule molécule d'acide phosphorique ordinaire.

L'acide pyrophosphorique est tétrabasique, l'acide métaphosphorique est monobasique.

Propriétés acides. — **268.** L'acide phosphorique ordinaire PO^4H^3 rougit la teinture de tournesol. C'est un acide et, de plus, un acide tribasique.

Étudions tout d'abord, comme nous avons l'habitude de le faire avec les acides, l'action d'une *base présentant une seule fois la fonction basique* (par exemple la potasse KOH correspondant au potassium monovalent).

Une molécule d'acide peut réagir sur *une seule molécule de base*, d'après l'équation :

$$PO^4H^3 + KOH = PO^4KH^2 + H^2O.$$

Le métal se trouve substitué à *un seul* atome d'hydrogène ; on a un sel qui ne renferme *qu'un atome de potassium* et qui est encore acide *bibasique*, puisqu'il contient encore H^2. On le nomme *phosphate monopotassique*.

Si l'on fait intervenir *une seconde molécule de base*, on substitue un second atome de potassium à *un second* atome d'hydrogène :

$$PO^4KH^2 + KOH = PO^4K^2H + H^2O.$$

Le sel renferme *deux atomes de potassium* : il est encore acide, mais seulement acide *monobasique*, puisqu'il ne contient plus qu'un H. On le nomme *phosphate bipotassique*.

Enfin, faisons intervenir *une troisième molécule de base*, nous substituerons un atome de potassium *au dernier* atome d'hydrogène :

$$PO^4K^2H + KOH = PO^4K^3 + H^2O.$$

Nous avons un *sel neutre* renfermant *trois atomes de potassium* ; on l'appelle *phosphate tripotassique*.

Examinons maintenant le cas où l'on fait agir sur l'acide phosphorique une *base présentant deux fois la fonction basique* [par exemple la chaux $Ca(OH)^2$ correspondant au calcium, bivalent].

Le calcium étant bivalent, la substitution du métal, lors de la neutralisation de l'acide, portera sur un nombre pair d'atomes d'hydrogène ; cela nécessite l'intervention de 2 molécules d'acide phosphorique, puisqu'une molécule de ce corps $PO^4{\scriptstyle\begin{cases} H \\ H \\ H \end{cases}}$ renferme un nombre impair d'atomes d'hydrogène. Dans ces conditions *deux molécules d'acide* réagiront sur *une première molécule de base*.

$$PO^4\!\!\begin{array}{c} H\ H \\ H\ H \\ H\ H \end{array}\!\!PO^4 + Ca\!\!\begin{array}{c} OH \\ \\ OH \end{array} = PO^4\!\!\begin{array}{c} H\ H \\ Ca \\ H\ H \end{array}\!\!PO^4 + 2H^2O.$$

Le métal se trouve substitué à 2H empruntés, l'un à la première molécule d'acide, l'autre à la seconde molécule. Il réunit donc, par ses deux valences, les deux restes de molécules obtenus en enlevant un atome d'hydrogène à chacune des deux molécules d'acide.

Le sel obtenu (PO⁴H²)² Ca, nommé *phosphate monocalcique*, est un sel acide. Il est acide *tétrabasique*.

Une *seconde molécule de chaux* aura pour effet la substitution d'un nouvel atome de calcium à deux autres atomes d'hydrogène, selon l'équation :

$$PO^4 \left\langle \begin{matrix} Ca \\ H\ H \\ H\ H \end{matrix} \right\rangle PO^4 + Ca \left\langle \begin{matrix} OH \\ \\ OH \end{matrix} \right. = PO^4 \left\langle \begin{matrix} Ca \\ Ca, \\ H\ H \end{matrix} \right\rangle PO^4 + 2H^2O.$$

Il se forme le sel (PO⁴H)² Ca² qui est le *phosphate bicalcique*. Ce sel est encore acide bibasique.

Il réagit donc sur *une troisième molécule de chaux*, comme l'indique le schéma :

$$PO^4 \left\langle \begin{matrix} Ca \\ Ca \\ H\ H \end{matrix} \right\rangle PO^4 + Ca \left\langle \begin{matrix} OH \\ \\ OH \end{matrix} \right. = PO^4 \left\langle \begin{matrix} Ca \\ Ca \\ Ca \end{matrix} \right\rangle PO^4 + 2H^2O.$$

Le sel obtenu, (PO⁴)² Ca³, est neutre ; c'est le *phosphate tricalcique*.

C'est sous forme de phosphate tricalcique que l'acide phosphorique se trouve dans le sol et dans les os.

Rôle de l'acide phosphorique en agriculture. — 269.

L'acide phosphorique est un excellent fertilisant du sol. On l'emploie comme engrais, sous forme de sels de calcium.

Mais, seuls, le phosphate monocalcique et le phosphate bicalcique, qui sont les plus solubles, sont aisément assimilés par les végétaux. Quant au phosphate tricalcique, il n'est assimilé que d'une façon extrêmement lente et imparfaite. Or, c'est sous forme de phosphate tricalcique qu'on trouve l'acide phosphorique à l'état naturel. Il y a donc intérêt à ne livrer ces phosphates naturels à la consommation qu'après leur avoir enlevé une partie de leur calcium. On dit, dans la pratique, qu'on les transforme en *superphosphates*. Cet enlèvement partiel du calcium, c'est au moyen de l'acide sulfurique, en quantité convenable, qu'on l'effectue. Il se forme du sulfate de calcium qu'on laisse dans le mélange. Et c'est la masse totale, pulvérisée, qu'on emploie sous le nom de « superphosphate de chaux ».

Caractère analytique de l'acide phosphorique. — 270.

L'acide phosphorique ordinaire donne, avec une solution de nitrate d'argent, un précipité jaune de phosphate d'argent, PO⁴Ag³.

L'arsenic et ses composés

271. L'arsenic donne, avec l'hydrogène, la combinaison AsH³, analogue à AzH³ et à PH³.

Avec l'oxygène, il forme les combinaisons As^2O^3 (*anhydride arsénieux*) et As^2O^5 (*anhydride arsénique*). A l'anhydride arsénique correspond l'*acide arsénique*, AsO^4H^3, analogue à l'acide phosphorique, PO^4H^3.

Arsenic.

Symbole : As ; poids atomique : 75.

272. C'est un produit que l'on rencontre d'une façon extrêmement fréquente dans la nature. Il existe dans le sol à l'état libre, à l'état de sulfures d'arsenic, d'arséniures métalliques, d'arséniosulfures. Normalement, on le trouve dans l'organisme et aussi dans un certain nombre d'aliments.

C'est un corps solide, gris d'acier, possédant un éclat métallique.

Son principal composé est l'*anhydride arsénieux*, As^2O^3, produit solide blanc, inodore, qui est un *poison très violent*.

Mais, à faible dose, les poisons les plus redoutables peuvent devenir des remèdes très bienfaisants : c'est le cas des composés de l'arsenic. On les emploie pour combattre les affections des voies respiratoires. Dans les bains, ils servent au traitement des maladies de la peau.

L'usage des remèdes à base d'arsenic diminue la combustion respiratoire et, par suite du ralentissement de la combustion de la graisse, on constate souvent que les personnes subissant des traitements arsénicaux ont des tendances à prendre de l'embonpoint.

On prépare une couleur verte à base d'arsenic et de cuivre. Cette couleur est extrêmement malsaine. Les papiers et les tentures colorés avec cette teinture verte sont susceptibles de dégager, sous l'influence de l'humidité, de l'hydrogène arsénié, gaz fort toxique et amenant, à faible dose, une anémie lente. Aussi est-il dangereux d'employer de semblables papiers ou tentures pour la décoration des appartements.

Un moyen simple permet de constater la présence de l'arsenic dans des tentures ou des papiers verts ; il suffit d'en brûler un fragment, la combustion de l'arsenic dégage une odeur alliacée caractéristique.

Analogies et différences entre les métalloïdes de la troisième famille.

273. En rangeant les éléments de cette famille par ordre de grandeur croissante de leurs poids atomiques, on obtient la série :

Azote Az	*Phosphore* P	*Arsenic* As	*Antimoine* Sb
gazeux	solide	solide	solide
14	31	75	120

274. Ces éléments sont tantôt trivalents, tantôt pentavalents. Mais les combinaisons dans lesquelles ils figurent comme trivalents sont généralement plus stables que les autres.

Ils sont définis comme trivalents en particulier par les *combinaisons hydrogénées* suivantes :

$$AzH^3, \quad PH^3, \quad AsH^3, \quad SbH^3.$$

La stabilité de ces combinaisons va en décroissant depuis la première jusqu'à la dernière.

Le gaz ammoniac s'unit aux acides pour donner de véritables sels. On trouve encore cette propriété, mais d'une façon très atténuée, chez le phosphure gazeux d'hydrogène PH^3.

Les *combinaisons avec le chlore*,

$$AzCl^3, \quad PCl^3, \quad AsCl^3, \quad SbCl^3,$$

définissent encore les q   e élément comme trivalents.

Certaines combinaison chlorées, l   s que :

$$AzH^4Cl, \quad PCl^5, \quad - \quad SbCl^5,$$

définissent comme pentavalents les éléments de la troisième famille qu'elles renferment.

275. Il y a entre les *combinaisons oxygénées* une certaine analogie.

Nous voyons d'abord une analogie entre les anhydrides de la série :

$$Az^2O^3, \quad P^2O^3, \quad As^2O^3, \quad Sb^2O^3,$$

et aussi entre les anhydrides de la série :

$$Az^2O^5, \quad P^2O^5, \quad As^2O^5, \quad Sb^2O^5.$$

A ces derniers anhydrides correspondent quelquefois trois acides (acides méta, pyro ou ortho), mais un ou plusieurs de ces trois acides peuvent manquer dans la série :

	azote	phosphore	arsenic	antimoine
Acides *méta*.....	AzO^3H	PO^3H	(manque)	SbO^3H
Acides *pyro*.....	(manque)	$P^2O^7H^4$	(manque)	$Sb^2O^7H^4$
Acides *ortho*....	(manque)	PO^4H^3	AsO^4H^3	(manque)

CHAPITRE V

MÉTALLOÏDES DE LA QUATRIÈME FAMILLE

276. La quatrième famille de métalloïdes comprend deux éléments tétravalents : le *carbone* et le *silicium*.

Le carbone et ses composés.

277. Nous avons étudié déjà le carbone (§§ 67 à 72) et mentionné la présence constante de cet élément dans les matières organiques. C'est donc à la quatrième partie de cet ouvrage, consacrée à la chimie organique, qu'il faudra se reporter pour connaître les principaux composés du carbone.

Nous verrons alors que le carbone, élément tétravalent, est susceptible de s'engager avec l'hydrogène dans une multitude de combinaisons, susceptibles elles-mêmes de se transformer à l'infini, et par conséquent d'engendrer une foule d'autres substances.

Pour rester dans le domaine de la chimie minérale, nous n'examinerons ici que les combinaisons analogues à celles auxquelles nous sommes habitués : l'*oxyde de carbone* CO et l'*anhydride carbonique* CO^2, qui proviennent de la combustion du carbone.

Carbone.

Symbole : C ; poids atomique : 12.

278. L'étude du carbone a contribué à nous familiariser avec un certain nombre de phénomènes chimiques intéressants, en

même temps qu'elle nous faisait connaître plusieurs substances : le diamant, le graphite, les charbons de terre, le
charbon de bois, etc., qui ont une grande importance dans la
vie pratique.

Au point de vue plus particulièrement chimique, nous avons
vu que le charbon, quelle que soit sa forme, est susceptible,
en brûlant, de donner tout d'abord de l'*oxyde de carbone* CO :

$$C + O = CO.$$

Cet oxyde de carbone brûle lui-même en se transformant en
anhydride carbonique CO^2 :

$$CO + O = CO^2.$$

De sorte qu'en présence d'une quantité d'oxygène suffisante, la combustion du carbone a pour résultat final la formation d'anhydride carbonique. Cette combustion s'effectue
avec un grand dégagement de chaleur, utilisé pour le chauffage domestique et industriel.

279. Si l'on fait passer des vapeurs de soufre sur du charbon de bois chauffé au rouge, il se forme du *sulfure de carbone*, CS^2, qui distille :

$$C + 2S = CS^2.$$

Le sulfure de carbone est un liquide bouillant à 45°, qui
dissout le soufre, le phosphore, le caoutchouc, les corps gras.
Il sert à la vulcanisation du caoutchouc et à l'extraction de
certaines matières grasses.

Cette extraction s'effectue en faisant arriver sur les substances renfermant les matières grasses le sulfure de carbone
qui dissout celles-ci. On amène ensuite dans un appareil dis-
tillatoire le dissolvant chargé et on le chauffe légèrement. Le
sulfure de carbone, très volatil puisqu'il bout à 45°, distille
en abandonnant les matières grasses. On le recueille pour
s'en servir à nouveau.

Oxyde de carbone.

Formule : CO ; poids moléculaire : $12 + 16 = 28$.

Combustion du charbon. Production de l'oxyde de carbone dans les gazogènes.

— 280. Quand on brûle le charbon en couche mince sur une grille à grande surface, il rencontre une quantité d'oxygène suffisante pour se transformer en anhydride carbonique selon l'équation :

$$C + 2O = CO^2.$$

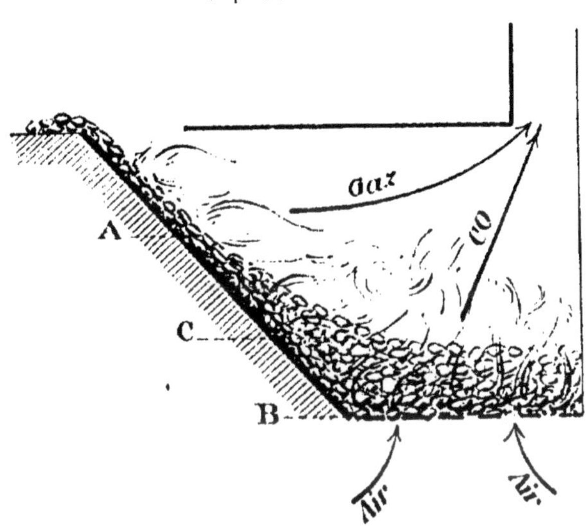

Fig. 51. — Combustion du charbon.

A, aire chaude sur laquelle la houille qui descend vers la grille est chauffée et abandonne ses matières volatiles (gaz) en se convertissant en coke ;

B, grille dans le voisinage de laquelle, sous l'influence de l'air en excès :

$$C + 2O = CO^2 ;$$

B, C, zone dans laquelle l'anhydride carbonique, traversant une couche épaisse de charbon, est réduit à l'état d'oxyde de carbone : $CO^2 + C = 2CO$.

Le gaz et l'oxyde de carbone se rendent dans une chambre à combustion.

Mais, s'il brûle disposé en couche épaisse, c'est-à-dire en présence d'une faible quantité d'oxygène, le phénomène est un peu plus compliqué.

L'air arrive sous la grille (*fig.* 51), c'est-à-dire par la partie inférieure ; il provoque la combustion complète de la première couche de charbon en le transformant en anhydride carbonique. Mais, celui-ci traverse ensuite une couche épaisse de charbon chaud au contact duquel il se convertit en oxyde de carbone, comme l'indique l'équation :

$$CO^2 + C = 2CO.$$

Arrivé à la partie supérieure, cet oxyde de carbone se dégage, mélangé à l'azote de l'air dont l'oxygène a servi à la combustion, mélangé aussi aux matières volatiles que le charbon a pu dégager. Ces matières volatiles, dans le cas où l'on emploie la houille, ne sont autre chose que le gaz d'éclairage dont nous avons parlé déjà.

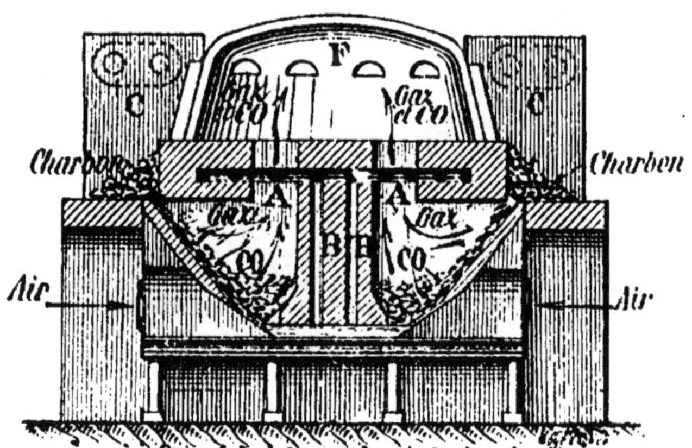

Fig. 52. — Four gazogène.

AA, foyer où le combustible distille ;
BB, conduits d'air ;
Les gaz de la combustion viennent brûler dans le four F où la chaleur est utilisée.
CC, cheminée.

Elles sont combustibles. L'oxyde de carbone est lui-même susceptible de brûler en produisant beaucoup de chaleur, en présence de l'oxygène de l'air et à l'approche d'une flamme. De sorte que le mélange gazeux qui se dégage au sommet de la couche épaisse de charbon disposée au-dessus d'une grille allumée, est formé de gaz combustibles.

On peut conduire et enflammer ce gaz là où l'on désire utiliser la chaleur de sa combustion.

C'est sur ce principe que repose la construction des fours *gazogènes* employés pour produire de hautes températures (1.500-1.600°), en particulier dans les industries de la verrerie et de la céramique.

La figure 52 représente un type de ces fours employé dans la verrerie. Le mélange de gaz combustibles (gaz et oxyde de carbone) se rend dans une chambre F pour brûler au contact de l'air qui arrive par les conduits BB. C'est dans cette chambre que sont placés des creusets remplis des matières à fondre pour produire le verre. Dans ces conditions, la combustion est complète et le combustible reçoit une bonne utilisation.

Production de l'oxyde de carbone à l'aide de l'anhydride carbonique contenu dans les fumées. — *Fours à régénération du carbone.* — **281.** Lorsque les gaz de houille et l'oxyde de carbone ont été complètement brûlés dans la chambre du four où la chaleur doit être utilisée, le carbone se trouve entièrement transformé en anhydride carbonique. Les gaz résultant de la combustion, c'est-à-dire les fumées, renferment donc de l'anhydride carbonique, et c'est sous cette forme que le carbone est éliminé par la cheminée.

Or, nous venons de voir que, dans le gazogène, la production de l'oxyde de carbone qui entre dans le gaz combustible est le résultat de la décomposition du gaz carbonique formé en premier lieu, dans la zone inférieure, c'est-à-dire sur la grille, par l'oxygène de l'air en excès :

$$CO^2 + C = 2CO.$$

Si donc, au lieu d'évacuer les gaz de la combustion, on les amenait sur le coke, la première phase, celle de la production de l'anhydride carbonique par la combustion du coke, deviendrait inutile. On aurait une économie de charbon correspondant au carbone consommé pour la formation de l'anhydride carbonique, c'est-à-dire, ainsi que le montre l'équation ci-dessus, une économie de 50 0/0 de coke.

Mais, tandis que la transformation du carbone en anhydride carbonique se fait avec dégagement de chaleur, il faut fournir de la chaleur à l'anhydride carbonique pour le ramener à l'état d'oxyde de carbone.

Si donc on veut utiliser l'anhydride carbonique des gaz de la combustion, il faudra que ceux-ci apportent avec eux une quantité de chaleur suffisante pour convertir, en présence du coke, leur anhydride carbonique en oxyde de carbone.

C'est sur ces considérations qu'est basée la construction des fours à régénération du carbone (*fig.* 53).

Les fumées se trouvent à une température élevée. Une partie de ces fumées est envoyée dans une chambre A à laquelle elle cède sa chaleur,

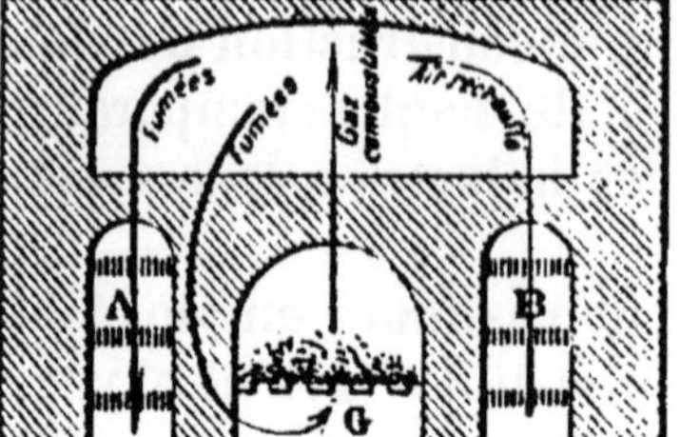

Fig. 53. — Four à régénération du carbone.

après quoi elle est expulsée par la cheminée.

L'autre partie des fumées est envoyée dans le gazogène pour que son anhydride carbonique y régénère, dans les conditions indiquées plus haut, de l'oxyde de carbone.

Quant à l'air destiné à la combustion des gaz dans le four, il est porté à une température élevée en traversant une chambre B dans laquelle des fumées avaient préalablement abandonné leur chaleur.

Quand la chambre B commence de se refroidir on la réchauffe à nouveau en envoyant les fumées qui traversaient jusqu'alors la chambre A, tandis qu'on fait traverser par l'air destiné à produire la combustion des gaz la chambre A, maintenant réchauffée. Et ainsi de suite.

En résumé, de semblables fours permettent : 1° d'utiliser la chaleur qu'emportent les fumées ; 2° d'utiliser pour régénérer l'oxyde de carbone, une partie de l'anhydride carbonique provenant de la combustion. On comprend qu'il doive résulter de leur emploi une importante économie de charbon.

Gaz à l'eau. — **282.** Si, dans un gazogène, on envoie, non pas seulement de l'air, mais aussi de la vapeur d'eau, celle-ci sera décomposée par le charbon au rouge, en produisant de l'oxyde de carbone, tandis que l'hydrogène sera mis en liberté :

$$C + H^2O = CO + 2H.$$

Il en résulte que le gaz appelé gaz à l'eau, contiendra, en plus des éléments gazeux — combustibles — dont nous avons déjà parlé, de l'hydrogène qui sera aussi susceptible de brûler en dégageant de la chaleur.

Propriétés physiques. — **283.** L'oxyde de carbone est un gaz incolore et inodore. C'est d'ailleurs ce qui contribue à le rendre particulièrement dangereux : aucun caractère organoleptique ne permet en effet de soupçonner la présence de ce gaz, qui est un poison très violent.

Les dangers de l'oxyde de carbone. — 284. L'oxyde de carbone est un poison. Il se combine avec les globules rouges du sang et les rend impropres à remplir leur rôle physiologique, qui est le transport de l'oxygène au cours de la respiration.

Quand l'enveloppe d'un poêle devient rouge, l'oxyde de carbone qui se produit traverse la fonte poreuse et se répand dans l'appartement. On éprouve aussitôt des maux de tête et des vertiges, premiers symptômes de l'empoisonnement par l'oxyde de carbone. Il faut alors, sans retard, aérer l'appartement, si l'on veut éviter des accidents de la plus haute gravité.

Si tous les jours on respire de l'air contenant des doses d'oxyde de carbone insuffisantes pour occasionner la mort, l'organisme subit un empoisonnement lent qui a pour effet la diminution du nombre des globules du sang ; le teint devient pâle, c'est l'anémie. Les repasseuses qui chauffent leurs fers sur des poêles en fonte y sont exposées.

Propriétés chimiques. — 285. A froid, l'oxyde de carbone n'agit pas sur l'oxygène ; mais, à l'approche d'une flamme, il brûle dans ce gaz avec une flamme bleue en donnant, comme nous l'avons indiqué déjà, de l'anhydride carbonique :

$$CO + O = CO^2,$$

et dégageant une forte chaleur, ce qui le fait employer pour le chauffage industriel (§§ 280 et 281).

La faculté d'oxydation que possède l'oxyde de carbone en fait un *agent réducteur*. Au rouge, ce gaz réduit un grand nombre d'oxydes métalliques, c'est-à-dire leur enlève leur oxygène pour mettre le métal en liberté. Or, plusieurs métaux sont retirés de leurs oxydes rencontrés à l'état naturel. On opère pour cela par réduction. L'oxyde de carbone permettra d'effectuer cette opération et trouvera ainsi son emploi en métallurgie. En pareil cas, on chauffera le minerai avec du charbon qui se convertira en oxyde de carbone d'abord, en anhydride carbonique ensuite, en enlevant à l'oxyde métallique son oxygène.

Décomposition par la chaleur. Dissociation. — **286.** Lorsqu'on soumet l'oxyde de carbone à l'action d'une forte chaleur, ce gaz se décompose en carbone et oxygène ; mais, comme d'autre part l'oxygène est capable de se combiner au carbone pour donner de l'oxyde de carbone, au fur et à mesure de la décomposition, les éléments mis en liberté tendront à s'unir à nouveau. La réaction de décomposition :

$$CO = C + O,$$

produite sous l'influence de la chaleur, est donc limitée par la réaction de combinaison qui est l'inverse de la précédente :

$$C + O = CO.$$

Une semblable décomposition, limitée par la réaction inverse, est appelée *dissociation*.

Anhydride carbonique.

Formule : CO_2 ; poids moléculaire : $12 + (2 \times 16) = 44$.

287. Nous sommes déjà bien habitués à l'anhydride carbonique, produit de la combustion complète du carbone. C'est le gaz qui rend mousseux les vins de Champagne, le gaz que les eaux dites gazeuses abandonnent lorsqu'on laisse libre leur surface ; c'est aussi le gaz que nous rejetons à la suite de l'acte de la respiration.

Plusieurs sels de l'acide correspondant (carbonates) existent à l'état naturel : le marbre, la craie, la pierre à bâtir ne sont autre chose que du carbonate de calcium.

L'eau dissout l'anhydride carbonique et possède ensuite la propriété de dissoudre le carbonate de calcium, alors que ce sel est insoluble dans l'eau exempte de gaz carbonique. Certaines eaux minérales sont chargées de carbonate de calcium (calcaire), grâce à l'anhydride carbonique qu'elles tiennent en dissolution. Ces eaux abandonnent le gaz en arrivant à l'air, le calcaire devient alors insoluble et se précipite. Ce sont les *eaux pétrifiantes.* Elles produisent d'ailleurs, en suintant et abandonnant des couches calcaires successives, les colonnes verticales que l'on remarque dans les grottes naturelles.

Préparation. — **288.** Nous avons vu déjà à plusieurs reprises que le gaz carbonique se forme par *combustion com-*

plète du charbon. Ainsi obtenu, l'anhydride carbonique n'est pas pur. Il est mélangé à de l'azote provenant de l'air qui a fourni l'oxygène. Il est mélangé aussi à de la vapeur d'eau et à de l'oxyde de carbone qui a pu échapper à la combustion. Si ces substances ne gênent pas, on peut le produire par ce moyen si simple.

289. On peut industriellement mettre à profit la faculté que possède le carbonate de calcium naturel (craie, pierre calcaire, marbre), de se décomposer sous l'influence de la chaleur en chaux vive (oxyde de calcium) et gaz carbonique :

$$CO^3Ca = CaO + CO^2.$$

C'est de cette façon qu'on prépare aussi la chaux vive.

290. Mais cette décomposition nécessite le concours de températures élevées. Dans les laboratoires, on simplifie l'opération en déplaçant l'anhydride carbonique par l'acide chlorhydrique étendu :

$$CO^3Ca + 2HCl = CaCl^2 + H^2O + CO^2.$$

Dans un appareil identique à celui qui sert à préparer l'hydrogène (*fig.* 54), on met du marbre concassé et de l'eau, puis on verse de l'acide chlorhydrique.

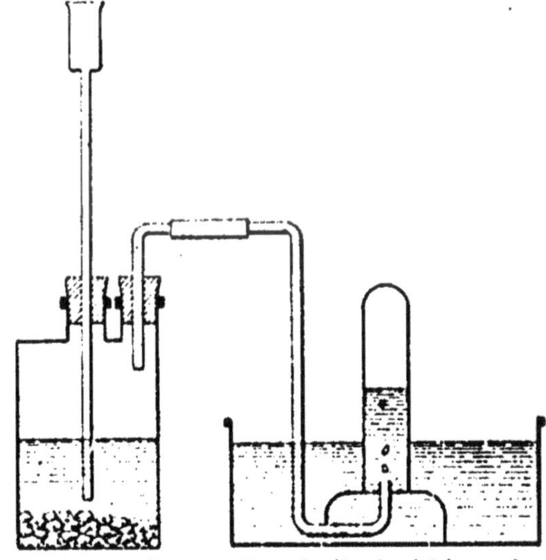

Fig. 54. — Préparation de l'anhydride carbonique dans les laboratoires.

Le gaz carbonique est reçu sur la cuve à eau.

Propriétés physiques. — 291. Gaz incolore, inodore, possédant une saveur aigrelette.

Il est plus lourd que l'air, et par conséquent tend à s'accumuler près du sol.

On peut le liquéfier aisément par compression. Le froid produit par son évaporation suffit ensuite pour le solidifier.

On se sert aujourd'hui couramment d'anhydride carbonique liquide qu'on trouve dans le commerce dans des cylindres en acier.

L'eau de Seltz est une solution de gaz carbonique dans l'eau, solution effectuée sous pression. Aussitôt que cette solution est mise au contact de l'air, le gaz carbonique se dégage. On la conserve dans des siphons.

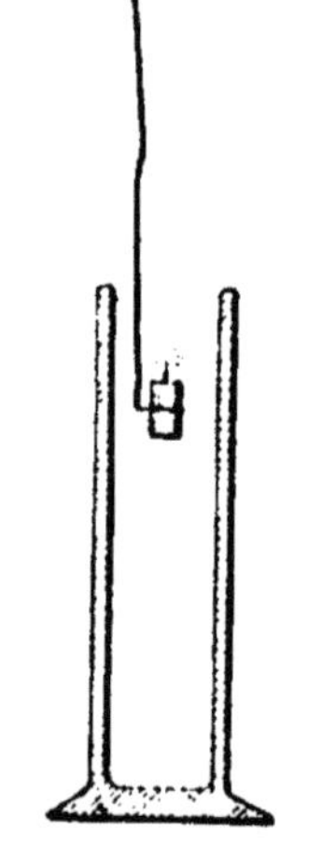

Fig. 55. — Une bougie allumée s'éteint dans l'anhydride carbonique.

Propriétés chimiques. — 292. L'anhydride carbonique *n'entretient ni les combustions, ni la respiration.* Une bougie que l'on descend à l'aide d'un fil de fer dans une éprouvette à pied (*fig.* 55) remplie de gaz carbonique s'éteint aussitôt que la flamme pénètre dans l'atmosphère du vase. Aussi emploie-t-on l'anhydride carbonique pour éteindre les incendies. Différents systèmes d'extincteurs sont basés sur cette propriété.

L'anhydride carbonique, avons-nous dit, n'entretient pas la respiration. C'est un gaz dangereux à respirer; mais il agit autrement que l'oxyde de carbone sur notre organisme. On meurt dans une atmosphère de gaz carbonique, comme on meurt dans l'eau, faute d'air: l'anhydride carbonique asphyxie, mais ce n'est pas à proprement parler un poison. On peut ramener à la vie une personne asphyxiée par ce gaz en la portant au grand air et en pratiquant la respiration artificielle.

293. Au rouge, le gaz carbonique *est réduit* par le charbon :

$$CO^2 + C = 2CO.$$

Nous avons vu (§ 280) à quelles intéressantes applications conduit cette propriété.

Propriétés acides de la solution de gaz carbonique. — **294.** La solution de gaz carbonique dans l'eau possède des propriétés acides : elle rougit faiblement la teinture de tournesol, comme les acides faibles. D'ailleurs on connaît bien les sels de l'acide carbonique appelés *carbonates*, et leurs compositions font supposer que le gaz carbonique s'est converti, dans la solution, en acide carbonique, CO^3H^2, combinaison de l'anhydride avec une molécule d'eau. Mais cette combinaison n'a pas été isolée.

Cet acide carbonique CO^3H^2, que nous supposons exister dans la solution, est bibasique. Il est donc susceptible de donner, avec les métaux monovalents, des bicarbonates tels que le *bicarbonate de sodium*, CO^3NaH, et des carbonates neutres tels que le *carbonate de sodium*, CO^3Na^2. Avec les métaux bivalents, on a seulement des carbonates neutres tels que le *carbonate de calcium*, CO^3Ca, car le métal se substitue d'emblée à deux atomes d'hydrogène. Nous sommes maintenant trop habitués au mécanisme de la formation des sels pour qu'il soit nécessaire d'insister davantage sur cette question.

**La production de l'anhydride carbonique pendant la respiration et son assimilation par la plante verte. —
295.** « La respiration n'est qu'une combustion lente de carbone et d'hydrogène, qui est semblable en tout à celle qui s'opère dans une lampe ou dans une bougie allumée; et, sous ce point de vue, les animaux qui respirent sont de véritables corps combustibles qui brûlent et se consument. » (LAVOI-SIER, 1789.)

Les matières organiques de notre corps sont brûlées par l'oxygène que nous absorbons; la chaleur dégagée par la combustion est la source de notre énergie musculaire; et le carbone converti en gaz carbonique, nous le rejetons.

Nous pouvons aisément nous rendre compte de la présence de l'anhydride carbonique dans les gaz que nous expulsons de notre organisme. Il suffit de souffler dans de l'eau de chaux limpide, à l'aide d'un tube de verre (*fig.* 56). Nous avons signalé déjà que, sous l'influence de l'anhydride carbonique, la chaux se convertit en carbonate de calcium CO^3Ca, qui, insoluble, forme un précipité blanc. Nous voyons précisément se troubler l'eau de chaux contenue dans le verre, ce qui montre que nous avons dégagé de l'anhydride carbonique.

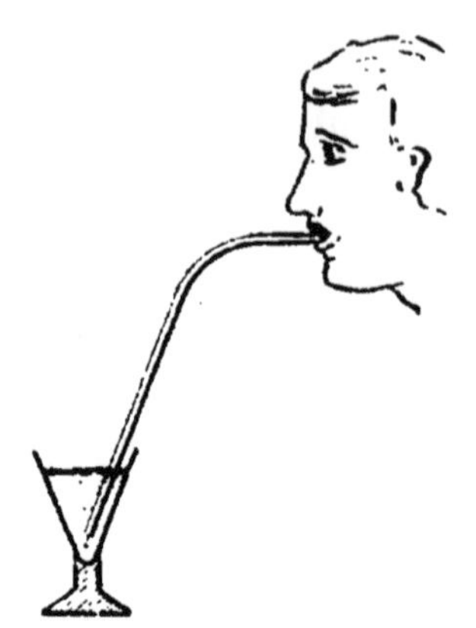

Fig. 56. — De l'anhydride carbonique est produit pendant la respiration.

296. Cet anhydride carbonique que l'homme et les animaux rejettent constamment dans l'atmosphère, où il va d'ailleurs rejoindre celui qui se dégage du sol, servira aux plantes à produire les matières organiques qui forment leurs tissus. Les organes des végétaux, comme la feuille, qui renferment une matière verte appelée *chlorophylle*, jouissent de la propriété de mettre en jeu l'énergie apportée par la lumière solaire pour décomposer l'anhydride carbonique de l'air; ils fixent le carbone qui se combine avec d'autres substances nutritives de la plante pour constituer les tissus, et rejettent l'oxygène dans l'air.

Ce phénomène d'assimilation du carbone par les organes verts de la plante est connu sous le nom d'*assimilation chlorophyllienne*.

Usages de l'anhydride carbonique. — **297.** L'anhydride carbonique peut servir à produire du froid ou à éteindre les incendies.

Il communique aux liquides une saveur aigrelette très fraîche.

Un liquide ayant dissous du gaz carbonique sous pression le dégage en arrivant au contact de l'air et mousse. C'est le cas pour les vins de Champagne, par exemple.

L'eau de Seltz n'est autre chose que de l'eau dans laquelle on a comprimé de l'anhydride carbonique.

En subissant certaines transformations chimiques provoquées par un être microscopique appelé ferment, des substances telles que le sucre de raisin sont susceptibles de dégager du gaz carbonique. Si un vin est enfermé dans des bouteilles bien bouchées et en verre épais, avant que la fermentation ne soit achevée, le gaz carbonique qui se dégagera restera emmagasiné sous pression dans le liquide. On aura un vin mousseux.

Le silicium et ses composés.

298. Le silicium n'est pas pratiquement intéressant par lui-même ; mais il forme des combinaisons que l'on rencontre abondamment dans la nature, et qui sont, pour quelques grandes industries comme la verrerie et la céramique, les indispensables matières premières.

Les sables, les grès, le silex, les pierres meulières, sont formés principalement par la combinaison SiO^2 appelée *silice* ou *anhydride silicique*. Le quartz ou cristal de roche est de la silice cristallisée.

Les *silicates*, sels de l'acide correspondant à la silice, sont très nombreux à l'état naturel : l'argile et le kaolin sont du *silicate d'aluminium hydraté* ; l'amiante renferme du *silicate de calcium* ; l'écume de mer et le talc sont formés de *silicate de magnésium*, etc.

Les verres sont formés de silicates obtenus artificiellement.

Étudions la silice et disons un mot des silicates.

Silice ou anhydride silicique.

Formule : SiO^2 ; poids moléculaire : $28 + (2 \times 16) = 60$.

299. Nous venons d'indiquer quelles sont les principales formes : quartz ou cristal de roche (*fig.* 57), sables, grès, silex, pierres meulières, etc., que la silice affecte dans la nature. Sous ces différentes formes, la silice est accompagnée de plus ou moins de substances étrangères. Dans certains cas, lorsqu'elle est cristallisée, ces substances étrangères peuvent lui donner un éclat et des colorations très appréciés. Citons par exemple l'opale, les améthystes employés en bijouterie.

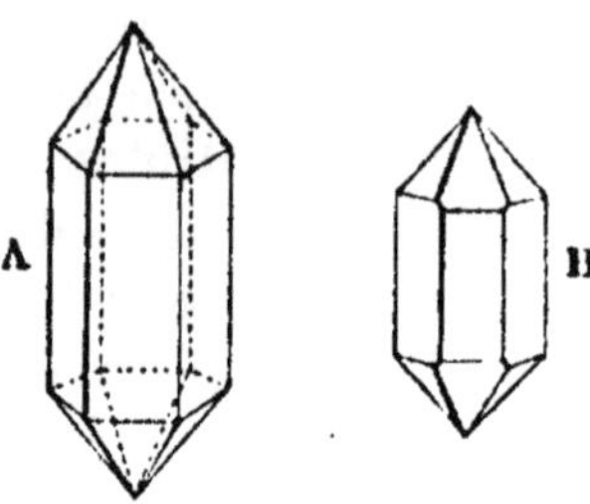

Fig. 57. — Cristal de roche.
A, forme géométrique ;
B, aspect d'un cristal naturel.

C'est une matière très dure : l'acier ne peut la rayer. Elle ne fond qu'à une température élevée.

Quand on la fond au four électrique avec du charbon, il se forme une combinaison de carbone et de silicium, le carbure de silicium, CSi, matière extrêmement dure qu'on nomme *carborundum*. En l'agglomérant avec 30 0/0 d'argile, on fait des meules qui servent à travailler les pierres très dures, à polir le verre, etc.

Nous avons vu que l'*acide fluorhydrique* attaque la silice (§ 131) :

$$SiO^2 + 4HF = SiF^4 + 2H^2O.$$

Quand on chauffe la silice avec une *base alcaline*, on obtient un *silicate*.

SILICATES

300. Les silicates sont très répandus dans la nature. Nous avons dit que l'argile, l'amiante, l'écume de mer, le talc, sont des silicates. Il en existe bien d'autres encore à l'état naturel.

Les verres sont aussi des silicates, mais c'est artificiellement qu'on les obtient, en partant du sable.

L'argile, silicate d'aluminium hydraté, possède des caractères spéciaux qui la font employer pour la fabrication des poteries.

Nous sommes donc naturellement conduits à une étude sommaire des arts de la verrerie et de la céramique.

Verrerie. — **301.** Le verre est une masse d'apparence homogène formée par un *silicate de potassium ou de sodium* et par au moins un autre silicate tel que le *silicate de calcium*. C'est une matière solide, fusible à température élevée, dure, insoluble dans l'eau et résistant à l'action des acides (l'acide fluorhydrique excepté).

Pourquoi est-il nécessaire d'associer plusieurs silicates pour obtenir un verre ?

Les silicates alcalins ne peuvent, à eux seuls, constituer des verres, car ils sont solubles dans l'eau. Les silicates de potassium ou de sodium constituent ce qu'on appelle le *verre soluble*, qu'on emploie pour la conservation des matériaux de construction, pour la fabrication des ciments résistant à l'action des eaux de mer, pour la fixation des couleurs sur les tissus (mordançage), etc.

Quant aux silicates des métaux tels que le calcium, ils ne peuvent former des verres transparents.

D'où la nécessité d'associer à un silicate alcalin (silicate de potassium ou de sodium) un ou plusieurs autres silicates, le premier communiquant au verre la transparence, le second ou les seconds l'insolubilité.

Ces silicates, formant une masse d'apparence bien homogène, s'obtiennent *en fondant ensemble* à haute température, à l'aide de fours (voir page 194, *fig.* 50), un mélange de matériaux apportant la silice et les bases nécessaires. La silice est employée sous forme de sable ; les bases ne sont pas employées à l'état libre, mais à l'état de sels tels que le carbonate de potassium ou de sodium et le carbonate de calcium (calcaire). La fusion s'effectue dans des creusets ou des bassins, et, quand la matière fondue est devenue bien homogène, c'est-à-dire lorsque le verre est formé, on puise ce verre fondu, et on lui fait subir un travail qui varie selon les objets que l'on veut obtenir.

Si l'on introduit dans le mélange des produits à fondre de l'oxyde de plomb, on obtient un verre contenant du silicate de plomb. Un semblable verre possède une fusibilité, une limpidité, un éclat particuliers. On le nomme *cristal.*

Plus grand est le nombre des silicates qui constituent le verre, plus ce verre est fusible et par conséquent plus économique est sa fabrication. Aussi, pour la préparation des verres de peu de valeur, comme le verre à bouteilles, emploie-t-on des matériaux très ordinaires qui sont économiques non seulement à cause de leur bas prix, mais aussi parce que, chargés d'impuretés, ils augmentent le nombre des bases et par conséquent la fusibilité du mélange des silicates formés.

On colore les verres en introduisant dans leur masse fondue des oxydes métalliques convenablement choisis.

Céramique. — 302. L'*argile*, ou une substance plus fine, plus blanche que l'argile, le *kaolin*, sont les principales matières premières employées dans cette industrie. Ces substances possèdent la propriété de prendre et de conserver toutes les formes qu'on veut leur donner, autrement dit elles sont *plastiques*. Grâce à cette plasticité, elles servent à façonner une multitude d'objets d'art ou d'utilité.

Expliquons les raisons des opérations auxquelles on soumet les pièces façonnées.

L'argile n'est autre chose, au point de vue chimique, que du *silicate d'aluminium hydraté*, c'est-à-dire du silicate d'aluminium combiné avec de l'eau. Mais, indépendamment de cette *eau combinée*, l'argile renferme de l'eau qui lui est simplement mélangée, c'est l'eau dite de *carrière*. Elle est abandonnée à une température à peine supérieure à 100°, parce qu'elle s'élimine par simple évaporation. Par contre, l'eau combinée ne peut se séparer que par suite d'une véritable décomposition et celle-ci n'a lieu qu'à 800 ou 1.000°. C'est *cette eau combinée qui communique aux argiles leur plasticité*.

Si l'on élimine l'eau de carrière, on obtient l'argile sèche qui, mouillée à nouveau, recouvre sa plasticité. Au contraire, si l'on *élimine l'eau combinée, l'argile perd définitivement sa plasticité* pour acquérir de la sonorité, de la dureté.

C'est là une propriété fondamentale sur laquelle repose la fabrication des objets céramiques. La pâte plus ou moins humide que constitue l'argile est travaillée, grâce à sa plasticité, pour lui donner la forme que l'on désire réaliser. Ensuite, on porte au four l'objet façonné et on le chauffe de façon que, perdant son eau combinée, il perde aussi sa plasticité, c'est-à-dire ne puisse plus se déformer, tout en prenant de la dureté. C'est la cuisson.

Cette cuisson, si elle est subie par l'argile seule, matière infusible, aboutira à un objet poreux (*faïence, terres cuites*). Tandis que si on incorpore à l'argile d'autres substances apportant avec elles des bases, de façon qu'il se forme d'autres silicates que le silicate d'aluminium, on aura **un mélange susceptible de fondre** et, en élevant un peu plus la température, la cuisson pourra amener un commencement de fusion, d'agglomération et aboutir à une matière imperméable (*grès cérame, porcelaines*).

Les objets céramiques une fois façonnés sont, dans certains cas, recouverts d'une couche d'un mélange fusible susceptible de former après la cuisson un enduit vitrifié, une sorte de vernis. C'est la *couverte*.

Analogies et différences entre les métalloïdes de la quatrième famille.

303. Les deux métalloïdes de cette famille :

	Carbone C	*Silicium* Si
	solide	solide
Poids atomique....	12	28

sont tétravalents. Ce n'est qu'exceptionnellement que le carbone peut fonctionner comme un élément bivalent.

Avec l'hydrogène, le carbone forme un nombre considérable de combinaisons dont la plus simple est CH^4. Le silicium donne un composé tout à fait analogue SiH^4. D'ailleurs, les composés du silicium peuvent former une série analogue à la série des combinaisons du carbone dont l'étude constitue la chimie organique.

A côté des combinaisons du carbone : CCl^4 (tétrachlorure de carbone), $H.CCl^3$ (chloroforme), se placent les combinaisons du silicium : $SiCl^4$, $H.SiCl^3$.

A l'anhydride carbonique, CO^2, correspond l'anhydride silicique (silice), SiO^2.

Au sulfure de carbone, CS^2, correspond le sulfure de silicium, SiS^2.

CHAPITRE VI

MÉTALLOÏDE DE LA CINQUIÈME FAMILLE

304. Le bore, élément trivalent, diffère entièrement des métalloïdes de la troisième famille. Aussi faut-il le classer à part. Il constitue à lui seul la cinquième famille de métalloïdes.

Le bore et ses composés.

305. Au point de vue pratique, le bore n'est intéressant que par ses composés : *acide borique* et *borax*. Son poids atomique est égal à 11.

Acide borique.

Formule : BO^3H^3; poids moléculaire : $11 + (3 \times 16) + 3 = 62$.

306. L'acide borique est entraîné par la vapeur d'eau qui s'échappe des fissures du sol dans certaines régions de la Toscane. On construit, autour de ces fissures, des bassins dans lesquels on fait arriver de l'eau pour dissoudre l'acide borique que l'on isole ensuite par évaporation de l'eau.

Cet acide borique est purifié par transformation en sel de sodium (borax) et décomposition de celui-ci à l'aide de l'acide chlorhydrique.

. On exploite aussi des gisements de borate de calcium qui existent en Asie Mineure. Le borate de calcium est transformé en borax à l'aide du carbonate de sodium, qui cède son sodium à l'acide borique, et prend le calcium que retenait le borate de calcium.

307. L'acide borique est un produit solide formant des écailles nacrées, un peu solubles dans l'eau froide, plus solubles dans l'eau chaude.

C'est un acide faible qui ne communique à la teinture de tournesol qu'une coloration d'un rouge vineux.

Il n'existe pas de sels correspondant à l'acide borique BO^3H^3, mais seulement à deux acides provenant : l'un (BO^2H), de la perte d'une molécule d'eau par une molécule d'acide borique ; l'autre, $B^4O^7H^2$, de la perte de $5H^2O$ par quatre molécules d'acide borique.

Le *borax* est le sel de sodium $B^4O^7Na^2$ de ce dernier acide.

On prête à l'acide borique et au borax des propriétés antiseptiques qui les font employer en médecine et aussi pour la conservation des produits alimentaires. En réalité, les microbes vivent et se multiplient parfaitement dans des solutions d'acide borique.

On imprègne d'acide borique les mèches des bougies stéariques. Il forme, avec les cendres, une matière fusible qui, par son poids, fait recourber la mèche ; celle-ci porte alors la matière organique combustible dans la zone la plus chaude de la flamme.

L'acide borique et les borates sont employés pour la constitution de la couche vitreuse dont on recouvre un certain nombre d'objets céramiques.

TROISIÈME PARTIE

MÉTAUX

CHAPITRE I

GÉNÉRALITÉS

Généralités sur les métaux.

308. C'est grâce à un certain nombre de qualités particulières que les métaux, éléments déjà définis, sont d'un emploi si fréquent. Les machines et toute une multitude d'objets sont fabriqués à l'aide de métaux, dont le choix dépend précisément de telle ou telle de leurs propriétés. Il suffit, pour s'en rendre compte, de passer en revue les divers ustensiles dont on se sert journellement et ceux sur lesquels peuvent à chaque instant se porter les regards.

Grâce à sa propriété de pouvoir se réduire en lames minces, le *zinc* sert, son bas prix aidant, à la couverture de nos habitations.

A cause sa légèreté, l'*aluminium* est employé à la construction d'un grand nombre d'ustensiles d'un maniement extrêmement commode, surtout depuis que son prix de revient est devenu assez modique.

Le *fer* a une résistance, une ténacité qui lui ouvrent des débouchés considérables dans les industries mécaniques et dans l'art de la construction.

Le *plomb* est mou et facilement fusible ; on s'en sert ·pour faire des tuyaux destinés à conduire l'eau et le gaz ; on peut couder ces tuyaux et par conséquent procéder aisément à leur installation. C'est un métal très lourd, qui se prête ainsi à la confection des projectiles de chasse.

L'*étain* est peu altérable; aussi est-il employé pour fabriquer des appareils de mesure et pour protéger le cuivre des ustensiles de cuisine et de certains appareils industriels. Facilement fusible, il sert à souder les métaux. Ses reflets, d'un joli mat, et la patine qu'il acquiert avec le temps, le font employer pour l'obtention d'objets d'art très appréciés des amateurs.

Extrêmement malléable, c'est-à-dire susceptible d'être aminci, façonné à froid sans déchirure, le *cuivre* sert à faire des appareils industriels, d'autant que sa bonne conductibilité lui permet de transmettre aux substances la chaleur à l'influence de laquelle on le soumet. Grâce à sa propriété de conduire aussi l'électricité, le cuivre est employé, sous forme de fils, dans les installations électriques.

L'*or* et l'*argent*, à cause de leur éclat et de leur beauté, joints à leur faible altérabilité, sont employés en bijouterie et en orfèvrerie. Le *platine*, peu altérable et très tenace, sert à confectionner des ustensiles de laboratoire.

Ce coup d'œil, forcément très superficiel et très rapide, jeté sur les applications des métaux, suffit pour nous donner une idée de l'importance du rôle que jouent ces éléments dans la vie pratique. Et encore, notre attention ne s'est-elle portée que sur une partie de la question. L'utilité des métaux n'est pas seulement révélée par les emplois si variés que l'ingéniosité de l'homme a créés à ces éléments; elle ressort aussi des applications sans nombre dont sont l'objet beaucoup de composés métalliques, tels que les oxydes, les sulfures, les sels. Il faudra donc nous occuper non seulement des métaux eux-mêmes, mais aussi de leurs combinaisons principales.

Méthodes générales d'extraction des métaux.

309. Les métaux existent dans le sol, soit à l'état libre, soit (et c'est le cas général) sous forme de combinaisons variées qui sont le plus souvent des oxydes, des carbonates ou des sulfures.

Métaux à l'état natif. — 310. Ce sont évidemment les métaux les moins altérables que l'on trouve à l'état de liberté, autrement dit à l'état *natif*. C'est le cas pour l'*argent*, l'*or*, le *platine*. Et il est facile de les extraire. On désagrège les minerais à l'aide de puissants jets d'eau, et l'on dirige les matières pulvérulentes sur des plans inclinés portant des rigoles transversales où le métal, plus lourd, se rassemble, tandis que l'eau entraîne les matières étrangères.

Traitement des oxydes. — 311. Les principaux minerais constitués par des *oxydes métalliques*, anhydres ou hydratés, sont :

L'alumine et l'alumine hydratée (bauxite) ;

Les oxydes de fer (hématites) ;

L'oxyde d'étain (cassitérite).

D'une manière tout à fait générale, quelle que soit la nature du *minerai* que l'on ait à traiter, il y a grand intérêt à éliminer les matières étrangères ou *gangues* qui l'accompagnent. Cette élimination s'effectue mécaniquement et de la même façon, qu'il s'agisse d'un minerai ou bien d'un métal à l'état natif. On opère par concassage et lavage à l'eau.

S'il s'agit d'un *oxyde*, on procède par *réduction*, c'est-à-dire qu'on lui enlève son oxygène. Cette réduction s'effectue à l'aide du charbon qui, en brûlant incomplètement, donne de l'oxyde de carbone, gaz réducteur.

C'est ainsi qu'on opère pour extraire le fer, en faisant usage d'appareils spéciaux appelés *hauts fourneaux* (*fig.* 58). On a fait, dans l'intérieur du haut fourneau, des couches successives de charbon et de minerai mélangé de calcaire ou de silice selon que la gangue est siliceuse ou calcaire. Si elle est siliceuse, elle donnera avec le calcaire du silicate de calcium qui, avec l'argile, formera un mélange plus fusible que la gangue, mélange appelé *laitier ;* si elle est calcaire, elle donnera avec la silice le même composé.

De l'air chaud est envoyé à la base pour brûler le charbon. L'anhydride carbonique formé se convertit, au contact du charbon incandescent, en oxyde de carbone qui réduit le minerai et passe à nouveau à l'état de gaz carbonique. Le métal mis en liberté et fondu, coule en même temps que le laitier dans un creuset où le métal fondu plus lourd, forme la couche inférieure. On le fait écouler à l'aide d'une ouverture située à la base et préalablement bouchée par un tampon d'argile.

Des transformations analogues sont effectuées pour l'obtention du zinc, du plomb, de l'étain. Mais, dans ces divers cas, l'usage du haut fourneau est inutile et les dispositifs employés sont beaucoup plus simples.

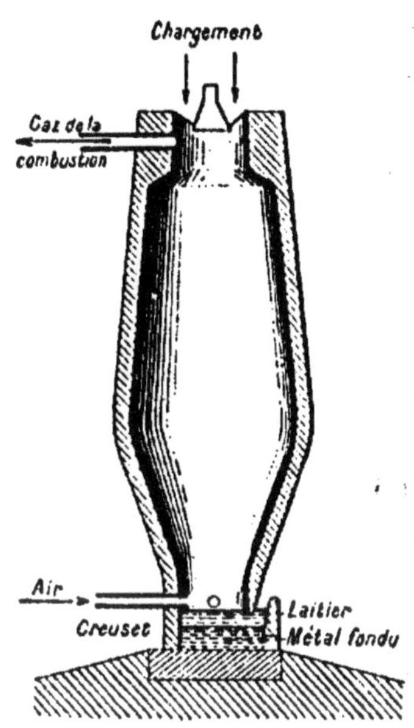

Fig. 58. — Haut fourneau.

Certains minerais, comme l'alumine (oxyde d'aluminium), ne sont pas réductibles. La décomposition est effectuée, en pareil cas, au moyen de l'électricité.

Traitement des carbonates. — 312. Les principaux carbonates métalliques naturels sont :

Le carbonate de zinc ou calamine ;

Le carbonate de fer ou fer spathique ;

Le carbonate de plomb ou cérusite.

Le traitement de ces minerais s'effectue comme celui des oxydes. Sous l'influence de la chaleur, le carbonate est décomposé en gaz carbonique et en oxyde qui est réduit par le charbon comme le sont les oxydes naturels.

Traitement des sulfures. — 313. Les sulfures sont des minerais importants. A cette catégorie appartiennent notamment :

Le sulfure de zinc ou blende;

Le sulfure de fer (pyrite);

Le sulfure de plomb ou galène;

Le sulfure de cuivre (pyrite cuivreuse);

Le sulfure de mercure (cinabre).

Ces minerais sont grillés à l'air, c'est-à-dire chauffés sans les fondre. Dans ces conditions, le soufre brûle en se transformant en anhydride sulfureux (§ 212) qui peut servir à la préparation de l'acide sulfurique. Quant au métal, il se convertit en oxyde que l'on réduit par le charbon.

Nous savons comment on se procure les métaux, étudions maintenant les propriétés générales auxquelles ils doivent leurs principales applications.

Propriétés générales des métaux.

Densité. — **314.** Les métaux ont des densités très différentes; la plupart d'entre eux sont plus lourds que l'eau, c'est-à-dire qu'ils ont des densités supérieures à l'unité.

Voici, d'ailleurs, pour fixer les idées et non pour encombrer notre mémoire de chiffres, un tableau des densités des principaux métaux :

Potassium	0,86	Nickel	8,80
Sodium	0,97	Cuivre	8,90
Magnésium	1,74	Argent	10,44
Aluminium	2,56	Plomb	11,35
Zinc	6,86	Mercure	13,59
Étain	7,24	Or	19,40
Fer	7,79	Platine	21,20

Fusibilité. — **315.** Les métaux, à l'exception du mercure qui est liquide, se trouvent sous la forme solide à la température ordinaire; mais ils sont plus ou moins près de l'état liquide, c'est-à-dire que leur fusibilité est plus ou moins grande.

Donnons, toujours dans le seul but de préciser, les points

de fusion des métaux :

Mercure	— 39°	Magnésium	635°
Potassium	+ 62°	Argent	962°
Sodium	96°	Or	1045°
Étain	232°	Cuivre	1085°
Plomb	326°	Fer	1500°
Zinc	412°	Nickel	1500°
Aluminium	625°	Platine	1775°

Pour nous rendre compte du fait de la fusibilité de l'étain à une température relativement peu élevée, nous pouvons faire l'expérience suivante : fondre de l'étain dans le creux d'une pelle disposée sur le feu de notre cheminée, puis verser l'étain fondu sur une feuille de papier. Nous constatons que celle-ci n'est même pas carbonisée.

Par contre, le platine est *réfractaire*, c'est-à-dire infusible dans les foyers ordinaires; il faut la température obtenue à l'aide du chalumeau oxyhydrique pour l'amener à l'état liquide.

On comprend que les applications des métaux dépendent de leur fusibilité. L'étain, par exemple, ne pourrait servir à faire des casseroles, car celles-ci fondraient aisément. Il n'en est pas de même du cuivre.

Conductibilité. — **316.** Plus ou moins, tous les métaux sont bons conducteurs de la chaleur et de l'électricité.

Au point de vue de cette propriété, c'est l'argent qui se place en tête. Le cuivre vient immédiatement après. Aussi, en raison de son prix relativement peu élevé, est-il employé pour faire des appareils industriels ou domestiques dans lesquels des substances doivent être chauffées. Ce sont des fils de cuivre qui sont employés dans le matériel électrique pour conduire l'électricité.

Voici, rangés par ordre de conductibilité décroissante pour la chaleur et pour l'électricité, les principaux métaux industriels :

Conductibilité pour la chaleur	*Conductibilité pour l'électricité*
Argent, Cuivre, Or, Zinc, Étain, Fer, Plomb, Platine.	Argent, Cuivre, Or, Aluminium, Zinc, Étain, Fer, Plomb, Platine.

Malléabilité. — 317. La malléabilité est la propriété que possèdent un grand nombre de métaux de pouvoir, sans se déchirer, être amincis et prendre différentes formes, soit par le martelage, soit par le passage entre deux cylindres en acier. Ces deux cylindres forment ce qu'on appelle un *laminoir* (*fig.* 59). Ils sont disposés de façon qu'on puisse les rapprocher ou les

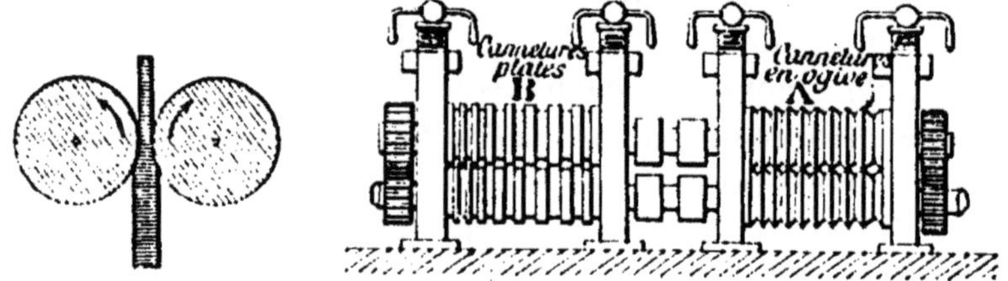

Fig. 59. — Schéma d'un laminoir et élévation d'un train de laminoirs.

éloigner à volonté et les faire tourner en sens opposé. Le laminage d'une barre de métal s'effectue de la façon suivante : on rapproche les deux cylindres de telle sorte que leur intervalle soit inférieur à l'épaisseur de la barre. On amincit l'extrémité de celle-ci pour l'engager entre les deux cylindres qu'on met ensuite en mouvement; ils entraînent la barre qu'ils forcent à passer entre eux. Le métal s'amincit, s'allonge et s'élargit.

On répète cette opération en réduisant chaque fois l'intervalle des deux cylindres, jusqu'à ce que l'épaisseur de la lame soit réduite à la limite voulue.

L'or est le plus malléable de tous les métaux; le martelage le réduit à l'état de lames de moins d'un millième de millimètre d'épaisseur.

Certains métaux, comme l'or et l'argent, sont aussi malléables à froid qu'à chaud. Le fer est plus malléable à chaud qu'à froid.

Voici, rangés par ordre de malléabilité décroissante, les principaux métaux :

Or, Argent, Aluminium, Cuivre, Étain, Platine, Plomb,
Zinc, Fer, Nickel.

On comprend quelle est l'importance de ce caractère, la malléabilité, au point de vue du travail des métaux.

Ténacité. — **318.** La ténacité est la résistance que les métaux opposent à la rupture par traction. Voilà donc encore un caractère dont dépendent les applications que l'on peut faire des métaux, en particulier dans les industries mécaniques.

Pour comparer la ténacité des métaux, on détermine quels sont, en kilogrammes, les poids nécessaires pour rompre, en les suspendant à leur extrémité, des fils d'un millimètre carré de section.

Les principaux métaux se rangent de la façon suivante par ordre de ténacité décroissante :

Fer, Cuivre, Platine, Argent, Or, Zinc, Étain, Plomb.

Ductilité. — **319.** Certains métaux possèdent la propriété de pouvoir être étirés en fils. Cette propriété est appelée ductilité. Elle a une réelle importance pratique, car souvent les métaux sont employés sous forme de fils. On amène à cet état une tige métallique en la forçant, par traction pratiquée à l'une de ses extrémités amincie, à passer par un trou d'une plaque d'acier appelée *filière* (*fig.* 60). On réduit successivement le diamètre en faisant passer le fil par des trous de plus en plus petits.

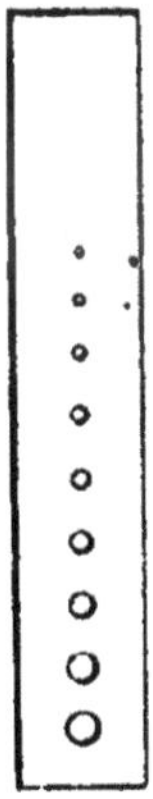

Fig. 60.
Filière.

On comprend que, pour être ductile, un métal doit être à la fois malléable, de façon à prendre le diamètre du trou de la filière, et tenace, de façon à résister à la traction qu'il subit.

Par ordre de ductilité décroissante, on range ainsi les principaux métaux :

> Or, Argent, Platine, Aluminium, Fer, Nickel, Cuivre,
> Zinc, Étain, Plomb.

Par leur passage à la filière ou au laminoir, les métaux
deviennent généralement durs et cassants, c'est-à-dire que
leur malléabilité et leur ductilité diminuent. On dit en pareil
cas que les métaux s'*écrouissent*. On leur rend leurs qualités
primitives en les chauffant au rouge et les laissant ensuite
refroidir lentement, opération qui porte le nom de *recuit*.

Dureté. — **320.** De deux corps donnés, le plus dur est celui
qui raye l'autre.

Le chrome raye le verre. Le nickel, le fer et le zinc sont
rayés par le verre, mais rayent le marbre. Le platine, le cuivre,
l'or, l'argent et l'étain sont rayés par le marbre. Le plomb est
rayé par l'ongle.

Généralités sur les alliages.

321. En fondant ensemble plusieurs métaux, on obtient un
tout d'apparence homogène qui présente le plus souvent des
qualités fort différentes de celles de chacun des éléments en
particulier. C'est ce qu'on appelle un *alliage*. En somme, un
nouvel alliage joue souvent le rôle d'un métal nouveau. Et,
au point de vue pratique, on peut, en faisant varier la composition d'un alliage, obtenir des produits métalliques possédant des propriétés différentes de celles de tous les métaux
connus et susceptibles d'être modifiées à l'infini.

L'or, par exemple, est un métal trop mou pour être employé
séparément. Il en est de même de l'argent. On les rend plus
résistants en les alliant au cuivre (alliages des monnaies et
des pièces d'orfèvrerie).

Le plomb est un métal encore plus mou que l'or, et cependant, en le mélangeant avec l'antimoine, on obtient un alliage assez dur pour faire des caractères d'imprimerie qui,

on le sait, ont à supporter la force de puissantes machines.

Les *bronzes*, alliages de cuivre et d'étain, renfermant parfois du zinc, possèdent plus de dureté que chacun des métaux qui les composent.

Les *laitons*, alliages de cuivre et de zinc additionnés d'un peu de plomb et d'étain, peuvent se limer, se tourner et s'étirer en fils. Aussi les emploie-t-on pour la fabrication d'un grand nombre d'objets.

En associant le cuivre, le zinc et le nickel, on obtient un alliage, le *maillechort*, qui est peu oxydable et très malléable. On en fait toutes sortes d'objets d'orfèvrerie, et en particulier des couverts.

L'alliage de cuivre et d'aluminium, le *bronze d'aluminium*, est à la fois très ductile et très dur.

Associé au nickel qui lui communique son inaltérabilité, le fer acquiert une ténacité très grande. Effectué en proportions convenables, un tel alliage possède la propriété de ne pas se dilater sous l'influence de la chaleur. On s'en sert pour fabriquer des tiges de pendules, des chaînes d'arpenteur, des instruments de précision.

Presque toujours, un alliage fond à une température moins élevée que les métaux qui le forment.

La *soudure des plombiers*, formée de plomb et d'étain, possède une fusibilité très grande, en même temps qu'une dureté suffisante.

On peut même arriver à un alliage (*alliage de* DARCET) qui fond lorsqu'on le plonge dans l'eau bouillante; on associe 1 partie de plomb, 1 partie d'étain et 2 parties de bismuth.

Dans un ordre d'idées tout à fait voisin, le carbone augmente la fusibilité du fer et en fait de la *fonte*, qui peut être plus aisément coulée et moulée, d'où son utilisation industrielle. Avec une faible proportion de carbone, on a les *aciers*, qui sont malléables, tandis que les fontes ne le sont pas, et qui se soudent à eux-mêmes au rouge.

Ces exemples qui, d'ailleurs, nous ont fait passer en revue la plupart des alliages importants, suffiront pour nous montrer à quel point, par l'association de plusieurs métaux, peuvent être variées les propriétés des produits obtenus.

Nous ajouterons que tout alliage qui renferme du mercure prend le nom d'*amalgame*.

Généralités sur les composés métalliques.

322. Les principales combinaisons que forment les métaux avec les divers éléments sont :

1° Les oxydes et les hydrates ;

2° Les sulfures ;

3° Les sels (chlorures, sulfates, azotates, phosphates, carbonates, silicates).

Oxydes métalliques.

323. Les oxydes métalliques sont les combinaisons des métaux avec l'oxygène. Un grand nombre d'entre eux existent dans la nature et constituent des minerais servant à l'extraction du métal.

Un même métal donne souvent plusieurs oxydes. Ainsi, avec le fer, on obtient les combinaisons : FeO (oxyde ferreux), Fe^3O^4 (oxyde salin ou oxyde magnétique), Fe^2O^3 (oxyde ferrique), FeO^3 (trioxyde ou anhydride ferrique). Ce dernier corps n'est connu qu'à l'état de combinaison avec les alcalis.

324. Les oxydes métalliques peuvent être divisés en trois groupes principaux :

1° Les *oxydes basiques*. Ces oxydes, en se combinant avec l'eau, fournissent des *hydrates basiques* ou *bases*. Lorsqu'un métal engendre plusieurs oxydes, ce sont souvent les moins oxygénés qui sont susceptibles de donner des hydrates basiques correspondants. Examinons quels sont les principaux types d'hydrates basiques.

Aux métaux monovalents, comme le potassium, correspondent des oxydes du type K^2O. L'hydratation, c'est-à-dire la combinaison avec l'eau, s'effectue d'après une équation telle que :

$$K^2O + H^2O = 2KOH,$$

et l'on a un hydrate basique du type KOH qui possède une seule fois la fonction basique, c'est-à-dire un seul groupement OH dans la molécule.

Aux métaux bivalents, comme le calcium, correspondent des oxydes du type CaO dont l'hydratation s'effectue conformément à l'équation :

$$CaO + H^2O = Ca(OH)^2.$$

On a alors un hydrate basique tel que $Ca(OH)^2$ qui possède deux fois la fonction basique, c'est-à-dire deux groupements OH dans la molécule.

Le type d'oxydes basiques correspondant à l'oxyde ferrique Fe^2O^3 ou à l'alumine Al^2O^3 présente aussi de l'intérêt. L'hydratation se conçoit alors de la façon suivante :

$$Fe^2O^3 + 3H^2O = Fe^2(OH)^6.$$

On a des bases possédant 6 fois la fonction basique, c'est-à-dire renfermant 6OH dans la molécule.

Nous avons déjà une certaine habitude du maniement de ces formules.

2° Les *anhydrides*. Certains oxydes métalliques jouent un rôle chimique analogue aux oxydes de métalloïdes : en fixant de l'eau, ils se transforment en acides. Ce sont donc de véritables anhydrides d'acides.

Ainsi FeO^3, inconnu à l'état libre, est défini comme anhydride par les sels alcalins ou ferrates de l'acide correspondant.

Le manganèse donne deux anhydrides : MnO^3 et Mn^2O^7 ; ce dernier, en particulier, l'anhydride permanganique, fournit des sels tels que le permanganate de potassium MnO^4K d'un assez grand intérêt pratique.

3° Les *oxydes salins*. Ce sont des oxydes qui peuvent être envisagés comme provenant de l'union de deux oxydes d'un même métal. Ainsi, l'oxyde salin de fer, Fe^3O^4, peut être considéré comme provenant de l'union de FeO et de Fe^2O^3.

Préparation. — **325.** On obtient un certain nombre d'oxydes par la combustion directe du métal. C'est ainsi qu'on prépare l'oxyde de zinc ou blanc de zinc qui, délayé avec de l'huile siccative, forme une peinture blanche :

$$Zn + O = ZnO.$$

326. La calcination des carbonates fournit certains oxydes. La chaux ou oxyde de calcium, par exemple, s'obtient en calcinant du calcaire (carbonate de calcium) dans un four :

$$CO^3Ca = CaO + CO^2.$$

327. Un grand nombre d'hydrates basiques s'obtiennent en les déplaçant de leurs sels au moyen d'autres bases.

Ainsi, on obtient la soude caustique en traitant le carbonate de sodium par la chaux, d'après l'équation :

$$CO^3Na^2 + Ca\,(OH)^2 = CO^3Ca + 2NaOH.$$

Propriétés. — **328.** Les oxydes métalliques sont des corps solides à la température ordinaire. Ils sont souvent colorés : l'oxyde de mercure est rouge ou jaune, l'oxyde de plomb et l'oxyde ferrique sont rouges, l'oxyde de zinc est blanc, l'oxyde de cuivre est noir.

Réduction des oxydes. — **329.** Réduire un oxyde métallique c'est lui enlever son oxygène.

Cette réduction peut souvent être effectuée par l'hydrogène. C'est le cas pour l'oxyde de cuivre CuO. Dans un tube en verre vert, un peu large et effilé à son extrémité (*fig.* 61), mettons de l'oxyde de cuivre en poudre noire. Faisons passer un courant d'hydrogène dans le tube en chauffant modérément celui-ci. Il se dégage de la vapeur d'eau par le tube effilé, et il reste du cuivre pulvérulent, rouge terne :

$$CuO + 2H = Cu + H^2O.$$

Le charbon réduit un plus grand nombre d'oxydes métalliques que l'hydrogène. L'expérience de réduction de l'oxyde de cuivre peut être répétée avec le charbon. Dans un tube à essai en verre vert (*fig*. 62), mettons un mélange d'oxyde de

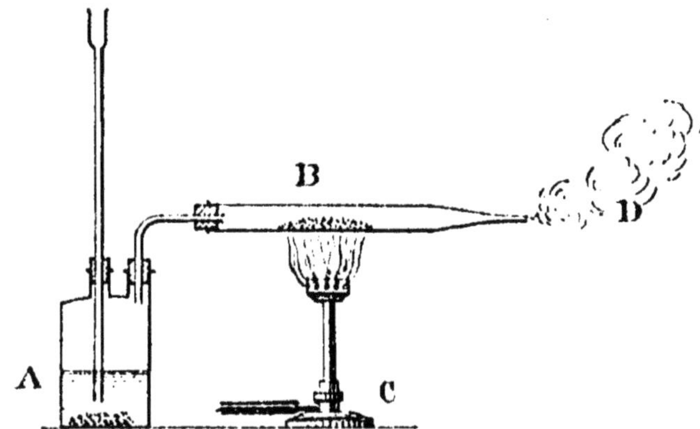

Fig. 61. — Réduction de l'oxyde de cuivre par l'hydrogène
A, appareil à hydrogène ;
B, tube contenant l'oxyde de cuivre ;
C, bec Bunsen ;
D, dégagement de vapeur d'eau.

cuivre (environ 13 parties) et de charbon de bois finement pul-

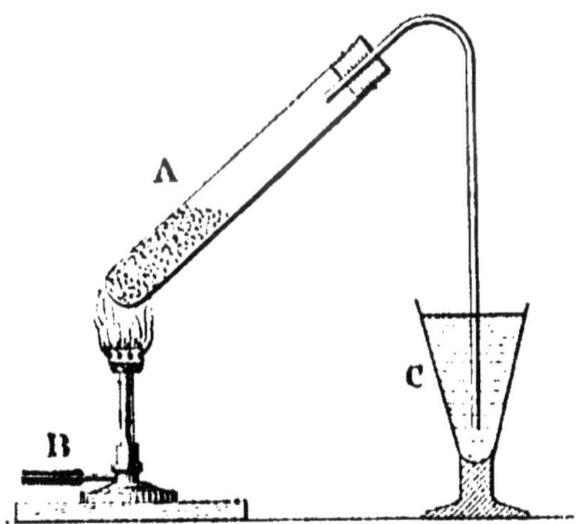

Fig. 62. — Réduction de l'oxyde de cuivre par le charbon.
A, tube à essai contenant de l'oxyde de cuivre et du charbon ;
B, bec Bunsen ;
C, verre contenant de l'eau de chaux.

vérisé (environ 1 partie). Adaptons un tube à dégagement

plongeant dans de l'eau de chaux bien limpide et chauffons le tube. L'eau de chaux se trouble, ce qui indique un dégagement d'anhydride carbonique. Il reste du cuivre rouge dans le tube :

$$2CuO + C = 2Cu + CO^2.$$

La propriété réductrice qu'exerce le carbone sur les oxydes métalliques est, avons-nous vu (§ 311), appliquée industriellement à la préparation d'un certain nombre de métaux.

Applications. —330. Nombreux sont les oxydes métalliques susceptibles d'applications.

Il en est qui sont employés dans la fabrication des couleurs, tels l'oxyde de zinc qui est blanc, l'oxyde de mercure, l'oxyde de plomb (minium) et l'oxyde ferrique qui donnent des rouges.

C'est à l'aide d'oxydes métalliques introduits dans la masse fondue que l'on communique aux verres certaines teintes.

Sous différents aspects, l'alumine Al^2O^3 constitue des pierres précieuses diverses : corindon (incolore), topaze (jaune), rubis (rouge), émeraude (verte), saphir (bleu), améthyste (violet), ou simplement cette substance banale, l'émeri, qui est suffisamment dure pour servir à polir les métaux ou le verre. Les colorations différentes sont dues à de petites quantités d'autres substances. Nous savons que la chaux vive CaO est l'objet d'applications importantes dans l'art de la construction.

Sulfures métalliques.

331. Aux oxydes métalliques correspondent généralement des sulfures, qui en diffèrent uniquement par la présence du soufre à la place de l'oxygène. De même que l'oxyde de potassium, K^2O, et l'oxyde de sodium, Na^2O, forment avec l'eau des hydrates basiques, KOH et $NaOH$, de même le sulfure de potassium, K^2S, et le sulfure de sodium, Na^2S, engendrent avec l'acide sulfhydrique des sulfhydrates, KSH et $NaSH$.

On en trouve à l'état naturel un assez grand nombre qu'on

traite, comme il a été indiqué au paragraphe 313, en vue de
l'extraction des métaux auxquels ils correspondent.

La méthode la plus simple pour obtenir un sulfure consiste à chauffer
le métal avec le soufre (§ 17).

La plupart sont insolubles dans l'eau et prennent naissance quand on
fait passer un courant d'acide sulfhydrique dans une solution d'un sel
métallique. On a alors un précipité de sulfure métallique dont la couleur
est souvent caractéristique du métal.

Nous savons déjà que beaucoup de sulfures naturels servent
à l'extraction des métaux. Leur insolubilité, jointe à leurs
colorations, fait que certains, comme le sulfure de cadmium
qui est jaune, sont employés pour la fabrication des couleurs.

Sels.

332. Un sel est le produit de la substitution d'un métal à
une partie ou *à la totalité* de l'hydrogène d'un acide. Dans le
premier cas, on a un sel acide; dans le second cas, un sel neutre.

Nous avons eu des occasions fréquentes, dans ce qui précède, de donner des exemples relatifs à la formation de ces
deux genres de sels. Et il est maintenant tout à fait clair pour
nous qu'un acide monobasique (qui ne renferme qu'un atome
d'hydrogène) ne puisse donner que des sels neutres. Nous
savons aussi qu'un acide bibasique peut, avec un métal monovalent, engendrer un sel acide et un sel neutre, mais seulement un sel neutre avec un métal bivalent.

Préparation. — **333.** Un sel peut prendre naissance de différentes façons :
1° *Action d'un acide sur un métal.* — Dans un verre contenant de l'eau
additionnée d'acide sulfurique, mettons de la grenaille de zinc. Il se produit, comme nous le savons, un vif *dégagement d'hydrogène*, et le liquide
s'échauffe. Ajoutons du zinc jusqu'à cessation du dégagement gazeux, et
filtrons. Abandonnons enfin le liquide dans une capsule. Nous voyons, au
bout d'un certain temps, apparaître des cristaux d'un sel blanc, le sulfate
de zinc. L'équation qui rend compte de la réaction est la suivante :

$$SO^4H^2 + Zn = SO^4Zn + 2H.$$

En pareil cas, *le métal prend la place de l'hydrogène qui se dégage.*

2° *Action d'un acide sur un oxyde métallique.* — **334.** Dans ce cas, l'oxy-

*gène de l'oxyde s'empare de l'hydrogène de l'acide pour former de l'eau,
tandis que le métal se met à la place de l'hydrogène pour donner un sel.*

Dans un verre contenant de l'eau additionnée d'acide sulfurique, projetons, par petites portions, de l'oxyde de zinc en poudre, et agitons avec une
baguette de verre. Le liquide s'échauffe, mais *aucun dégagement gazeux
ne se produit.* Lorsque nous voyons que l'oxyde de zinc reste inattaqué,
filtrons et abandonnons le liquide dans une capsule. Au bout d'un certain
temps, des cristaux de sulfate de zinc se séparent. La réaction qui s'est
produite est la suivante :

$$SO^4H^2 + ZnO = SO^4Zn + H^2O.$$

3° *Action d'un acide sur un hydrate basique.* — **335.** Quand on fait réagir
un hydrate basique sur un acide, *chaque groupement OH de l'hydrate
basique se jette sur un H de l'acide pour former de l'eau, tandis que cet
hydrogène est remplacé par le métal* dans la proportion qu'indique la
valence de celui-ci.

Dans un verre contenant de l'eau additionnée d'acide sulfurique, ajoutons
un peu de teinture de tournesol, le liquide devient rouge. Versons goutte
à goutte une solution de soude caustique jusqu'à ce que le liquide vire au
bleu. Il n'y a aucun dégagement gazeux et le liquide s'échauffe. Laissons
l'eau s'évaporer lentement dans une capsule, nous obtenons des cristaux
de sulfate de sodium. L'équation qui rend compte de la réaction est la
suivante :

$$SO^4H^2 + \left\{ \begin{array}{l} Na\,OH \\ Na\,OH \end{array} \right. = SO^4Na^2 + \left\{ \begin{array}{l} HOH \\ HOH \end{array} \right.$$

4° *Action d'un acide sur un sel d'un acide faible.* — **336.** Si nous faisons
réagir un acide sur un sel d'un acide faible, sur un carbonate par exemple,
l'acide faible est déplacé par l'autre de sa combinaison avec le métal. Dans
un verre contenant de l'eau additionnée d'acide sulfurique, laissons tomber
une pincée de carbonate de sodium en poudre (cristaux de soude des
ménagères). Une vive effervescence se produit; il se dégage de l'anhydride
carbonique que nous savons caractériser (§ 37). Ajoutons du carbonate de
sodium tant qu'il y a effervescence. Abandonnons ensuite le liquide à
l'évaporation dans une capsule. Nous obtenons, au bout de quelque temps,
des cristaux de sulfate de sodium :

$$SO^4H^2 + CO^3Na^2 = SO^4Na^2 + CO^2 + H^2O.$$

5° *Oxydation, en présence d'un métal, du métalloïde qui fournit l'acide.*
— **337.** La préparation du sulfate de cuivre va nous servir d'exemple. Le
sulfate de cuivre est un sel qui, lorsqu'il n'est pas absolument exempt d'eau,
se présente sous la forme de beaux cristaux bleus. On en prépare industriellement de grandes quantités à l'aide des vieilles plaques de cuivre qui
ont servi au doublage des navires.

On mouille ces plaques avec de l'eau, puis on les recouvre de fleur de
soufre qui adhère. On chauffe au rouge dans des fours, puis on grille le
sous-sulfure obtenu. En définitive, on a la réaction :

$$S + 4O + Cu = SO^4Cu.$$

Sels anhydres et sels hydratés. — **338.** Les cristaux de sulfate de cuivre ont une belle couleur bleue. Prenons un tel cristal et chauffons-le fortement. Nous le voyons se transformer en une poudre blanche. Celle-ci, mise en contact avec l'eau, régénère le sulfate de cuivre bleu.

Les cristaux bleus de sulfate de cuivre ont une composition qui correspond à la formule $SO^4Cu + 5H^2O$. Il s'agit d'une véritable combinaison d'une molécule de sulfate de cuivre SO^4Cu avec $5H^2O$. On dit que ce corps est un *sel hydraté*. Quand on le chauffe, il abandonne son eau combinée et il reste le sulfate de cuivre exempt d'eau, SO^4Cu, qui est un *sel anhydre*.

Sels déliquescents. — **339.** Un certain nombre de sels anhydres peuvent absorber la vapeur d'eau atmosphérique ; ils deviennent liquides petit à petit. Ce sont les sels dits *déliquescents*.

Tel est l'azotate de sodium (salpêtre du Chili), AzO^3Na.

Sels efflorescents. — **340.** Au contraire, un certain nombre de sels hydratés perdent peu à peu leur eau quand ils sont exposés à l'air ; ils tombent en poussière : ce sont les sels *efflorescents*.

Les cristaux de soude des ménagères, ou carbonate de sodium hydraté, $CO^3Na^2 + 10H^2O$, se présentent parfois sous la forme de gros cristaux translucides. A l'air, ces cristaux se recouvrent peu à peu d'efflorescences blanches ayant l'aspect de la farine ; c'est que le sel perd de l'eau et tend à devenir anhydre.

De même, le sulfate de cuivre $SO^4Cu + 5H^2O$, en beaux cristaux bleus, perd une partie de ces $5H^2O$; il se recouvre d'efflorescences verdâtres.

Beaucoup de sels ne sont ni déliquescents, ni efflorescents.

PRINCIPAUX GENRES DE SELS

Chlorures. — **341.** Les chlorures métalliques, combinaisons du chlore avec les métaux, sont les sels correspondant à l'acide chlorhydrique HCl. Ils existent abondamment dans la nature. Qu'il nous suffise de rappeler que le chlorure de sodium se trouve dans l'eau de la mer et forme d'importants gisements. Le chlorure de potassium se rencontre en couches épaisses à Stassfurt. Et ces deux chlorures sont accompagnés d'autres sels, le chlorure de magnésium en particulier. Le chlorure d'argent existe aussi à l'état de minerai.

342. Beaucoup de chlorures peuvent être obtenus par *action du chlore sur le métal*. Dans ce cas, si le métal donne plusieurs chlorures, comme le fer, c'est le chlorure le plus riche en chlore qui se forme. Avec le fer, on obtient le *chlorure ferrique* Fe^2Cl^6.

L'acide chlorhydrique gazeux ou dissous attaque un certain nombre de métaux en donnant des chlorures. Si le métal engendre plusieurs chlorures, c'est le moins riche en chlore qui prend naissance dans cette réaction. Avec le fer, on obtient le *chlorure ferreux* $FeCl^2$.

On peut aussi préparer certains chlorures *en faisant réagir le chlore sur l'oxyde métallique*, ou bien encore *l'acide chlorhydrique sur l'oxyde, le sulfure ou le carbonate*. Exemples :

$$CaO + 2Cl = CaCl^2 + O;$$
$$CO^3Ca + 2HCl = CaCl^2 + CO^2 + H^2O.$$

Ce dernier procédé est un cas particulier des méthodes générales de préparation des sels décrites aux paragraphes 334 et 336.

On peut enfin obtenir des chlorures *par double décomposition*. Exemple :

$$SO^4Hg + 2NaCl = SO^4Na^2 + HgCl^2.$$

Sulfate   Chlorure
mercurique   mercurique

343. Les chlorures métalliques sont volatils.

La plupart sont solubles dans l'eau. Toutefois, le chlorure d'argent est insoluble et c'est précisément sur cette insolubilité qu'est basée la recherche analytique du chlore et des chlorures (§ 169).

Les chlorures les plus importants sont les suivants :

Le *chlorure de sodium* (sel de cuisine), NaCl, dont nous connaissons déjà l'importance pratique; le *chlorure de potassium*, KCl, qui est utilisé comme engrais et sert à préparer le carbonate de potassium et la potasse caustique; le *chlorure ferrique*, Fe^2Cl^6, dont les solutions servent à arrêter les hémorragies; le *chlorure mercurique*, $HgCl^2$, ou sublimé corrosif, poison très violent et puissant antiseptique (on l'emploie comme antiseptique en solution extrêmement étendue); le *chlorure mercureux*, Hg^2Cl^2, ou calomel, qui est un purgatif; le *chlorure d'or*, $AuCl^3$, employé en photographie pour le virage des épreuves sur papier.

Sulfates. — **344.** Ce sont les sels correspondant à l'acide sulfurique.

L'acide sulfurique, SO^4H^2, en sa qualité d'acide bibasique, est susceptible de donner, avec les métaux monovalents, des sels acides et des sels neutres. Le *sulfate acide de potassium*, SO^4KH, et le *sulfate neutre de potassium*, SO^4K^2, nous fournissent un exemple de ces deux genres de sulfates.

Avec un métal bivalent, tel que le calcium, se substituant d'emblée aux deux atomes d'hydrogène de l'acide, on a seulement un sulfate neutre (dans le cas présent, le *sulfate de calcium*, SO^4Ca).

Nous avons montré précédemment comment l'acide sulfurique réagit sur une base telle que l'hydrate ferrique $Fe^2(OH)^6$, qui présente 6 fois la fonction basique. Nous avons vu qu'en pareil cas il se forme un sulfate du type $(SO^4)^3Fe^2$, le *sulfate ferrique*.

345. Un grand nombre de sulfates existent à l'état naturel : sulfates de baryum, de calcium (pierre à plâtre), de magnésium, etc.; mais on en prépare aussi plusieurs dans l'industrie.

Pour cela, on peut opérer de différentes façons :

1° *Traitement par l'acide sulfurique, soit du métal lui-même, soit d'un oxyde, soit d'un carbonate, soit d'un chlorure.* Exemple : traitement du chlorure de sodium par l'acide sulfurique pour obtenir le sulfate de sodium, d'après l'équation :

$$SO^4H^2 + 2NaCl = SO^4Na^2 + 2HCl.$$

2° *Oxydation des sulfures* (oxydation à l'air de la pyrite FeS^2 humectée d'eau).

3° *Double décomposition* donnant lieu à un sulfate insoluble (obtention du sulfate de baryum et du sulfate de plomb). Par exemple :

$$SO^4Na^2 + BaCl^2 = SO^4Ba + 2NaCl.$$

dissous   dissous   précipité   dissous

346. Les sulfates sont généralement solubles, les sulfates de baryum et de plomb ne le sont pas. Nous avons vu, à propos de l'acide sulfurique (§ 228), qu'on peut baser sur ce fait une méthode de recherche analytique de l'acide sulfurique et des sulfates.

347. Les principaux sulfates sont les suivants :

Le *sulfate de sodium*, $SO^4Na^2 + 10H^2O$; c'est un purgatif. On l'emploie dans la fabrication du verre, mais il sert surtout à préparer le carbonate de sodium ou soude du commerce ;

Le *sulfate de calcium*, SO^4Ca, qui n'est autre chose que le plâtre. On l'obtient au moyen du gypse ou pierre à plâtre $SO^4Ca + 2H^2O$, en lui enlevant, par calcination, ses deux molécules d'eau ;

Le *sulfate de cuivre*, $SO^4Cu + 5H^2O$ (vitriol bleu ou couperose bleue), en cristaux bleus, employé en galvanoplastie, dans la teinture, en agriculture (il entre dans la composition de la *bouillie bordelaise* destinée à combattre le *mildew*, maladie de la vigne);

Le *sulfate ferreux*, $SO^4Fe + 7H^2O$ (vitriol vert ou couperose verte), employé dans la teinture en noir, la préparation de l'encre, du bleu de Prusse et en agriculture. C'est un désinfectant ;

Le *sulfate de magnésium*, $SO^4Mg + 7H^2O$, qui est un purgatif ;

Les *aluns*, qui sont des combinaisons formées de deux sulfates et d'un certain nombre de molécules d'eau. Ils servent à fixer les matières colorantes sur les fibres à teindre, à durcir la gélatine ou le plâtre. Ce sont des agents de conservation des produits animaux ou végétaux, tels que les peaux. On les emploie en médecine comme astringents et antiseptiques.

Azotates. — **348.** Les azotates ou nitrates sont les sels correspondant à l'acide azotique ou acide nitrique, AzO^3H.

Les azotates de métaux monovalents ont des formules analogues à celle de l'azotate de potassium AzO^3K. Les azotates de métaux bivalents sont représentés par des formules telles que $(AzO^3)^2$ Ca qui correspond à l'azotate de calcium, parce que le métal se substituant à $2H$, l'intervention de deux molécules d'acide azotique est nécessaire pour les fournir.

349. On en rencontre dans la nature, comme le salpêtre (azotate de potassium), le salpêtre du Chili (azotate de sodium), l'azotate de calcium (mêlé à l'azotate de potassium dans le salpêtre).

350. A de rares exceptions près, ils sont solubles dans l'eau.

Les azotates cèdent assez facilement leur oxygène. *Ce sont donc des oxydants.* En projetant du salpêtre sur des charbons incandescents, on entend un bruissement particulier dû à un dégagement d'oxygène qui fait brûler vivement le charbon.

La combustion du charbon et du soufre en présence du salpêtre est très rapide et le dégagement de gaz qui se produit à haute température exerce, par suite de la prompte dilatation, une vive puissance expansive. C'est pour cela que l'on compose la poudre de chasse à l'aide du salpêtre, du soufre et du charbon.

351. Les principaux azotates sont :

L'*azotate de sodium* (salpêtre du Chili), AzO^3Na, que l'on emploie comme engrais et aussi pour la préparation de l'acide azotique et du salpêtre ;

L'*azotate de potassium* (salpêtre), AzO^3K, qui apparaît sur le sol dans les pays chauds et sur les murs humides ; on l'obtient par double décomposition à l'aide de l'azotate de sodium et du chlorure de potassium :

$$AzO^3Na + KCl = AzO^3K + NaCl.$$

Il sert à la fabrication de la poudre ;

L'*azotate d'argent*, AzO^3Ag, est décomposé par la lumière et noircit par suite de la formation d'argent métallique. Aussi sert-il à sensibiliser les plaques et papiers photographiques. On l'emploie pour l'argenture des glaces. C'est la pierre infernale dont les chirurgiens font usage pour ronger les chairs.

Les azotates sont obtenus artificiellement en traitant par l'acide azotique le métal, l'oxyde ou le carbonate.

Phosphates. — **352.** Ce sont, nous le savons, les sels de l'acide phosphorique PO^4H^3.

Nous avons mentionné déjà les principaux phosphates, qui sont les phosphates de calcium (§ 268).

Carbonates. — **353.** A l'acide carbonique hypothétique CO^3H^2, bibasique, correspondent des sels qui sont les carbonates. Il existe, correspondant aux métaux alcalins, des bicarbonates (carbonates acides) et des carbonates neutres, du type du bicarbonate de sodium CO^3NaH et du carbonate de sodium CO^3Na^2. Par contre, un métal bivalent, comme le calcium, a besoin de la place des $2H$ de l'acide carbonique, de sorte qu'il ne donne qu'un carbonate neutre du type CO^3Ca.

Les carbonates alcalins sont solubles dans l'eau, mais les autres sont insolubles.

354. Disons quelques mots des principaux carbonates :

Le *bicarbonate de sodium*, CO^3NaH, n'est autre chose que le sel de Vichy, auquel les eaux minérales alcalines (telles que les eaux de Vichy et de Vals) doivent leurs propriétés ;

Le *carbonate de sodium*, $CO^3Na^2 + 10H^2O$, est en gros cristaux translucides, efflorescents. L'industrie en consomme des quantités considérables pour la fabrication du verre et des savons. Dans l'économie domestique, sous le nom de « cristaux de soude » ou simplement de « cristaux », on l'utilise pour le nettoyage.

Sa fabrication, en partant du chlorure de sodium, occupe, dans la grande industrie chimique, une place de premier plan.

Elle enchaîne d'une façon merveilleuse toute une série de produits qui comptent parmi les plus importants;

Le *carbonate de potassium*, $CO_3K_2 + 2H_2O$, est un corps blanc déliquescent. Il est employé pour la fabrication du verre blanc et des savons mous;

Le *carbonate de calcium*, CO_3Ca, est très abondant dans la nature où il affecte différentes formes : les marbres, les calcaires lithographiques, les calcaires grossiers (pierres à bâtir et calcaires employés pour la fabrication de la chaux), les blancs de Meudon et d'Espagne (catégorie de calcaires dans laquelle rentre la craie), l'albâtre (calcaire translucide), le spath d'Islande (qui est cristallisé et transparent comme du verre);

Le *carbonate de fer*, CO_3Fe, est un excellent minerai de fer.

Silicates. — **355.** Les silicates sont les sels qui correspondent à l'acide silicique SiO_3H_2, analogue à l'acide carbonique.

Seuls, les silicates alcalins (silicate de potassium et silicate de sodium) sont solubles.

L'association de plusieurs silicates constitue un verre (§ 301).

Il existe dans la nature un grand nombre de silicates pratiquement importants : l'argile et le kaolin (*silicate d'aluminium hydraté*), dont nous connaissons l'emploi dans l'industrie céramique; l'amiante (contenant du *silicate de calcium*); l'écume de mer et le talc (*silicate de magnésium*); l'émeraude, etc.

Les *silicates de potassium* ou *de sodium*, obtenus par fusion du sable (anhydride silicique) avec les carbonates de potassium ou de sodium, rendent les calcaires plus résistants ; il suffit d'imbiber ceux-ci avec une solution de ces silicates.

Du bois ou un tissu auquel on a incorporé un de ces silicates ne peut plus brûler avec flamme; il se carbonise seulement sous l'action de la chaleur. D'où l'emploi des silicates de potassium ou de sodium pour rendre les étoffes incombustibles.

Classification des métaux.

356. Comme les métalloïdes, les métaux peuvent être l'objet d'une classification basée sur leurs analogies chimiques. Toutefois, notre étude devant être limitée aux métaux les plus importants au point de vue des applications, la classification que nous indiquerons ici sera forcément incomplète et laissera de côté, non seulement des métaux dans chaque groupe, mais encore des groupes entiers.

Nous aurons à examiner les groupes suivants :

PREMIER GROUPE. — Métaux alcalins : *sodium, potassium.* A ce groupe se rattache aussi l'*argent.*

DEUXIÈME GROUPE. — Métaux alcalino-terreux : *calcium.*

TROISIÈME GROUPE. — *Magnésium* et *zinc.*

QUATRIÈME GROUPE. — *Aluminium.*

CINQUIÈME GROUPE. — *Fer* et *nickel.*

SIXIÈME GROUPE. — *Plomb* et *étain.*

SEPTIÈME GROUPE. — *Cuivre* et *mercure.*

HUITIÈME GROUPE. — *Or.*

NEUVIÈME GROUPE. — *Platine.*

Au point de vue de l'étude que nous avons à faire, nous diviserons ainsi le sujet :

1° *Métaux alcalins* et *métaux alcalino-terreux;* 2° métaux des troisième, quatrième, cinquième, sixième et septième groupes, que nous réunirons sous le nom de *métaux usuels;* 3° *métaux précieux*, argent, or et platine.

CHAPITRE II

MÉTAUX ALCALINS ET MÉTAUX ALCALINO-TERREUX

Métaux alcalins.

357. On donne le nom des métaux alcalins à une série d'éléments qui présentent entre eux de grandes analogies. Les principaux métaux de ce groupe sont : le *sodium* Na (poids atomique 23) et le *potassium* K (poids atomique 39).

Les métaux alcalins sont *monovalents*. Ils sont légers et facilement fusibles.

Ils décomposent l'eau à la température ordinaire avec dégagement d'hydrogène et formation d'hydrates basiques très solubles dans l'eau et possédant les caractères de bases très énergiques ; ces bases sont dénommées *alcalis :*

$$\overline{H|OH} + \overline{Na} = NaOH + H.$$

La plupart des sels des métaux alcalins sont solubles dans l'eau.

Nous avons vu (§ 245) que l'ammoniaque donne des sels analogues aux sels des métaux alcalins, et que, dans ces sels, le groupement AzH' joue absolument le rôle d'un métal monovalent. Nous serons donc conduits à dire un mot, dans ce chapitre, des sels ammoniacaux.

L'argent est un élément monovalent qui, par ses propriétés, se rapproche des métaux alcalins. Pour nous conformer à l'usage, nous l'étudierons néanmoins avec les métaux précieux.

Comme métaux, le sodium et le potassium n'ont qu'un intérêt pratique très limité, mais il n'en est pas de même de leurs composés que nous allons décrire.

Composés du sodium.

358. Les composés du sodium les plus intéressants au point de vue de leurs applications sont : le *chlorure de sodium* NaCl (sel marin), la *soude caustique* ou *hydrate de sodium* NaOH, le *sulfate de sodium* SO^4Na^2, l'*azotate de sodium* AzO^3Na (salpêtre du Chili), le *carbonate de sodium* CO^3Na^2 (soude du commerce, cristaux de soude) et le *bicarbonate de sodium* CO^3NaH (sel de Vichy).

CHLORURE DE SODIUM

Formule : NaCl; poids moléculaire : $23 + 35,5 = 58,5$.

359. Le chlorure de sodium, nous le connaissons déjà pour l'avoir décrit au début de cet ouvrage lors de notre entraînement à l'étude de la chimie (§§ 76, 77, 78). Nous nous rappelons que c'est un composé existant à l'état naturel dans le sol et dans l'eau de mer.

C'est le sel de sodium de l'acide chlorhydrique, autrement dit le produit de substitution du sodium à l'hydrogène de cet acide.

Son intérêt pratique est considérable. En plus de ses usages domestiques si connus, c'est le point de départ d'une série de réactions qui aboutissent au carbonate de sodium (soude du commerce, cristaux de soude) et se rattachent, par les autres produits qu'elles engendrent, à différentes fabrications de la plus haute importance dans la grande industrie chimique.

SOUDE

Formule : NaOH; poids moléculaire : $23 + 16 + 1 = 40$.

360. La soude caustique est une base énergique d'un grand emploi industriel, en particulier dans la fabrication des savons.

On la trouve dans le commerce sous la forme de plaques blanches, compactes, qui absorbent l'humidité de l'air.

C'est une matière très caustique, qui réagit énergiquement sur les acides en donnant des sels de sodium.

On l'obtient en partant du carbonate de sodium, que nous apprendrons à préparer plus loin à l'aide du chlorure de sodium. On chauffe une solution étendue de carbonate de sodium avec de la chaux :

$$CO^3Na_2 + Ca(OH)^2 = CO^3Ca + 2NaOH.$$

Le calcium (divalent) va prendre la place de 2 atomes de sodium (élément monovalent), pour former du carbonate de calcium insoluble ; tandis que les 2 Na vont s'unir chacun avec un des deux groupements OH laissés libres par le calcium, de façon à former deux molécules de soude NaOH.

La soude se prépare aussi aujourd'hui en décomposant par l'électricité une solution de chlorure de sodium dans l'eau. Le chlorure de sodium est décomposé en métal et en chlore ; le sodium est converti en soude par l'eau. Il suffit d'évaporer l'eau et de couler le produit en plaques.

SULFATE DE SODIUM

Formule : SO^4Na^2. — Poids moléculaire :
$$32 + (4 \times 16) + (2 \times 23) = 142.$$

361. Il cristallise avec $10\,H^2O$, sa formule est alors $SO^4H^2 + 10H^2O$ (sel de Glauber). C'est un produit employé en médecine comme purgatif ; il entre dans la composition de mélanges destinés à être transformés en verre par fusion ; l'industrie en consomme des quantités considérables pour la préparation du carbonate de sodium par le procédé LEBLANC.

Préparation. — **362.** La préparation du sulfate de sodium constitue le premier stade de la fabrication du carbonate de sodium (soude du commerce) par le procédé LEBLANC. On obtient, en même temps, l'acide chlorhydrique industriel.

Pour cela, on traite par l'acide sulfurique le chlorure de sodium (§ 165 et 166). Dans une première phase de la réaction, une seule molécule de chlorure de sodium réagit, son atome de sodium se substituant à un seul atome d'hydrogène de l'acide sulfurique :

$$SO^4\!\!\begin{array}{l}H\\H\end{array} + NaCl = SO^4\!\!\begin{array}{l}Na\\H\end{array} + HCl.$$

Il se forme ainsi du bisulfate de sodium, SO^4NaH, qui, à une température plus élevée, réagit avec une nouvelle molécule de chlorure de sodium, grâce à l'atome d'hydrogène qui reste dans la molécule :

$$SO^4NaH + NaCl = SO^4Na^2 + HCl.$$

Il se forme finalement du sulfate neutre de sodium, SO^4Na^2.

L'opération s'effectue dans des fours mécaniques munis d'agitateurs.

AZOTATE DE SODIUM

Formule : AzO^3Na. — Poids moléculaire :
$$14 + (3 \times 16) + 23 = 85.$$

363. C'est le salpêtre du Chili dont on exploite les gisements comme ceux de sel gemme. Il est en petits cristaux blancs. On l'emploie comme engrais; il sert à la préparation de l'acide azotique et du salpêtre. Il ne peut entrer dans la composition de la poudre, car il est déliquescent.

CARBONATE DE SODIUM

Formule : CO^3Na^2. — Poids moléculaire :
$$12 + (3 \times 16) + (2 \times 23) = 106.$$

Préparation. — **364.** Il s'agit là d'une fabrication qui a une grande importance industrielle à cause des débouchés considérables du carbonate de sodium, à cause aussi des substances comme l'acide chlorhydrique, produites au cours des diverses réactions qu'elle enchaîne. Deux procédés sont en présence que l'on emploie concurremment : l'un est dû à un chimiste français, LEBLANC (procédé LEBLANC); l'autre, appelé procédé à l'ammoniaque ou procédé SOLVAY, a été imaginé par SCHLOESING père et ROLAND et rendu pratique par SOLVAY. Le point de départ est toujours le chlorure de sodium.

1° *Procédé* LEBLANC. — **365.** La première phase de la fabrication de la soude par le procédé LEBLANC est constituée par la transformation du chlorure de sodium en sulfate de sodium sous l'influence de l'acide sulfurique (§ 362).

Rappelons-nous que l'acide chlorhydrique est produit au cours de cette réaction et que, par conséquent, l'emploi du procédé LEBLANC enchaîne d'autres fabrications, telles que les fabrications du chlore et des chlorures décolorants, qui mettent en œuvre l'acide chlorhydrique.

Cette remarque faite, passons à la seconde phase de la préparation du carbonate de sodium.

Le sulfate ayant été obtenu comme nous venons de l'indiquer, on le chauffe avec du charbon et du carbonate de calcium dans des fours tournants (*fig.* 63).

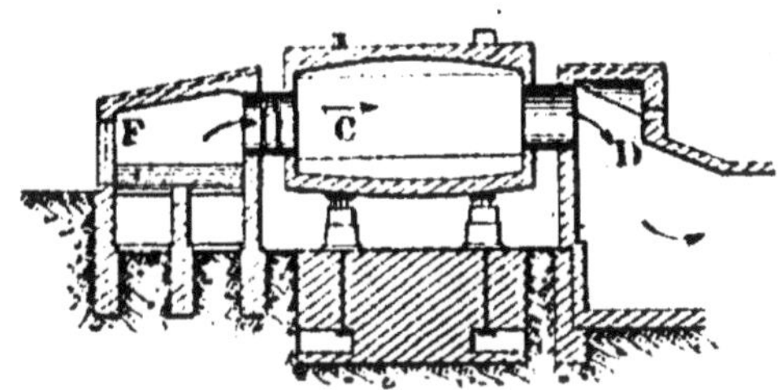

Fig. 63. — Four tournant pour la fabrication du carbonate de sodium.

C, cylindre tournant ;
F, foyer ;
D, dégagement des gaz chauds.

Le charbon réduit le sulfate de sodium, autrement dit lui enlève son oxygène pour s'en emparer et se convertir en anhydride carbonique :

$$SO^4Na^2 + 2C = Na^2S + 2CO^2.$$

Les 4 atomes d'oxygène du sulfate de sodium forment $2CO^2$ avec 2 atomes de carbone, et le sulfure de sodium, Na^2S, formé, réagit sur le carbonate de calcium :

$$CO^3Ca + Na^2S = CO^3Na^2 + CaS.$$

Il y a permutation d'un atome de calcium (bivalent) avec 2 atomes de sodium (métal monovalent), et l'on obtient cet important composé, le carbonate de sodium.

On traite par l'eau le mélange obtenu, carbonate de sodium et sulfure de calcium ; le premier de ces corps se dissout et forme des *lessives;* le second, peu soluble, se sépare. Le carbonate de sodium est isolé par évaporation des lessives à chaud.

2° *Procédé* SOLVAY. — 366. Ce procédé, encore appelé procédé à l'ammoniaque, consiste à traiter par un courant d'anhydride carbonique une solution de sel marin additionnée d'ammoniaque.

En présence de l'ammoniaque, l'anhydride carbonique donne du bicarbonate d'ammonium :

$$CO^2 + H^2O + AzH^3 = CO^3(AzH^4)H.$$

Ce bicarbonate d'ammonium $CO^3(AzH^4)H$ réagit ensuite sur le chlorure de sodium, d'après l'équation :

$$CO^3(AzH^4)H + NaCl = CO^3NaH + AzH^4Cl.$$

Il y a permutation du groupement AzH^4 avec Na, et par conséquent formation de bicarbonate de sodium CO^3NaH qui se dépose et de chlorure d'ammonium AzH^4Cl qui reste dans la solution.

Le bicarbonate de sodium est transformé en carbonate neutre CO^3Na^2 en le chauffant au rouge sombre :

$$\left.\begin{array}{l}CO^3NaH \\ CO^3NaH\end{array}\right\} = CO^3Na^2 + CO^2 + H^2O.$$

Propriétés et usages. — 367. Le carbonate de sodium pur, CO^3Na^2, se trouve dans le commerce ; c'est une poudre blanche qui se dissout dans l'eau. Sa dissolution abandonne, par évaporation, des cristaux répondant à la formule $CO^3Na^2 + 10H^2O$ et constituant les *cristaux de soude.*

La solution aqueuse de carbonate de sodium bleuit la teinture de tournesol rougie par les acides.

Un courant d'anhydride carbonique transforme en bicarbonate de sodium le carbonate neutre contenu dans une solution.

Le carbonate de sodium est employé dans la fabrication du verre, des savons, de l'eau de Javel et de différents sels. On en fait usage également pour préparer la soude caustique (§ 360).

Les cristaux de soude dégraissent les laines ; les ménagères s'en servent pour le nettoyage.

BICARBONATE DE SODIUM

Formule : CO^3NaH. — Poids moléculaire :
$$12 + (3 \times 16) + 23 + 1 = 84.$$

368. C'est le sel de Vichy. Il se présente sous la forme d'une poudre blanche peu soluble dans l'eau.

On l'obtient par le procédé SOLVAY (§ 366) et aussi en faisant passer un courant de gaz carbonique dans une solution de carbonate neutre.

Le bicarbonate de sodium possède des propriétés digestives, et c'est à sa présence principalement que l'eau de Vichy doit son action. On l'emploie dans la fabrication de l'eau de Seltz.

Composés du potassium.

369. Parmi les composés du potassium, nous mentionnerons : le *chlorure de potassium* KCl, la *potasse caustique* ou *hydrate de potassium* KOH, le *chlorate de potassium* ClO^3K (voir § 162), l'*azotate de potassium* (salpêtre ou nitre) AzO^3K, le *carbonate de potassium* CO^3K^2.

CHLORURE DE POTASSIUM

Formule : KCl ; poids moléculaire : $39 + 35,5 = 74,5$.

370. Existe dans l'eau de mer et forme d'importants gisements à Stassfurt (Allemagne). C'est un corps cristallisé.

Il sert à préparer le carbonate de potassium et la potasse caustique et à convertir en azotate de potassium le salpêtre du Chili qui, déliquescent, est impropre à la fabrication de la poudre.

POTASSE

Formule : KOH ; poids moléculaire : $39 + 16 + 1 = 56$.

371. Sa préparation est analogue à celle de la soude. On traite par la chaux le carbonate de potassium :

$$CO^3K^2 + Ca\,(OH)^2 = CO^3Ca + 2KOH.$$

La potasse est coulée en plaques, et c'est sous cette forme qu'on la trouve dans le commerce.

AZOTATE DE POTASSIUM OU SALPÊTRE

Formule : AzO^3K ; poids moléculaire : $14 + (3 \times 16) + 39 = 101$.

372. Nous connaissons déjà le salpêtre ou nitre qu'on rencontre dans la nature. Mais il y est peu abondant, aussi le prépare-t-on artificiellement en traitant l'azotate de sodium (salpêtre du Chili) par le chlorure de potassium :

$$AzO^3Na + KCl = AzO^3K + NaCl.$$

C'est un agent oxydant. On l'emploie dans la fabrication de la poudre.

CARBONATE DE POTASSIUM

Formule : CO^3K^2. — Poids moléculaire :
$$12 + (3 \times 16) + (2 \times 39) = 138.$$

373. Lorsqu'on brûle une matière végétale comme le bois, on obtient un résidu qui constitue ce qu'on appelle les cendres. Les végétaux sont généralement assez riches en composés du potassium. Le métal de quelques-uns de ces composés se combine avec l'anhydride carbonique provenant de la combustion de la matière organique, de sorte que l'on trouve finalement du carbonate de potassium dans les cendres.

Si on lave à l'eau des cendres, on en extrait les matières solubles. En évaporant l'eau des solutions ainsi obtenues, appelées lessives, on obtient, comme résidu, du carbonate de potassium brut.

On obtient aussi du carbonate de potassium en lavant à l'eau les laines des moutons, évaporant l'eau et calcinant le résidu.

Depuis la découverte des gisements de chlorure de potassium de Slassfurt, on prépare le carbonate de potassium à l'aide d'un procédé analogue au procédé LEBLANC pour le carbonate de sodium.

Le carbonate de potassium est un composé blanc déliquescent. C'est un engrais. On l'emploie dans la fabrication du verre blanc et des savons mous.

Sels ammoniacaux.

374. Nous savons que le groupement atomique monovalent AzH^4 est susceptible de jouer le même rôle qu'un métal monovalent et de figurer dans la composition de sels analogues aux sels des métaux alcalins.

Ainsi les sels ammoniacaux suivants :

Chlorure d'ammonium.....	AzH^4Cl ;
Sulfates d'ammonium......	$SO^4(AzH^4)^2$ et $SO^4(AzH^4)H$;
Azotate d'ammonium......	AzO^3AzH^4 ;
Carbonates d'ammonium...	$CO^3(AzH^4)^2$ et $CO^3(AzH^4)H$,

sont respectivement comparables aux sels de sodium :

Chlorure de sodium .... $NaCl$;
Sulfates de sodium .... SO^4Na^2 et SO^4NaH;
Azotate de sodium .... AzO^3Na;
Carbonates de sodium .... CO^3Na^2 et CO^3NaH.

Nous avons vu précédemment que l'ammoniaque est fournie par les eaux de vidange (eaux vannes) et par les eaux d'épuration du gaz d'éclairage.

Les sels s'obtiennent en faisant arriver le gaz ammoniac dans les acides. Ils sont utilisés en agriculture. Le chlorure d'ammonium transforme les oxydes métalliques en chlorures qui sont volatils et par conséquent éliminés à haute température; aussi l'emploie-t-on pour décaper les métaux lors de la soudure.

Une étoffe imprégnée d'une solution de phosphate d'ammonium devient incombustible pour la raison suivante : sous l'influence de la chaleur, le phosphate est décomposé; il se forme un acide phosphorique (acide métaphosphorique) qui est à l'état vitreux et peu fusible, et constitue une sorte d'enveloppe protégeant l'étoffe contre la propagation du feu.

Métaux alcalino-terreux.

375. Les métaux alcalino-terreux sont *bivalents*. Comme les métaux alcalins, ils décomposent l'eau à froid avec dégagement d'hydrogène. Mais, en leur qualité d'éléments bivalents, ils fixent deux groupements OH et engendrent par conséquent des hydrates qui possèdent deux fois la propriété basique. Ils réagissent donc sur 2 molécules d'eau :

$$\left.\begin{array}{l} H\,OH \\ H\,OH \end{array}\right\} + Ca = Ca\!\!\begin{array}{l} OH \\ OH \end{array} + 2H.$$

Les hydrates basiques des métaux alcalino-terreux sont peu solubles dans l'eau. Ce sont des bases fortes.

Parmi les métaux alcalino-terreux : *calcium, strontium, baryum*, nous étudierons seulement le plus intéressant par les composés qu'il engendre, le calcium.

Composés du calcium.

376. A l'état métallique, le calcium est sans intérêt pour nous. Mais quelques-unes de ses combinaisons ont une très grande importance pratique : l'*oxyde de calcium* (chaux vive) CaO, l'*hydrate de calcium* (chaux éteinte) $Ca(OH)^2$, le *sulfate de calcium* (gypse, pierre à plâtre) SO^4Ca, les *phosphates de calcium* [phosphates et superphosphates (§§ 268 et 269)], le *carbonate de calcium* (calcaire, craie, marbre, etc.) CO^3Ca.

OXYDE DE CALCIUM

Formule : CaO; poids moléculaire : $40 + 16 = 56$.

HYDRATE DE CALCIUM

Formule : $Ca(OH)^2$; poids moléculaire : $40 + 2(16 + 1) = 74$.

(Chaux et ciments)

Préparation. — 377. On obtient la chaux en décomposant par la chaleur, dans un four à chaux, le calcaire ou carbonate de calcium. Nous avons déjà fait cette expérience en petit au début de cet ouvrage (§ 20).

En grand on opère, comme nous venons de le dire, dans un four. Le four le plus simple est le four intermittent (*fig.* 64). On construit aussi des fours continus (*fig* 65). Le carbonate de calcium est décomposé et il se

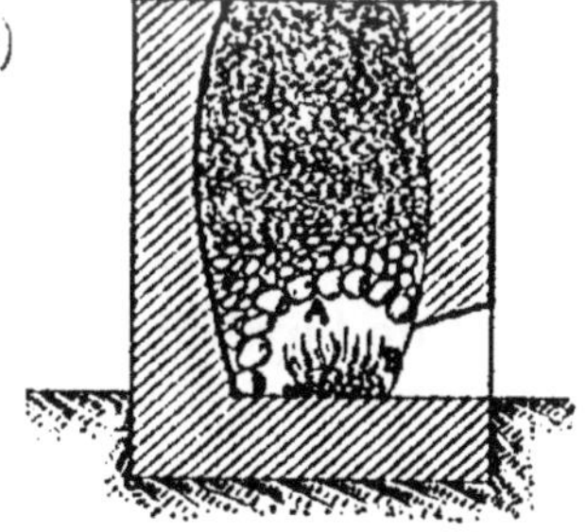

Fio. 64. — Four à chaux (four intermittent).

Une voûte A est construite avec de gros morceaux de calcaire. On achève de remplir avec les fragments plus petits. Un foyer B calcine les pierres et les transforme en chaux.

dégage de l'anhydride carbonique :

$$CO^3Ca = CaO + CO^2.$$

Fig. 65. — Fours à chaux (deux types de fours continus).

Dans le type C, le four contient des couches alternatives de charbon et de calcaire. La couche inférieure de combustible brûle seule et transforme en chaux le calcaire qui la surmonte.

Dans le type D, trois foyers latéraux fournissent la chaleur nécessaire à la décomposition du calcaire.

Ces fours marchent sans arrêts, pendant plusieurs années. Pour les mettre en train, il est nécessaire de construire une voûte de calcaire à la partie inférieure, comme dans le four intermittent.

Propriétés. — **378.** La *chaux vive* CaO est une masse solide d'un blanc gris.

Au contact de l'eau, elle s'échauffe énormément ; elle foisonne et se transforme finalement en une poudre blanche qui est de l'hydrate de calcium ou *chaux éteinte*, $Ca(OH)^2$:

$$CaO + H^2O = Ca(OH)^2.$$

Délayée dans l'eau, la chaux éteinte forme le *lait de chaux*, employé pour badigeonner les murs. En filtrant le lait de chaux, on obtient un liquide limpide, *l'eau de chaux*, qui est, comme nous l'avons dit, le réactif de l'anhydride carbonique.

Applications. — **379.** De nombreuses applications de la chaux sont dues à la nature basique de ce corps. Nous avons vu qu'on en fait usage, en particulier, dans la fabrication des chlorures décolorants, de la potasse et de la soude caustiques. Elle sert aussi à l'épuration du gaz, à l'épilage des peaux et dans un grand nombre de fabrications de produits organiques.

Dans l'art de la construction, la chaux joue un rôle considérable :

Faisons une pâte assez ferme avec de la chaux éteinte et une petite quantité d'eau. Abandonnons-la quelques jours dans une soucoupe. Nous trouvons une masse blanche et dure. Ainsi, au contact de l'anhydride carbonique de l'air, la chaux éteinte durcit en se transformant en calcaire ou carbonate de calcium, CO³Ca, et c'est en cela que consiste le rôle de la chaux dans les mortiers.

Si le mortier n'était formé que par une pâte de chaux éteinte et d'eau, il se fendrait en durcissant; c'est pour éviter cet inconvénient qu'on y ajoute, en plus, du sable ou du gravier.

Le calcaire contenant généralement de l'argile, la chaux qui en résulte a des propriétés variables, suivant la quantité d'argile qu'elle renferme. Quand cet élément est en faible quantité, la chaux est *grasse;* elle s'éteint en dégageant beaucoup de chaleur et foisonne beaucoup. La chaux *maigre* contient plus d'argile; elle s'échauffe et foisonne peu. La chaux grasse et la chaux maigre sont appelées *chaux aériennes*, car les mortiers qu'elles forment durcissent à l'air, sous l'action de l'anhydride carbonique.

Si la proportion d'argile dépasse 18 0/0, la chaux perd la propriété d'absorber l'anhydride carbonique de l'air; mais si on la gâche avec de l'eau, elle forme une pâte qui durcit sans l'intervention de l'air; l'eau entre en combinaison avec la chaux et l'argile. Une telle chaux est dite *chaux hydraulique* et s'emploie surtout dans les constructions sous l'eau.

Quand la proportion d'argile dépasse 35 0/0, on obtient le *ciment*. Il y a des ciments à *prise lente* et des ciments à *prise rapide*.

La classification commerciale des chaux peut se résumer dans le tableau suivant :

Classification commerciale des chaux

de 0 à 18 0/0 d'argile :
Chaux aériennes, durcissant sous l'action de l'anhydride carbonique de l'air.

Chaux *grasses* : pas d'argile ou très peu.

Chaux *maigres* : un peu plus d'argile.

de 18 à 35 0/0 d'argile :
Chaux hydrauliques, durcissant sous l'action de l'eau.

Chaux *faiblement* hydrauliques. Peu dures après leur solidification.

Chaux *moyennement* hydrauliques. Après solidification, elles ont la dureté du calcaire.

Chaux *fortement* hydrauliques. Après solidification, elles sont plus dures que le calcaire.

de 35 à 70 0/0 d'argile :
Ciments

Ciments à *prise lente* : les moins riches en argile.

Ciments à *prise rapide* : les plus riches en argile.

Les *mortiers aériens* sont à base de chaux grasse ou de chaux maigre; ils durcissent à l'air.

Les *mortiers hydrauliques* durcissent sous l'action de l'eau et sont à base de chaux hydraulique. Le *mortier romain*, qui a résisté depuis un grand nombre de siècles, est une sorte de mortier hydraulique. Il peut s'obtenir en gâchant de la chaux grasse avec de la pouzzolane (produit volcanique que les Romains tiraient de Pouzzoles).

Les *ciments* gâchés avec de l'eau forment à eux seuls des mortiers.

Quand on mélange au ciment des cailloux, du gravier, des scories, on obtient le *béton* fort employé aujourd'hui (fondations, galeries d'égouts, blocs protecteurs des jetées, bâtis pour machines, etc.). Le *béton armé* renferme dans sa masse des tiges métalliques lui donnant une rigidité suffisante pour faire, sans aucun support intermédiaire, des plafonds d'une grande étendue.

SULFATE DE CALCIUM

Formule : SO^4Ca ; poids moléculaire : $32 + (4 \times 16) + 40 = 136$.

(Gypse et plâtre)

380. Le sulfate de calcium se trouve assez abondamment dans la nature, notamment sous la forme de combinaison avec deux molécules d'eau, $SO^4Ca + 2H^2O$ (*gypse, pierre à plâtre*).

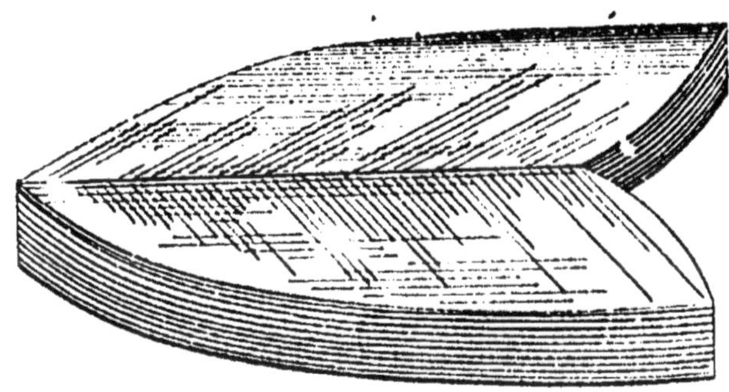

Fig. 66. — Gypse en fer de lance.

Le gypse se présente sous différents aspects. Le gypse en fer de lance (*fig.* 66) est en feuillets transparents comme du verre, superposés, faciles à séparer à l'aide d'une lame de canif, et rayés par l'ongle. Dans certaines carrières, le gypse est en masses formées d'une agglomération d'aiguilles cristallines. Souvent il est amorphe.

Les eaux qui circulent à travers des couches de gypse dissolvent une certaine quantité de sulfate de calcium. On les dénomme alors *eaux séléniteuses*. Si la dose dépasse $0^{gr},2$ par litre, l'eau devient impropre à la consommation.

Plâtre. — **381.** Prenons une lame de gypse et chauffons-la au-dessus d'un bec de gaz ; elle devient blanche et opaque.

Quand on calcine le gypse dans un four (*fig.* 67), l'eau de cristallisation est éliminée et il reste des blocs de sulfate de calcium anhydre, SO⁴Ca, que l'on broie sous des meules et que l'on emballe dans des sacs : c'est le plâtre.

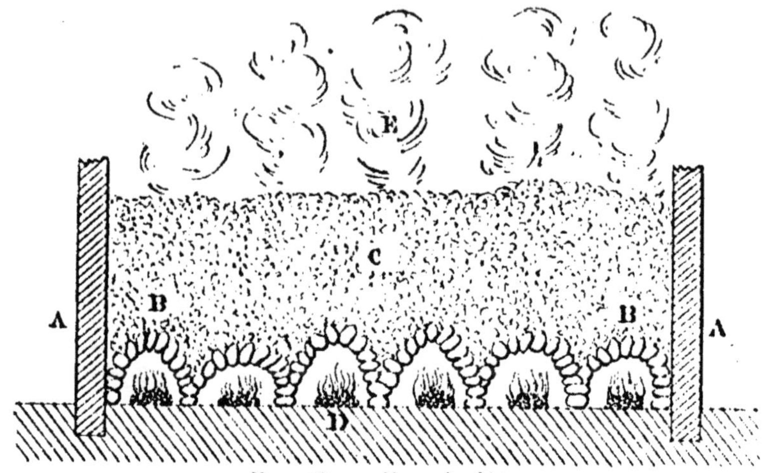

Fig. 67. — Four à plâtre.

AA, fours en briques ;
BB, voûtes construites avec les gros morceaux de gypse ;
C, gypse en menus fragments ;
D, fours ;
E, dégagement de vapeur d'eau.

Dans une assiette creuse à moitié pleine d'eau, laissons tomber du plâtre en pluie, jusqu'à ce que quelques parcelles de ce corps restent à la surface pendant quelques secondes sans absorber l'eau. Remuons alors avec une cuillère en fer et attendons quelques minutes. La masse fait prise et nous constatons un échauffement.

Le plâtre est avide d'eau. Quand on le gâche, il se combine avec l'eau et durcit en formant un sulfate de calcium hydraté analogue au gypse qui lui a donné naissance.

Le plâtre a de très nombreux usages :

Il sert de mortier pour réunir les briques des cloisons intérieures.

Les enduits intérieurs des maisons se font au plâtre, ainsi que les moulures, rosaces et ornements divers de nos appartements.

On moule en plâtre des statuettes et reproductions d'œuvres d'art.

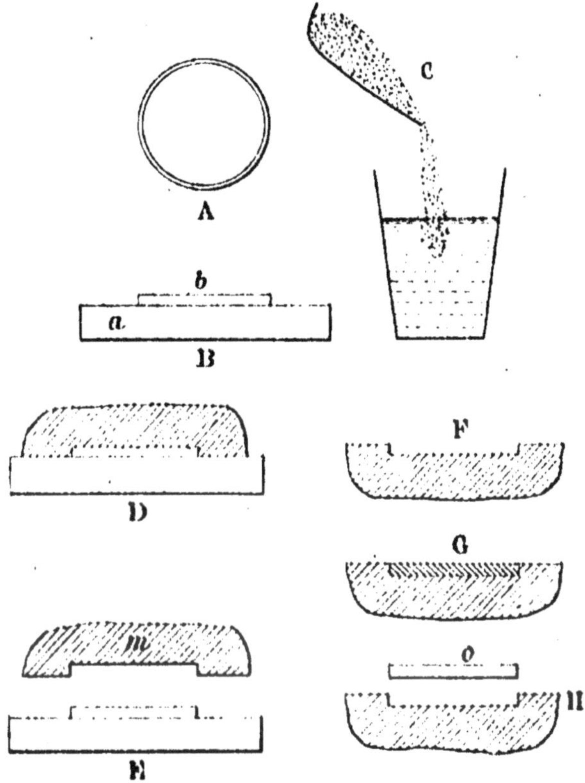

FIG. 68. — Expérience de moulage d'une médaille à l'aide du plâtre.

A, médaille à reproduire ;
B, sur une planchette a, on pose la médaille b, légèrement humectée d'eau de savon ;
C, dans un verre contenant de l'eau on verse du plâtre de Paris, en pluie fine, jusqu'à ce que quelques parcelles restent à la surface sans absorber l'eau de quelques secondes. On agite alors la masse avec une spatule ;
D, on verse petit à petit le plâtre gâché sur la médaille (il faut éviter d'incorporer des bulles d'air) ;
E, au bout de quelques minutes, quand le plâtre a fait prise, on détache facilement le moule m, reproduisant en creux tous les détails de la médaille ;
F, le moule est enduit légèrement d'eau de savon, à l'aide d'un pinceau ;
G, dans la cavité, on verse du plâtre gâché comme en C ;
H, au bout de quelques minutes, on peut détacher une médaille en plâtre o, conforme à A.

Sur une planchette, plaçons une médaille (*fig.* 68) légèrement humectée d'eau de savon. Gâchons du plâtre comme il est dit ci-dessus, et recouvrons-en la médaille. Quand le plâtre a fait prise et qu'il s'est refroidi, séparons-le de la planchette et de la médaille. Nous avons un bloc portant une cavité reproduisant en creux une face de la médaille (moule). Avec un pinceau très souple, passons dans la cavité un peu d'eau de savon et enlevons l'excès avec le pinceau. Versons dans la cavité du plâtre gâché. Au bout de quelques minutes, et après refroidissement, nous en retirons un disque identique à l'une des faces de la médaille.

Gâché avec de la colle, le plâtre forme le *stuc*, qui peut prendre le poli du marbre. En y incorporant des matières colorantes, il sert à imiter les marbres et pierres de couleur.

Le *plâtre aluné* résiste mieux que le stuc aux intempéries. On l'obtient en plongeant le plâtre, au sortir du four, dans une solution d'alun (§ 398) à 12 0/0 et en soumettant le produit obtenu à une forte cuisson.

La plupart des scellements des pièces en fer dans les murs se font au plâtre.

Le plâtre et les plâtras ou débris de démolition constituent un excellent engrais pour les plantes légumineuses fourragères.

CARBONATE DE CALCIUM

Formule : CO^3Ca; poids moléculaire : $12 + (3 \times 16) + 40 = 100$.

382. Le carbonate de calcium ou calcaire est très répandu dans la nature où il affecte différentes formes : *pierre à bâtir, pierre à chaux, pierre lithographique, craie, marbre.* Les *stalactites* et *stalagmites* des grottes sont aussi du calcaire; si elles sont translucides, elles forment l'*albâtre.* On trouve du calcaire cristallisé (*calcite, spath d'Islande*); le spath d'Islande est transparent comme le verre et produit le phénomène de la double réfraction (les objets vus à travers le spath paraissent dédoublés).

La chaleur décompose le carbonate de calcium en chaux et gaz carbonique :

$$CO^3Ca = CaO + CO^2,$$

et c'est sur cette réaction qu'est basée la fabrication de la chaux (§ 377).

CHAPITRE III

MÉTAUX USUELS

383. Dans ce chapitre nous étudierons les métaux formant les cinq groupes suivants :

Magnésium et zinc ;

Aluminium ;

Fer et nickel ;

Plomb et étain ;

Cuivre et mercure.

Nous nous trouverons désormais en présence de métaux qui ne sont pas seulement intéressants par les composés qu'ils engendrent, mais aussi par eux-mêmes, par le rôle qu'ils jouent dans la fabrication du matériel domestique ou industriel, et d'une multitude d'objets d'un usage journalier.

Groupe du magnésium et du zinc.

384. Comme les métaux alcalino-terreux, les métaux de ce groupe, le *magnésium* Mg et le *zinc* Zn, sont *bivalents*.

Ils sont définis comme tels, en particulier par leurs combinaisons respectives :

MgO (oxyde de magnésium ou magnésie), ZnO (oxyde de zinc) ;

$MgCl^2$ (chlorure de magnésium), $ZnCl^2$ (chlorure de zinc).

Magnésium.

Symbole : Mg ; poids atomique : 24.

385. Ce métal existe à l'état naturel, sous forme de chlorure dans les eaux de mer ; sous forme de combinaison de son sous-chlorure avec le chlorure de potassium (*carnallite*), dans les mines de sel gemme; sous forme de carbonate mélangé au carbonate de calcium (*dolomie*). Le sulfate de magnésium communique à certaines eaux naturelles des propriétés purgatives. De nombreux silicates naturels renferment du magnésium.

On l'extrait par électrolyse de la carnallite. Mais, comme le métal est très oxydable, on opère dans une atmosphère de gaz d'éclairage.

Le magnésium est un métal blanc, très léger. Un fil de magnésium brûle avec une lumière intense utilisée en photographie pour opérer en l'absence de la lumière solaire. Il se forme de la magnésie au cours de cette combustion :

$$Mg + O = MgO.$$

Composés du magnésium.

386. Les principaux composés du magnésium sont : la *magnésie*, MgO, et le *sulfate de magnésium*, SO^4Mg, dont nous dirons quelques mots.

MAGNÉSIE

Formule : MgO ; poids moléculaire : $24 + 16 = 40$.

387. On l'obtient en décomposant par la chaleur l'azotate ou le carbonate de magnésium.

C'est une poudre blanche qui s'hydrate lentement au contact de l'eau en donnant l'hydrate de magnésium $Mg(OH)^2$. Faiblement calcinée et maintenue pendant quelque temps sous l'eau, elle forme de l'hydrate de magnésium en une masse extrêmement dure. D'où l'emploi des dolomies dans les mortiers et ciments destinés aux travaux hydrauliques.

Très résistante aux températures élevées, la magnésie peut servir à la fabrication de matériaux réfractaires.

SULFATE DE MAGNÉSIUM

Formule : SO^4Mg ; poids moléculaire : $32 + (4 \times 16) + 24 = 120$.

388. C'est un purgatif bien connu. Certaines eaux naturelles en contiennent. On le retire de ces eaux et aussi des eaux mères des marais salants.

On peut d'ailleurs le préparer en traitant les dolomies par l'acide sulfurique étendu.

Zinc.

Symbole : Zn ; poids atomique : 65.

389. Le zinc est un métal usuel très intéressant par lui-même.

Ses principaux minerais sont : le sulfure ou *blende* ZnS, et le carbonate ou *calamine*, CO^3Zn.

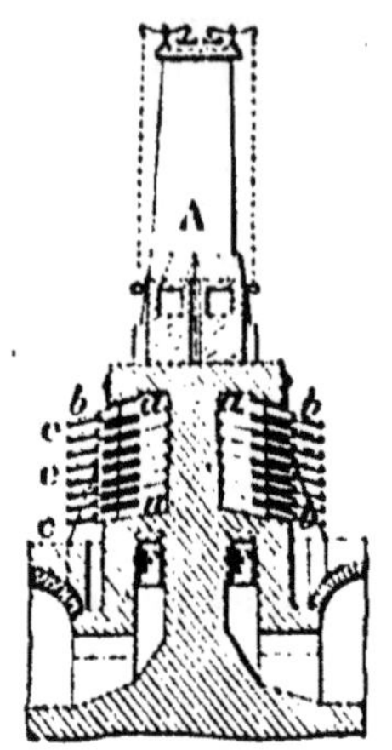

Fig. 69. — Métallurgie du zinc.

F, foyer ;
A, cheminée ;
a, tubes en terre réfractaire où on met le minerai grillé ;
b, récipient sortant à l'extérieur du four (le zinc vient se condenser dans cette partie de l'appareil) ;
c, allonge.

On traite ces minerais d'après les méthodes générales décrites paragraphe 313 (grillage de la blende) et paragraphe 312 (décomposition de la calamine par la chaleur), de façon à les transformer en oxyde de zinc. Celui-ci est ensuite réduit par le charbon dans des cylindres *a* en terre (*fig.* 69) chauffés dans un four et communiquant avec des cônes en tôle dans lesquels le zinc métallique va se condenser.

Le zinc est blanc bleuâtre ; il fond à 412°. Le métal impur du commerce est cassant ; on le lamine à 150°. Il ne peut être limé, car il graisse l'outil.

Ses vapeurs brûlent en donnant de l'oxyde de zinc. A l'air humide, sa surface se recouvre d'une couche terne de carbonate de zinc hydraté, qui empêche d'ailleurs l'altération de devenir plus profonde.

Nous savons que les acides sulfurique et chlorhydrique étendus attaquent le zinc : le métal déplace l'hydrogène (voir préparation de ce gaz).

390. Les *applications* du zinc sont importantes. Ce métal peut servir à couvrir les habitations, à confectionner des vases, mais ceux-ci ne doivent pas contenir des substances destinées à l'alimentation, car *les sels de zinc sont nocifs*. Du fer bien décapé et plongé dans un bain de zinc en fusion se recouvre d'une couche de ce métal qui le protège contre la rouille (oxydation) ; on a ainsi le *fer galvanisé*. Le zinc entre dans la composition de certains alliages de cuivre (*laitons*) et sert dans la construction de certaines piles électriques.

Composés du zinc.

391. Quelques-uns des composés du zinc ont, dans la vie pratique, d'intéressantes applications. De ce nombre est, notamment, l'*oxyde de zinc* ZnO.

Comme nous venons de le dire, les sels de zinc sont toxiques.

OXYDE DE ZINC

Formule : ZnO ; poids moléculaire : 65 + 16 = 81.

392. On obtient l'oxyde de zinc ou *blanc de zinc* en chauffant dans des récipients réfractaires (moufles) M, M, le zinc qui se transforme en vapeur brûlant grâce à un courant d'air :

$$Zn + O = ZnO.$$

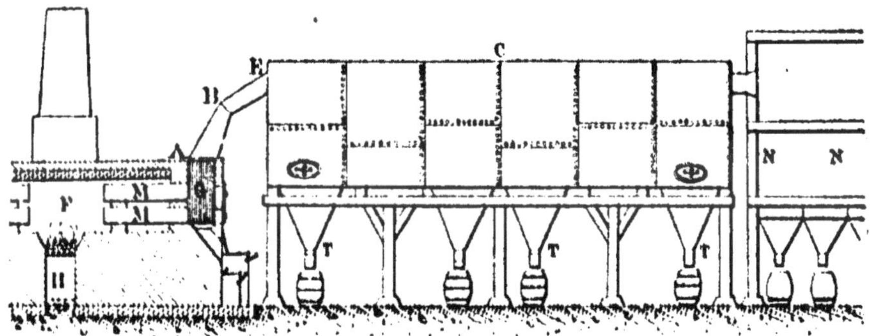

Fig. 70. — Fabrication du blanc de zinc.

F, foyer ;
H, cendrier ;
MM, moufle ;
ABE, tube de dégagement du blanc de zinc ;
C, chambres successives où se rend le blanc de zinc ;
T, trémies d'où on déverse dans des tonneaux le blanc fabriqué ;
NN, dernière chambre à blanc de neige, le plus estimé.

Les poussières blanches d'oxyde de zinc vont se déposer dans des chambres successives C, tombent par des trémies T.

Le blanc le plus léger et le plus pur se dépose le plus loin dans la chambre N (*fig.* 70).

Le blanc de zinc constitue une excellente peinture blanche quand il est délayé avec de l'huile siccative. Cette peinture a l'avantage de ne pas noircir sous l'influence de l'acide sulfhydrique. Il faut, en effet, bien noter que le sulfure de zinc est lui-même blanc.

Groupe de l'aluminium.

393. Le seul métal usuel de ce groupe est l'aluminium ; les autres sont des métaux rares qui n'ont pas d'intérêt pour nous.

Aluminium.

Symbole : Al ; poids atomique : 27.

394. L'aluminium existe dans la nature, notamment à l'état d'oxyde Al^2O^3 (alumine), d'oxyde hydraté $Al^2O^3 + 2H^2O$ (bauxite), de silicate d'aluminium (argile).

La majeure partie de l'aluminium est aujourd'hui obtenue par voie électrolytique.

C'est un métal d'un blanc gris légèrement bleuâtre. Il est extrêmement léger. On peut le laminer et le mouler.

Il s'altère superficiellement ; mais cette altération n'est jamais profonde, car le composé formé protège ensuite la masse.

Cet ensemble de qualités, jointes au bon marché actuel du métal, le font employer pour la fabrication d'un grand nombre d'objets et même d'ustensiles domestiques.

395. Des applications importantes de l'aluminium reposent sur ses *propriétés réductrices*, c'est-à-dire sur son aptitude à s'emparer de l'oxygène combiné avec d'autres éléments. A l'état pulvérulent, il réduit un grand nombre d'oxydes métalliques en se transformant en alumine et donnant soit le métal pur, soit un alliage du métal avec l'aluminium, d'où une application à la préparation de métaux purs.

Cette oxydation de l'aluminium à l'aide de l'oxygène d'un oxyde métallique se produit à condition de mettre le feu au mélange. La réaction est très vive et le dégagement de chaleur considérable (*alumino-thermie*). Ce dégagement de chaleur est utilisé pour pratiquer la soudure d'un métal avec lui-même.

C'est l'oxyde de fer qui est soumis à la réduction au moyen de la poudre d'aluminium.

Supposons qu'il s'agisse du soudage d'un tuyau. On prépare les surfaces à souder de façon qu'elles joignent bien. A l'aide d'un appareil de serrage spécial (*fig.* 71), on maintient en place les deux parties. Un moule en fonte très maniable entoure le joint et laisse un espace libre destiné à recevoir

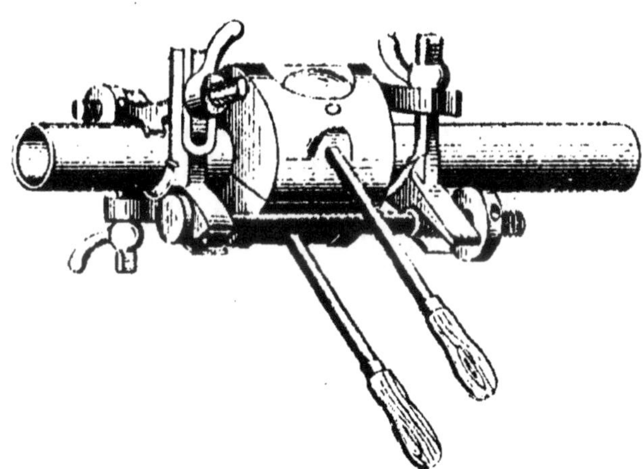

Fig. 71. — Soudage d'un tuyau.

les produits de la réaction. A la partie supérieure du moule est ménagé un trou de coulée excentriquement, de sorte que le mélange chaud ne puisse tomber sur le tuyau qu'il percerait. Dans un creuset on met le feu, à l'aide d'une poudre d'allumage, au mélange d'oxyde de fer et d'aluminium en poudre. Quand la combustion a gagné toute la masse, on coule. Au bout d'un temps très court (à peine une minute), les parties à réunir sont portées à la température du blanc. A ce moment, on pratique un serrage au moyen de l'appareil disposé à cet effet. La soudure du métal à lui-même est bientôt achevée, tout comme le ferait un forgeage. On laisse une ou deux minutes, on desserre les écrous, on enlève le moule et l'on fait tomber, à l'aide d'un marteau, la masse solidifiée formée par l'alumine et le fer réduit.

La soudure est propre, régulière et très résistante.

Composés de l'aluminium.

396. Les principaux sont : l'*alumine*, le *sulfate d'aluminium*, les *aluns*, les *silicates d'aluminium* (argiles, kaolins, voir § 302).

ALUMINE

Formule : Al^2O^3 ; poids moléculaire : $(2 \times 27) + (3 \times 16) = 102$.

C'est un composé naturel solide dont la dureté n'est surpassée que par celle du diamant.

De faibles quantités d'autres substances varient ses aspects et en font une série de pierres employées en bijouterie (§ 330).

En décomposant le sulfate d'aluminium par l'ammoniaque ou le carbonate d'ammonium, on obtient l'hydrate d'aluminium, qui constitue une matière gélatineuse. Cette matière fixe admirablement les matières colorantes en formant avec elles des produits insolubles connus sous le nom de *laques*. Ces laques ont le grand intérêt pratique de faire adhérer les couleurs, et elles sont utilisées dans l'impression et la peinture des papiers.

D'une manière générale certaines matières colorantes n'adhèrent pas à la fibre, le coton par exemple, sur laquelle on veut les fixer ; un simple lavage à l'eau suffit alors pour les éliminer. Par contre, en imprégnant cette fibre d'un composé d'aluminium, on peut arriver à fixer solidement la matière tinctoriale. Ce sel d'aluminium, auquel se fixe la matière colorante et qui se fixe lui-même sur la fibre à teindre, est appelé un *mordant* ; on dit que la fibre a été mordancée.

Il existe des mordants de différente nature, mais les composés de l'aluminium sont fréquemment employés comme tels.

SULFATE D'ALUMINIUM

Formule : $(SO^4)^3 Al^2 + 18H^2O$.
Poids moléculaire : $3[32 + (4 \times 16)] + (2 \times 27) + 18(2 + 16) = 666$.

397. Nous avons expliqué (§ 227) la formule $(SO^4)^3 Al^2$ du sulfate d'aluminium. Ce sel, qui existe à l'état de combinaison avec 18 molécules d'eau, s'obtient en traitant l'argile (silicate d'aluminium) par l'acide sulfurique.

Il sert pour la préparation des aluns et le collage des papiers.

ALUNS

398. En mélangeant deux solutions concentrées et chaudes, l'une de sulfate d'aluminium, l'autre de sulfate de potassium, on obtient une combinaison cristallisée formée d'une molécule de chacun des deux sulfates et de 24 molécules d'eau :

$$(SO^4)^3 Al^2 + SO^4 K^2 + 24H^2O.$$

C'est l'*alun de potassium*, qui est un sulfate double d'aluminium et de potassium.

De même, on connaît l'*alun de sodium* et l'*alun d'ammonium*, dont les formules, tout à fait analogues, sont respectivement :

$$(SO^4)^3 Al^2 + SO^4 Na^2 + 24H^2O ;$$
$$(SO^4)^3 Al^2 + SO^4 (AzH^4)^2 + 24H^2O.$$

L'alun proprement dit, ou alun de potassium, a de nombreuses applications : c'est un astringent et un antiseptique ; on l'emploie pour la conservation des matières végétales ou animales ; il sert de mordant ; en photographie, on utilise sa propriété de durcir la gélatine.

Groupe du fer et du nickel.

399. Très important, ce groupe qui contient un élément tel que le fer. Il est formé de métaux réfractaires : en consultant le tableau du paragraphe 315, nous voyons, en effet, que leur fusion ne s'opère qu'à 1.500°.

Fer.

Symbole : Fe ; poids atomique : 56.

400. Le fer absolument pur ne se prépare que dans les laboratoires. Dans l'industrie, on emploie des produits qui renferment plus ou moins de carbone, ainsi que de petites quantités d'autres éléments, du silicium en particulier.

On désigne sous le nom de *fontes* des produits métallurgiques formés de fer associé à une proportion de carbone d'au moins 2,5 0/0 et à de faibles quantités d'autres éléments (silicium, soufre, phosphore, etc.).

Les *fers* industriels et les *aciers* sont malléables ; ils se soudent à eux-mêmes au rouge ; le fer s'y trouve associé à 1,5 0/0 de carbone au plus.

Fonte. — 401. Les principaux minerais de fer sont les oxydes (hématites) et le carbonate (fer spathique). Le traitement de ces minerais consiste à les soumettre à un grillage préalable qui élimine l'eau et décompose le carbonate, et à réduire ensuite l'oxyde à l'aide du charbon, dans un haut fourneau, comme il a été indiqué au paragraphe 311.

Dans ces conditions, et il faut bien retenir ceci, le métal qui s'écoule du creuset est de la *fonte* et non du fer.

Les fontes ne sont pas malléables, elles sont assez facilement fusibles.

On en distingue de deux sortes : la *fonte grise* et la *fonte blanche.* On obtient la première ou la seconde selon qu'on emploie plus ou moins de coke dans le traitement du minerai.

La fonte grise se laisse tourner et limer, elle est employée au moulage.

La fonte blanche est impropre au moulage, dure et cassante ; elle sert à préparer les fers et les aciers.

Fers et aciers. — 402. Par élimination partielle des produits qui, dans la fonte, accompagnent le fer, on obtient des substances métalliques appelées, selon les cas, *fers ou aciers :* fers, lorsqu'on n'opère pas la fusion de la masse; aciers, lorsque la masse a été fondue.

Les lames de fer sont appelées *tôles.*

Propriétés chimiques du fer. — **403.** Le fer résiste à l'action de l'eau, à une température inférieure à celle du rouge; mais, au rouge sombre, il la décompose en s'emparant de son oxygène et mettant l'hydrogène en liberté (*fig.* 72).

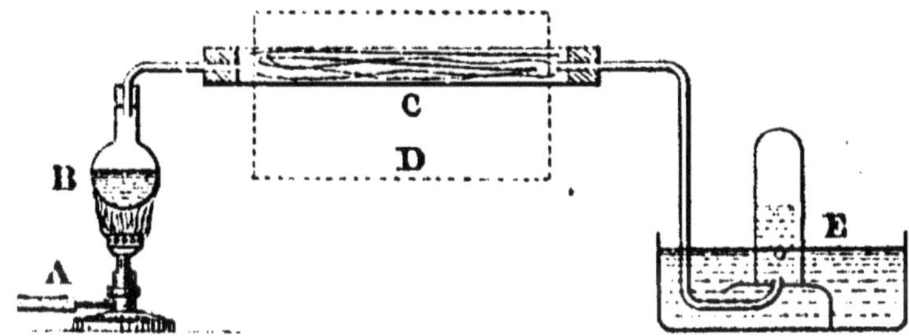

Fig. 72. — Décomposition de la vapeur d'eau par le fer chauffé au rouge.
A, bec Bunsen;
B, ballon où l'on porte de l'eau à l'ébullition;
C, tube en porcelaine contenant du fil de fer;
D, fourneau chauffant le tube au rouge;
E, éprouvette où l'on recueille le gaz.

Dans l'air humide, il se recouvre de *rouille* (hydrate ferrique, § 404).

Aussi, pour le préserver de l'oxydation, le recouvre-t-on d'une couche de peinture ou bien d'étain (*fer-blanc*) ou encore de zinc (*fer galvanisé*).

Composés du fer.

404. Nous aurons généralement à considérer deux combinaisons du fer avec le même élément :

Un *composé ferreux* et un *composé ferrique.* Le premier est celui qui renferme la plus faible proportion de l'élément combiné au fer.

Ainsi, avec le chlore, le fer donne les deux combinaisons

suivantes : le chlorure ferreux, $FeCl^2$, et le chlorure ferrique, Fe^2Cl^6.

Avec l'oxygène, on a à considérer les combinaisons correspondantes suivantes : oxyde ferreux, FeO; oxyde ferrique, Fe^2O^3.

Mais on connaît, en outre : l'*oxyde salin* ou *oxyde magnétique*, Fe^3O^4 (qui peut être considéré comme provenant de l'union d'une molécule de chacun des deux précédents, $FeO.Fe^2O^3$), et les sels alcalins (*ferrates*) correspondant à un anhydride FeO^3 non isolé.

A l'oxyde ferreux correspond l'*hydrate ferreux* $Fe(OH)^2$ et des *sels ferreux*; à l'oxyde ferrique correspond l'*hydrate ferrique* $Fe^2(OH)^6$ et des *sels ferriques*. Les composés ferreux enlèvent facilement l'oxygène aux substances en contact avec eux, pour se convertir en composés ferriques. Ce sont donc des *réducteurs*.

SULFATE FERREUX

Formule : SO^4Fe; poids moléculaire : $32 + (4 \times 16) + 56 = 152$.

405. C'est le *vitriol vert* ou *couperose verte*, matière désinfectante ; on l'emploie en agriculture ; il sert à la préparation de l'encre et à celle du bleu de Prusse.

Il cristallise avec $7H^2O$; sa formule est donc, en réalité, $SO^4Fe + 7H^2O$.

Nickel.

Symbole : Ni; poids atomique : 59.

406. C'est un métal gris, ductile, malléable, magnétique.

Il est moins oxydable que le fer.

Les minerais exploités pour la préparation du nickel sont principalement : la *garniérite* (silicate double de nickel et de magnésium) et des minerais sulfurés et arsénicaux.

Le nickel entre dans la composition de divers alliages :

Alliage monétaire de certains pays (cuivre, nickel);

Maillechort, alliage pour couverts, alliage pour orfèvrerie (cuivre, nickel, zinc).

Le nickel peut servir à fabriquer des vases employés dans l'économie domestique, à cause de l'innocuité de ses sels.

Peu altérable, il est susceptible de préserver d'autres métaux, comme le fer, lorsqu'il les recouvre (nickelage).

Groupe du plomb et de l'étain.

407. Ces métaux sont généralement bivalents. Ils ont une grande importance dans la vie pratique.

Plomb.

Symbole : Pb ; poids atomique : 206.

408. Les minerais employés pour l'extraction de ce métal sont : la *cérusite* (carbonate) et la *galène* (sulfure).

Le carbonate est réduit par le charbon dans un four vertical.

La galène est grillée, le soufre brûle et l'oxyde de plomb obtenu est réduit.

Les galènes contiennent fréquemment de l'argent que l'on ne manque pas d'extraire.

409. C'est un métal gris bleuâtre, très facilement fusible et très mou (on peut le couper au couteau). Il est très malléable, peut se réduire en feuilles minces et être étiré en fils très flexibles.

L'air l'altère très vite en le recouvrant d'une couche de sous-oxyde Pb^2O. A l'état de fusion, c'est en protoxyde PbO que le transforme l'oxygène de l'air. A l'air humide et chargé de gaz carbonique, il se recouvre d'une couche blanche de carbonate de plomb hydraté. L'eau de pluie produit le même effet.

Les *composés du plomb sont toxiques*. Il résulte de ce fait et de ce que nous venons de voir qu'une eau qui a séjourné dans des vases en plomb est impropre à la consommation. Toutefois, les sulfates contenus dans les eaux de source ou de rivière donnent, avec le plomb, un sulfate insoluble qui recouvre le métal et le protège ensuite contre l'attaque. Aussi les tuyaux de plomb sont-ils employés, sans grand danger, pour l'adduction des eaux potables. Néanmoins, il est préférable d'éviter, autant que possible, l'emploi du plomb pour de telles canalisations.

L'acide sulfurique, d'une concentration modérée, n'attaque pas sensiblement le plomb; de sorte que ce métal est employé pour recouvrir les parois des chambres dans lesquelles s'obtient l'acide en question (procédé dit des chambres de plomb).

Nous ne saurions trop insister sur le soin avec lequel on doit éviter l'emploi du plomb dans le matériel destiné à la préparation des produits alimentaires, à cause des ravages que ses composés causent dans l'organisme. D'ailleurs, une circulaire du ministre de l'Intérieur, du 24 février 1898, interdit « de fabriquer ou de mettre en vente des vases et ustensiles de métal destinés à être mis en contact avec des substances alimentaires et dans la composition desquels entrerait une proportion totale de plus de 10 0/0 de plomb ».

410. En feuilles minces, le plomb sert à la couverture des habitations et à garnir les parois intérieures des chambres de plomb pour la fabrication de l'acide sulfurique.

Il est très commode d'employer des tuyaux de plomb pour les conduites d'eau et de gaz, à cause de leur flexibilité.

Composés du plomb.

411. Les plus importants, au point de vue pratique, sont : le *protoxyde de plomb* PbO, le *minium* dont la composition est voisine de Pb^3O^4, le *carbonate* CO^3Pb.

PROTOXYDE DE PLOMB

Formule : PbO ; poids moléculaire : $206 + 16 = 222$.

412. Obtenu par oxydation du métal, à une température inférieure à celle de la fusion de l'oxyde, il a l'aspect d'une poudre jaunâtre. On l'appelle alors *massicot*, et il sert à préparer le minium.

Fondu, l'oxyde de plomb prend le nom de *litharge*.

MINIUM

413. En chauffant le massicot à l'air, on obtient une poudre rouge appelée *minium*. La composition du minium du commerce est assez variable, mais elle est voisine de celle qui correspond à la formule Pb^3O^4.

Le minium sert à préparer une peinture rouge. Il entre dans la composition de la cire à cacheter. On l'emploie dans la fabrication du cristal et aussi pour faire des joints d'appareils à vapeur.

CARBONATE DE PLOMB

Formule : CO^3Pb ; poids moléculaire : $12 + (3 \times 16) + 206 = 266$.

414. Le carbonate de plomb proprement dit, CO^3Pb, existe à l'état naturel (cérusite). Mais on prépare artificiellement un produit qui correspond à la formule $2CO^3Pb + Pb(OH)^2$ et que l'on désigne sous le nom de *céruse*.

La céruse, mélangée à l'huile, forme une très bonne peinture blanche. Toutefois, celle-ci a l'inconvénient de noircir sous l'influence des émanations sulfhydrique (formation de sulfure de plomb qui est noir). Ce qui est plus grave, c'est que la fabrication de la céruse et son emploi sont très dangereux. La céruse occasionne des coliques dites saturnines et produit dans l'organisme d'affreux ravages.

Étain.

Symbole : Sn ; poids atomique : 117.

415. On l'extrait de la *cassitérite*, qui, au point de vue chimique, n'est autre autre chose que l'*oxyde stannique*, SnO^2. Il suffit donc, pour avoir le métal, de réduire la cassitérite par le charbon, opération que l'on effectue dans un fourneau droit où la combustion est activée par une machine soufflante (*fig.* 73).

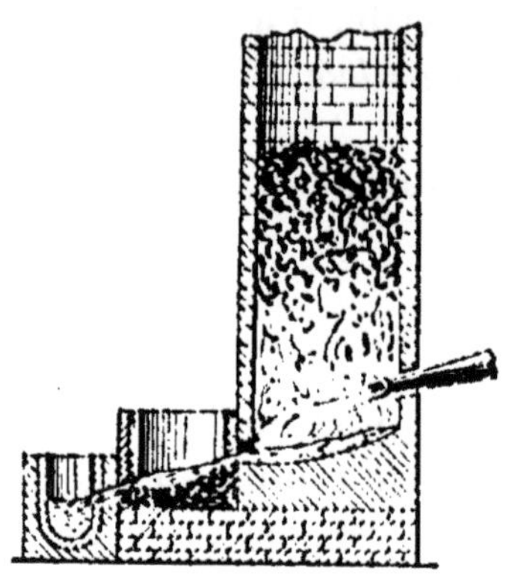

Fig. 73. — Métallurgie de l'étain.

416. L'étain est un métal d'un joli reflet ; il est très malléable et susceptible d'être réduit en feuilles extrêmement minces.

Un morceau d'étain se brise quand on le plie, en faisant entendre un bruit particulier appelé *cri de l'étain*.

C'est le plus fusible des métaux usuels. Son oxydation à l'air, à la température ordinaire, est très lente ; cependant sa surface se ternit à la longue.

Il est attaqué par les acides minéraux.

417. En feuilles minces, il sert à envelopper certaines substances comme le chocolat et à étamer les glaces.

On protège la tôle en la recouvrant d'une couche d'étain ; on a ainsi le *fer-blanc*.

On recouvre d'étain, dont les composés sont inoffensifs, l'intérieur de vases servant à la préparation des aliments et aussi un grand nombre d'appareils industriels en cuivre.

A cause de son reflet agréable et de la jolie patine qu'il prend, l'étain est employé pour faire des objets d'art.

Des alliages d'étain et de plomb servent à pratiquer des soudures (50-60 0/0 de plomb et 50-40 0/0 d'étain). Les soudures des boîtes de conserves alimentaires doivent être pratiquées non pas au plomb, mais à l'étain fin. L'alliage pour vaisselle ne renferme que 8 de plomb pour 92 d'étain.

Ajoutons enfin que l'étain entre dans la composition de certains alliages de cuivre (bronzes).

Groupe du cuivre et du mercure.

418. Le cuivre et le mercure sont des éléments divalents qui présentent des analogies chimiques et fournissent deux séries de composés :

Avec le chlore, le cuivre donne le *chlorure cuivreux*, Cu^2Cl^2, et le *chlorure cuivrique*, $CuCl^2$; le mercure donne des combinaisons analogues : le *chlorure mercureux* (calomel), Hg^2Cl^2, et le *chlorure mercurique* (sublimé corrosif), $HgCl^2$.

Il existe des composés oxygénés correspondants :

Oxyde cuivreux, Cu^2O, et *oxyde cuivrique*, CuO ;

Oxyde mercureux, Hg^2O, et *oxyde mercurique*, HgO.

Le cuivre ne donne qu'une seule série de sels stables, les *sels cuivriques*, qui correspondent à l'oxyde cuivrique CuO ; quant au mercure, il fournit des *sels mercureux* et des *sels mercuriques*.

Cuivre.

Symbole : Cu ; poids atomique : 63.

Métallurgie. — 419. Le cuivre se trouve à l'état naturel, notamment sous forme de sulfure (pyrite cuivreuse) ou de sulfures doubles de cuivre et de fer, de cuivre et d'antimoine.

Ces minerais sont grillés dans des fours à réverbère (*fig.* 74) et l'on arrive, par une série de grillages et de

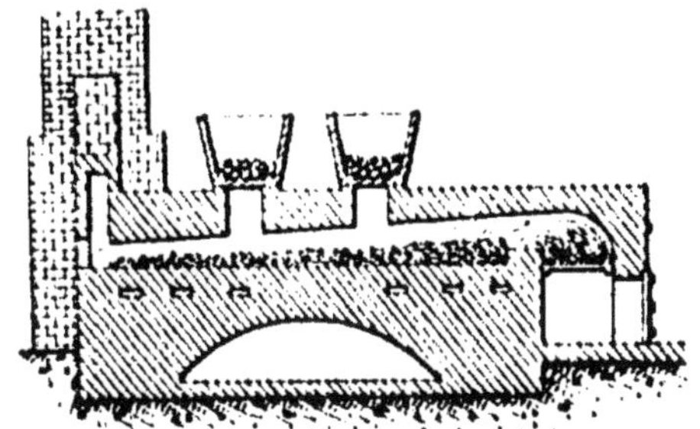

Fig. 74. — Grillage des minerais de cuivre.

fusions alternés, à débarrasser le produit du soufre et à obtenir le cuivre brut qu'on purifie ensuite.

Propriétés. — 420. Le cuivre est un métal extrêmement malléable, ductile et bon conducteur de la chaleur. Il est d'une jolie couleur rouge.

À l'air sec et à la température ordinaire, il n'est pas altérable ; mais, à l'air humide et chargé de gaz carbonique, il se recouvre d'une couche de *vert-de-gris* (hydrocarbonate de cuivre). Au rouge sombre, l'oxygène de l'air le transforme à la surface en oxyde de cuivre CuO, qui est noir.

Les acides, même faibles, l'attaquent superficiellement précisément à cause de la transformation préalable du cuivre en oxyde et c'est ce dernier qui intervient dans la réaction. C'est pour cette raison que les acides étendus, même les acides organiques, servent à nettoyer les objets en cuivre.

On a, pendant longtemps, mis sur le compte du cuivre bien des empoisonnements. En réalité, M. Armand GAUTIER, se basant sur de nombreux essais, pense que l'on peut consommer impunément des aliments, fussent-ils acides, alors même qu'ils ont été préparés dans des vases de cuivre rouge non étamés ; qu'on peut se servir, en cuisine, de ces vases en cuivre non étamés et cela presque indéfiniment et sans troubles de santé. Le danger est réel, toutefois, lorsqu'il s'agit de cuivre renfermant de l'arsenic. D'autre part, certaines casseroles en cuivre sont incriminées à juste titre, à cause de leur étamage pratiqué, non pas à l'étain fin (comme on le devrait), mais avec de l'étain renfermant une grande proportion de plomb.

Ajoutons que le Conseil d'hygiène publique et de salubrité du département de la Seine a récemment émis l'avis que la substitution du cuivre au plomb pour les canalisations qui vont de la rue aux appartements serait souhaitable.

Usages. — 421. Le cuivre, grâce à sa malléabilité et aussi à sa propriété de conduire la chaleur, sert pour la construction d'un très grand nombre d'appareils industriels. On emploie des fils de cuivre pour conduire l'électricité.

Alliages. — **422.** On prépare un grand nombre d'alliages de cuivre :

Les *bronzes*, qui sont des alliages de cuivre et d'étain, renfermant quelquefois du zinc. On fait, en bronze, des objets d'art, des monnaies, des cloches, des coussinets de machines, etc. En ajoutant du phosphore à l'alliage, on augmente sa résistance ;

Les *laitons*, qui sont formés de cuivre et de zinc, et quelquefois aussi d'un peu de plomb ou d'étain. Les laitons, pouvant se tourner et se limer, servent à la confection d'un grand nombre d'instruments et en particulier d'instruments de précision ;

Le *bronze d'aluminium*, qui est formé de 90 parties de cuivre pour 10 parties d'aluminium. Il est employé en orfèvrerie ;

Le *maillechort* (cuivre, nickel, zinc) ;

Différents *alliages monétaires*.

Composés du cuivre.

423. Comme nous l'avons indiqué plus haut, les seuls sels cuivriques sont stables. Nous dirons un mot du sulfate de cuivre.

SULFATE DE CUIVRE

Formule : SO^4Cu ; poids moléculaire : $32 + (4 \times 16) + 63 = 159$.

424. Nous avons vu (§ 338) que le sulfate de cuivre exempt d'eau, SO^4Cu, est un produit blanc, qui, par combinaison avec $5H^2O$, se transforme en un beau sel bleu, en gros cristaux, $SO^4Cu + 5H^2O$, le *vitriol bleu* ou *couperose bleue*, employé en galvanoplastie, dans la teinture, en agriculture (bouillie bordelaise) (§ 347).

Nous savons également que ce sel s'obtient (§ 337) en recouvrant de soufre des plaques de cuivre, les chauffant dans des fours et oxydant à l'air (par grillage) le sulfure cuivreux obtenu.

Il nous suffit donc de faire appel à nos souvenirs pour nous rendre compte de la connaissance suffisante que nous avons de ce corps.

Mercure.

Symbole : Hg; poids atomique : 200.

425. Ce métal, le seul qui se trouve à l'état liquide à la température ordinaire, existe dans la nature sous forme de sulfure ou *cinabre*. A Idria (Illyrie), on le prépare en grillant le cinabre sur des voûtes *aa*, *bb*, *cc* (*fig.* 75); le soufre se transforme en anhydride sulfureux, le métal distillé se condense dans des chambres C, C, C; il est reçu dans des cuves A, A, A.

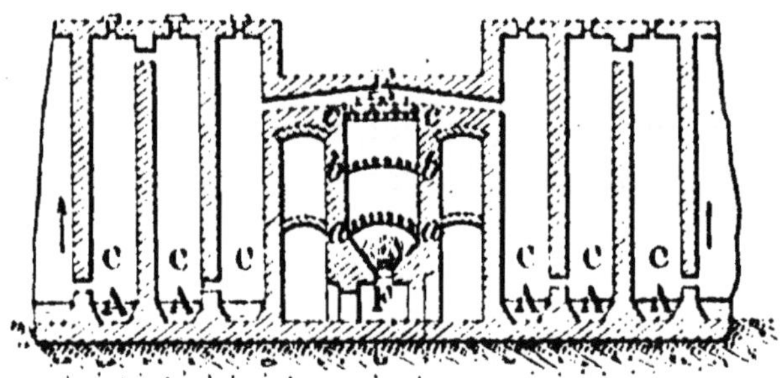

Fig. 75. — Extraction du mercure à Idria.
F, foyer ;
C, C, C, chambres de condensation ;
A, A, A, cuves où se condense le mercure ;
a, *b*, *c*, voûtes sur lesquelles on met le cinabre.

Le mercure est un *poison très violent;* il occasionne un tremblement nerveux, une salivation abondante, la mort.

On l'emploie dans l'industrie des couleurs, l'argenture des glaces. Il sert aussi comme liquide thermométrique, de même que pour mesurer la hauteur barométrique. Certains onguents et médicaments sont à base de mercure.

Composés du mercure.

426. Nous mentionnerons le *chlorure mercureux* Hg^2Cl^2 (calomel) et le *chlorure mercurique* $HgCl^2$ (sublimé corrosif).

CHLORURE MERCUREUX OU CALOMEL

Formule : Hg^2Cl^2; poids moléculaire : $(2 \times 200) + (2 \times 35,5) = 471$.

427. C'est une poudre blanche insoluble dans l'eau, employée comme vermifuge et comme purgatif. Aussi faut-il éviter avec le plus grand soin que ce corps ne renferme du sublimé, qui est un poison violent.

CHLORURE MERCURIQUE OU SUBLIMÉ CORROSIF

Formule : $HgCl^2$; poids moléculaire : $200 + (2 \times 35,5) = 271$.

428. Ce sont des cristaux blancs solubles dans l'eau et dans l'alcool.

Le sublimé est un poison violent.

On l'emploie comme antiseptique sous forme de solution à $0^{gr},25$ par litre d'eau.

CHAPITRE IV

MÉTAUX PRÉCIEUX

429. Nous rappelons que nous avons à étudier dans ce chapitre : 1° l'*argent*, élément monovalent, qui se rattache au groupe des métaux alcalins; 2° l'*or*, qui forme à lui seul le huitième groupe de métaux; 3° le *platine*, qui est le seul métal pratiquement important du dernier groupe.

Argent.

Symbole : Ag ; poids atomique : 108.

État naturel. Extraction. — **430.** On trouve une certaine quantité d'argent à l'état natif, mais le plus souvent ce métal est extrait du sulfure d'argent, Ag^2S (*argyrose*). On en retire aussi une certaine quantité des galènes qui, fréquemment, sont argentifères (§ 408).

La métallurgie de l'argent présente quelques complications non prévues dans les méthodes générales exposées.

Propriétés. Alliages. — **431.** C'est un métal blanc, d'un éclat remarquable. Il est extrêmement malléable, on peut le réduire en fils très fins et en feuilles très minces. Il est très bon conducteur.

A l'air, il ne se ternit pas, à moins qu'il ne se trouve en présence d'un peu de gaz sulfhydrique, auquel cas il noircit en donnant du sulfure d'argent.

L'acide azotique dissout l'argent en donnant de l'*azotate d'argent* (nitrate d'argent, pierre infernale), AzO^3Ag.

L'argent est employé, allié au cuivre, pour la fabrication de monnaies, d'objets d'orfèvrerie, de bijouterie. Les alliages qu'il forme avec le cuivre sont plus durs que l'argent lui-même; les principaux d'entre eux ont la composition suivante :

	Monnaies		Bijouterie	
	Pièces de 5 francs	Pièces divisionnaires	1er titre	2e titre
Argent.......	900	835	940	800
Cuivre.......	100	165	60	200

Argenture. — **432.** On recouvre souvent différents métaux d'une couche d'argent très mince communiquant à l'objet tous les caractères extérieurs de ce métal précieux. C'est l'argenture qu'on pratique au moyen de l'électricité.

D'une manière générale, quand on plonge, dans les deux branches d'un tube en U (*fig.* 76) renfermant une solution d'un sel métallique, deux lames de platine reliées aux deux pôles d'une pile, le sel est décomposé : la

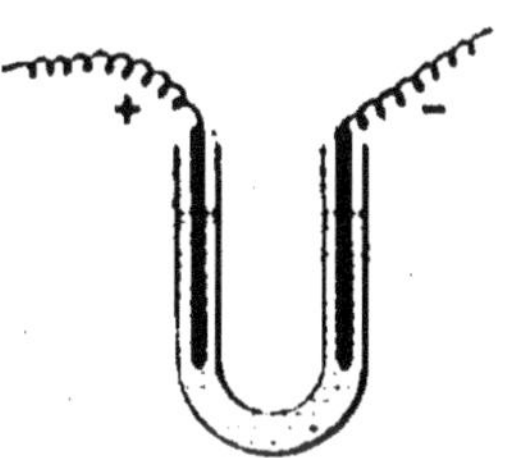

Fig. 76. — Décomposition d'un sel par l'électricité.

lame reliée au pôle négatif se recouvre de métal. S'il s'agit de sulfate de cuivre, par exemple, le sel se décompose ainsi :

$$SO^4Cu = SO^3 + O + Cu.$$

au pôle +   au pôle —

Le cuivre va recouvrir le platine du pôle négatif.

Si, au lieu d'opérer sur du sulfate de cuivre, on opère sur un sel d'argent, celui-ci sera décomposé, et c'est l'argent qui se portera au pôle négatif. Il suffira donc de fixer au pôle négatif l'objet métallique à argenter, préalablement bien décapé, au pôle positif une plaque d'argent, et l'on verra cet objet se recouvrir d'une couche d'argent.

Composés de l'argent.

433. Les sels d'argent sont très altérables à la lumière, ils noircissent par suite de leur décomposition avec mise en liberté d'argent métallique. Cette propriété est utilisée en photographie.

Prenons un fragment de nitrate d'argent avec une pince, mouillons légèrement un point de notre main et touchons la partie mouillée avec le fragment de nitrate d'argent. Au bout d'un certain temps, nous voyons apparaître un point noir à l'endroit touché par le nitrate d'argent : ce sel a été décomposé par la lumière et l'argent métallique mis en liberté adhère à la peau. C'est un fait dont la coquetterie féminine a su s'emparer.

Le *nitrate d'argent*, AzO^3Ag, s'obtient en traitant l'argent par l'acide azotique chaud. Préalablement fondu, il est employé en chirurgie pour ronger les chairs. C'est la *pierre infernale*.

Or.

Symbole : Au; poids atomique : 196.

434. L'or, le roi des métaux, est inaltérable ; aussi le trouve-t-on dans la nature à l'état de liberté, dans les roches quartzeuses, dans les sables (§ 310).

Il possède une belle couleur jaune. C'est le métal le plus malléable.

Les acides ne l'attaquent pas ; mais le mélange d'acide chlorhydrique et d'acide azotique (*eau régale*) le dissout (§ 255).

Trop mou pour être utilisé pur, l'or est employé en bijouterie et en orfèvrerie allié au cuivre (or rouge) ou bien au cuivre et à l'argent (or vert).

Pour les monnaies, l'alliage est composé de 900 parties d'or pour 100 parties de cuivre. Pour les médailles, 916 d'or et 84 de cuivre. Pour l'orfèvrerie, les alliages sont de titres différents (premier titre : or 920, cuivre 80; deuxième titre : or 840, cuivre 160: troisième titre : or 750, cuivre 250).

Platine.

Symbole : Pt; poids atomique : 194.

435. Ce métal se trouve à l'état natif dans les mêmes roches ou terrains que l'or. Mais il faut le purifier.

Il est d'un joli blanc, malléable, ductile et très tenace.

Son inaltérabilité le fait employer pour confectionner des creusets, des capsules et des appareils distillatoires destinés à la concentration de l'acide sulfurique. Toutefois, il faut éviter de fondre de la potasse dans de semblables ustensiles ; le métal serait attaqué.

Le métal met en valeur l'éclat du diamant; aussi est-il employé par les bijoutiers pour monter cette pierre précieuse. On fait alors usage d'un alliage avec le cuivre.

QUATRIÈME PARTIE

CHIMIE ORGANIQUE

CHAPITRE I

GÉNÉRALITÉS

Définition et but de la chimie organique.

436. La chimie organique est la chimie des composés du carbone. Ces composés, particulièrement nombreux, possèdent des propriétés qui font apparaître chez eux des fonctions différentes de celles que nous avons étudiées jusqu'ici. Ils sont formés chez les êtres vivants, ou bien possèdent une nature analogue à celles des composés que l'on rencontre dans l'organisme animal ou dans l'organisme végétal.

Pendant longtemps, l'objet de la chimie organique a été exclusivement l'étude des substances extraites du corps des animaux ou des plantes. La méthode de travail consistait à isoler, de la matière brute, un certain nombre d'individus chimiques, pour en étudier ensuite les propriétés ainsi que les produits de décomposition. Cette méthode qui, de matières complexes, permet de passer à des substances plus simples, s'appelle la *méthode analytique*.

L'idée était admise que ces composés organiques définis ne pouvaient se constituer à l'aide des éléments, sans l'intervention de ce quelque chose de mystérieux qu'est la vie. Leur formation, leur édification au moyen des matériaux simples, c'est-à-dire des éléments, était due à ce que l'on appelait la *force vitale*. En d'autres termes, on considérait comme impossible, avec les seules ressources du laboratoire, d'unir au carbone d'autres corps simples, pour aboutir à la formation de ces substances organiques, identiques ou analogues à celles que l'on rencontre chez les êtres vivants. Cela revient à dire que l'on considérait comme d'une réalisation impossible la *synthèse* des composés organiques. Et alors fut faite cette division de la chimie en deux parties bien distinctes, division qui, pour d'autres raisons, subsiste encore aujourd'hui : la *chimie minérale* ou *inorganique* et la *chimie organique.*

Mais, en 1828, WÖHLER parvint à reconstituer de toutes pièces, en partant des éléments, cette même substance, l'*urée*, qui, cinquante ans auparavant, était découverte dans l'. 'ie. La première synthèse d'une matière organique était réalisée. L'urée, substance produite par un acte de la vie, pouvait être obtenue indépendamment de la vie, sans le concours de la soi-disant force vitale, avec les seules ressources de la chimie. Il semble que cette expérience, si probante, aurait dû dissiper l'erreur et faire admettre la possibilité d'obtenir par la synthèse, c'est-à-dire par l'union des éléments, les matières organiques. Il fallut encore un quart de siècle pour voir disparaître à tout jamais l'hypothèse de la force vitale et tout son cortège de préjugés!

Aujourd'hui, le problème général de la synthèse chimique des substances organiques est résolu, et les méthodes inspirées par les théories modernes rendent son application pratique en même temps que féconde. La chimie organique dispose :

1° De la *méthode analytique*, qui permet de séparer d'un mélange les différents individus qui le forment, et de décomposer ensuite ces substances définies en substances moins complexes ;

2° De la *méthode synthétique*, qui permet d'unir entre eux les éléments de façon à composer de toutes pièces des combinaisons.

Il est aisé de comprendre qu'une ère de progrès devait suivre l'apparition de la méthode synthétique dans le domaine de l'expérimentation. Les chimistes se sont attachés aussitôt à reproduire artificiellement les substances naturelles. Ils sont arrivés, pour un grand nombre de produits appliqués aux besoins de la vie, à des préparations synthétiques qui livrent ces produits à des prix de revient sensiblement inférieurs à ceux auxquels on les obtient lorsqu'on les emprunte à la nature. Nous nous rendons compte de l'intérêt pratique de semblables réalisations et de l'importance, dans la vie commerciale, d'une science qui permet d'atteindre des résultats ayant de telles conséquences positives. La méthode synthétique ne donne pas seulement le moyen d'imiter la nature par la reproduction de substances identiques à celles que l'on rencontre chez les êtres vivants. Son rôle est plus étendu. Orientée par les théories modernes, elle permet aussi de réaliser entre les éléments des associations aboutissant à des composés entièrement nouveaux.

Ainsi, la synthèse comble les lacunes de la nature; elle crée même ce que la vie ne fait pas.

Et aujourd'hui, si l'idée de la force vitale ayant été abandonnée, la chimie organique ne constitue plus qu'un chapitre spécial de la chimie générale, il n'en est pas moins vrai que ce chapitre est hors de proportion avec l'ensemble de tous les autres. Il mérite donc une étude spéciale.

La chimie organique n'est pas seulement intéressante par le nombre considérable des substances dont elle englobe l'étude (on en connaît près de cent mille aujourd'hui), ni par le puissant attrait philosophique des théories qui résultent de la généralisation des faits de son domaine; elle a, en outre, une portée pratique très grande, grâce à l'infinie variété des applications dont sont susceptibles les combinaisons du carbone. Si nous examinons, en effet, la série de substances dont nous faisons un usage constant, nous y trouvons une multitude de composés organiques : des combinaisons organiques, nos combustibles, tels que le gaz d'éclairage, le pétrole, l'alcool; des combinaisons organiques encore, les couleurs qui servent à teindre nos étoffes et qui, pour la plupart, sont obtenues synthétiquement; les substances nutritives que nous absorbons, telles que les sucres, les matières albuminoïdes, les graisses, sont elles aussi des combinaisons de carbone, comme les matières odorantes extraites de la plante ou obtenues dans le laboratoire du chimiste, comme tous ces médicaments si actifs qui ont nom de quinine, de morphine, de cocaïne, etc.

Composition des matières organiques.

437. Pour se mettre en mesure d'étudier la nature d'un corps (que celui-ci se trouve dans un ensemble de produits extraits d'une plante ou d'un organe animal, ou bien qu'il soit le résultat d'une opération chimique), il est indispensable tout d'abord de l'isoler à l'état de pureté, c'est-à-dire de le séparer d'avec les autres substances qui l'accompagnent.

Une fois en possession de la substance pure, on pourra déterminer la proportion des éléments qui la composent.

Ensuite, on pourra songer à établir sa formule chimique, c'est-à-dire à fixer le nombre d'atomes de chacun des éléments qui composent une molécule; ce qui nécessitera, bien entendu, la connaissance de la grandeur moléculaire du corps.

En résumé, les problèmes qui se posent à nous, en abordant l'étude de la chimie organique, sont les suivants :

1° *Séparation d'un corps à l'état de pureté* (la séparation des individus chimiques qui constituent un mélange fait l'objet de l'*analyse immédiate*);

2° *Détermination de la composition du corps* (c'est l'*analyse élémentaire*);

3° *Détermination de la formule du corps.*

Mais, avant d'envisager ces différents problèmes, il faut s'assurer que l'on se trouve réellement en présence d'une matière organique, c'est-à-dire d'une combinaison du carbone.

La propriété caractéristique de toute matière organique est de brûler en produisant de l'anhydride carbonique qui résulte de l'oxydation de son carbone. Cette oxydation peut être effectuée à l'aide de l'oxygène de l'oxyde de cuivre. Dans un tube de verre, faisons un mélange intime d'oxyde de cuivre et de sucre par exemple; mettons ce tube (*fig.* 77) en communication avec un tube à boules renfermant de l'eau de chaux, dans laquelle le gaz qui pourra se dégager viendra barboter en suivant un long trajet. Si nous chauffons le contenu du tube, nous voyons se dégager un gaz qui trouble l'eau de chaux. C'est la réaction de l'anhydride carbonique. Le sucre est donc une matière organique.

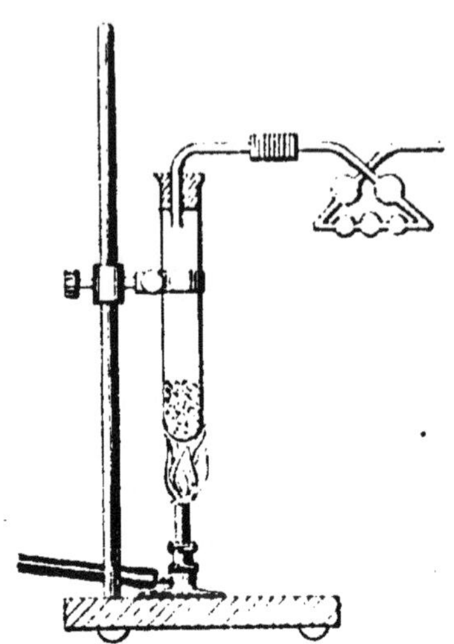

Fig. 77. — Constatation de la présence du carbone dans une substance.

Analyse immédiate.

438. La séparation des divers composés qui constituent un mélange est une *analyse immédiate*.

L'objet de l'analyse immédiate n'est pas toujours la séparation de toutes les espèces chimiques qui entrent dans la composition d'un mélange. Souvent il suffit, pour le but que l'on se propose, de séparer un ensemble de composés. Ainsi, par exemple, lorsqu'on extrait le parfum d'une plante, on sépare, de l'ensemble des substances végétales qui constituent la plante, une matière appelée huile essentielle qui n'est pas un individu chimique. C'est un mélange moins complexe que la matière primitive, formée de corps qui possèdent tous la propriété odorante pour laquelle on les a extraits, et qu'il n'y a par conséquent pas intérêt, dans la généralité des cas, à séparer les uns des autres.

L'analyse immédiate peut donc, selon la limite à laquelle elle est poussée, aboutir à l'obtention, soit de mélanges moins complexes que le mélange primitif, soit de composés définis.

Dans l'exemple que nous venons d'indiquer, l'analyse immédiate aboutit à un mélange plus simple que la matière primitive ; lorsqu'on sépare l'alcool du vin par distillation comme nous l'avons indiqué pag. 11, on effectue une analyse immédiate qui conduit à l'isolement d'un composé défini, l'alcool.

L'analyse immédiate constitue une méthode fréquemment employée dans l'industrie, soit qu'elle ait pour but d'extraire un ensemble de corps, soit qu'elle vise à la séparation d'un composé unique. On fait des analyses immédiates quand on extrait l'huile des olives, la fécule de la pomme de terre, le parfum de la fleur, le sucre de la betterave.

C'est l'analyse immédiate qui a permis d'extraire de certains médicaments végétaux les principes définis actifs et de substituer par conséquent, à des substances dont la composition était variable et par conséquent les effets incertains, les principes qui guérissent ou soulagent.

Les méthodes employées pour la séparation des substances organiques varient naturellement selon les propriétés de ces substances. Mais on peut dire, d'une manière générale, qu'elles reposent sur les différences de propriétés, physiques ou chimiques, des constituants du mélange que l'on veut simplifier.

Distillation fractionnée. — 439. La distillation fractionnée a pour but la séparation de plusieurs fractions d'un mélange, basée sur les différences entre les points d'ébullition de ces fractions.

Nous avons déjà effectué une distillation fractionnée (p. 11) lorsque nous avons, en partant du vin, séparé deux fractions, dont l'une, l'alcool, distille à 78°, et l'autre, l'eau, distille à 100°. Reprenons cette expérience, pour l'effectuer avec plus de soin; et supposons que nous nous trouvions encore en présence d'un mélange d'alcool et d'eau.

Dans un ballon surmonté d'un thermomètre et communiquant avec un second ballon à l'aide d'un long tube de verre, comme il a été indiqué à la page 11 (*fig.* 7), mettons notre mélange d'alcool et d'eau. Chauffons. Au bout d'un certain temps, le liquide entre en ébullition; lorsque la vapeur arrive au contact du réservoir du thermomètre, la température monte et demeure stationnaire à 78°, ce qui indique que la vapeur qui va se condenser dans le second ballon est formée d'alcool. Au bout d'un certain temps, le thermomètre monte à 100°, et c'est alors de l'eau qui distille. C'est ce que nous avons déjà appris à constater page 11. Expliquons le phénomène. Lorsque se produit l'ébullition, c'est un mélange de vapeurs d'alcool et d'eau qui s'élève au-dessus du liquide. Mais, arrivant au contact du col du ballon, qui est froid, les deux vapeurs se refroidissent, et par conséquent se condensent pour retomber dans le ballon. Par contre, le col du ballon s'échauffe petit à petit et, lorsque sa température arrive à 78°, la vapeur d'alcool peut subsister, tandis que la vapeur d'eau se condense encore, puisque l'eau est liquide au-dessous de 100°. Il en résulte que, seule, la vapeur d'alcool peut atteindre l'ouverture du tube dans lequel elle ira se condenser.

Lorsque la totalité de l'alcool a distillé, il ne reste plus que de l'eau, c'est-à-dire de la vapeur à 100°; celle-ci élèvera donc petit à petit la température du col du ballon jusqu'à 100°. A ce moment, la vapeur d'eau pourra, sans se condenser, arriver jusqu'à l'ouverture du tube réfrigérant, et c'est de l'eau qui distillera.

Mais, au début de l'opération, lorsqu'il se forme à la fois de la vapeur d'alcool et de la vapeur d'eau, si le col du ballon est court, si la surface de refroidissement qu'il offre est faible, la vapeur d'eau n'aura pas le temps de s'y condenser entièrement.

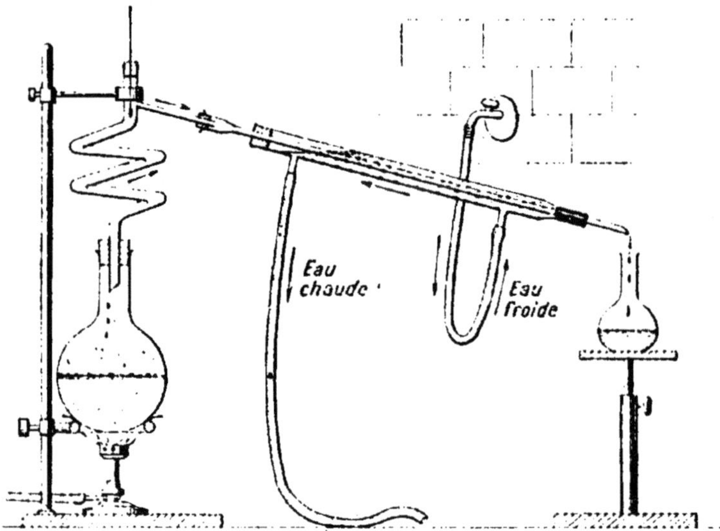

Fig. 78. — Distillation fractionnée.

En réalité, ce sera, dans ces conditions, un mélange de vapeurs d'alcool et d'eau qui s'engagera dans le tube réfrigérant, et l'on aura une séparation imparfaite des deux produits.

Il y aura donc intérêt à augmenter la surface de refroidissement sur le trajet des vapeurs. C'est ce que l'on peut réaliser à l'aide d'un dispositif tel que celui que représente la figure 78. Le ballon est surmonté d'un tube en spirale dans lequel la vapeur la moins volatile se condense avant d'arriver au sommet. Ce tube porte à sa partie supérieure un thermomètre indiquant la température de la vapeur qui y arrive. Une tubulure latérale conduit la vapeur dans un tube refroidi extérieurement par un courant d'eau froide circulant dans un tube plus large qui enveloppe le premier. Un semblable dispositif est un réfrigérant. La vapeur s'y condense et le liquide est recueilli dans un vase placé à l'extrémi...

La méthode de la distillation f... ...ée permet de séparer des substances que la chaleur n'altère pas et dont les points d'ébullition sont différents.

On peut abaisser la température à laquelle s'effectue la distillation de chacune des substances à séparer. Nous allons voir comment. Pour qu'un liquide entre en ébullition, il faut que sa vapeur soit susceptible de vaincre la résistance due à la pression qui s'exerce à la surface de ce liquide; cette vapeur pourra alors s'élever et s'éloigner constamment. Nous savons qu'il est pour cela nécessaire de chauffer convenablement. Si nous réduisons la pression à la surface du liquide, la vapeur aura à vaincre une résistance moindre et il suffira alors d'un chauffage moindre. En d'autre termes, on peut opérer la distillation fractionnée à une température plus basse, à condition de réduire la pression qui s'exerce à la surface du liquide, c'est-à-dire d'y faire le vide.

La distillation fractionnée sous la pression normale, ou dans le vide, est une méthode de travail fréquemment employée, aussi bien dans les laboratoires que dans l'industrie.

Séparation des substances par dissolution. — 440. On peut mettre à profit, pour la séparation des substances, la solubilité de certaines d'entre elles dans des liquides convenablement choisis, qui sont alors appelés des *dissolvants* ou *solvants*. Nous avons appris déjà (¾ 279) que le sulfure de carbone est un dissolvant qui permet d'extraire certaines huiles. L'appareil dont on fait usage, ainsi que le dissolvant choisi, varient selon les cas. Pour fixer les idées, supposons que nous voulions extraire l'huile d'une graine oléagineuse. Nous pourrons opérer de la façon suivante :

Dans un ballon A (*fig.* 79), nous mettrons du sulfure de carbone ou de la benzine, c'est-à-dire le dissolvant. Dans un récipient en verre B, une allonge ayant la forme d'une ampoule rétrécie vers le bas, de façon à pouvoir s'adapter au ballon A

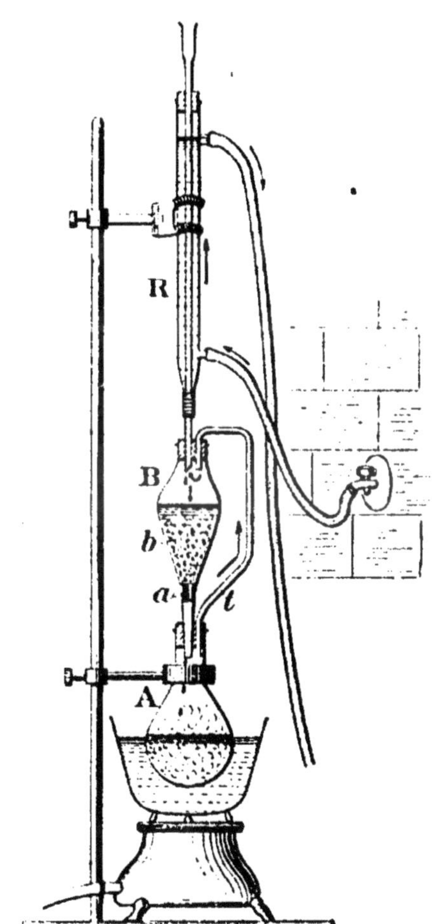

Fig. 79. — Extraction par dissolution.

à l'aide d'un bouchon, nous plaçons : 1° un bouchon *a* auquel nous aurons pratiqué des entailles verticales pouvant permettre le passage d'un liquide; 2° sur une certaine hauteur en *b*, les graines oléagineuses préalablement réduites en poudre. L'allonge est surmontée, à l'aide d'un bouchon percé, d'un réfrigérant R (tube de verre autour duquel circule de bas en haut un courant d'eau froide). Par une tubulure latérale *t*, l'atmosphère du ballon A est mise en communication avec l'intérieur de l'allonge B.

Nous chauffons le ballon A au moyen d'un bain-marie; mais, comme les dissolvants usités sont très volatils et s'enflamment à l'air, il ne faut faire usage du feu que si le montage de l'appareil est parfait, c'est-à-dire s'il ne peut se produire aucune fuite de vapeur de dissolvant inflammable. Quand on emploie le sulfure de carbone, il est plus prudent de chauffer à part l'eau destinée à maintenir la température du bain-marie. Dans l'industrie ou dans les laboratoires bien installés, le chauffage est effectué sans danger et commodément, grâce à l'emploi de la vapeur.

Le dissolvant, quelle que soit la méthode de chauffage, entre en ébullition dans le ballon A; sa vapeur s'élève, passe par le tube *t*, arrive dans le réfrigérant R où elle se condense, et le liquide tombe en pluie sur les graines oléagineuses contenues dans l'allonge, pour passer à travers, s'emparer de l'huile, puis s'écouler dans le ballon A, grâce aux rainures pratiquées au bouchon *a*. Dans le ballon, l'huile reste, car elle ne bout qu'à haute température; le dissolvant est à nouveau vaporisé, et ainsi de suite.

Dans ces conditions, une quantité limitée de dissolvant peut servir à traiter (à *épuiser* pour employer le mot technique) une assez grande quantité de matière.

La graine épuisée, il suffira de distiller le dissolvant, et l'huile, peu volatile, restera dans le ballon.

Remarquons que nous n'avons pas ici poussé la séparation jusqu'à obtenir isolément tous les corps à composition définie, toutes les espèces chimiques de la matière initiale. Nous avons extrait un mélange de corps qui forme l'huile, et l'on trouve finalement dans l'allonge B le reste de la matière végétale.

C'est d'une façon analogue, mais en opérant à froid et avec l'éther de pétrole[1] comme dissolvant, qu'on extrait, à Grasse (Alpes-Maritimes), les parfums des fleurs.

Séparation des substances par congélation. — 441. Si l'un des constituants d'un mélange se solidifie à une température à laquelle les autres constituants demeurent liquides, on pourra effectuer la séparation du principe congelable par refroidissement de la masse.

Analyse élémentaire.

442. Ainsi, l'analyse immédiate, par une seule opération, ou, ce qui est le cas le plus fréquent, par une série d'opérations successives, permet d'isoler à l'état de pureté l'espèce chimique que l'on veut examiner.

(1) Nous verrons plus loin ce qu'il faut entendre par éther de pétrole.

Nous pourrons alors nous proposer de déterminer les proportions dans lesquelles les divers éléments entrent dans sa composition. C'est en cela que consiste l'*analyse élémentaire*.

Comme nous l'avons dit, *toutes les matières organiques contiennent du carbone*. La plupart sont aussi formées d'*hydrogène*. Un grand nombre d'entre elles renferment de l'*oxygène* ou de l'*azote*.

La majorité des composés organiques naturels ne contiennent pas d'autres éléments que ceux que nous venons d'énumérer. Cependant il en est chez lesquels on rencontre du soufre, du phosphore. On peut d'ailleurs introduire, dans une molécule de substance organique, un grand nombre d'autres éléments, tels que le chlore, le brome, l'iode, le zinc, le magnésium, etc.

En résumé, dans le cas le plus général, les matières organiques ne renferment pas d'autres éléments que le carbone, l'hydrogène, l'oxygène et l'azote.

Nous indiquerons le principe des méthodes employées pour déterminer la proportion de ces quatre éléments, c'est-à-dire pour les *doser*.

Deux cas sont à considérer, selon qu'il s'agit d'une substance ne renfermant pas d'azote ou, au contraire, d'une substance azotée.

On reconnaît qu'une substance est azotée à ce que, chauffée dans un tube de verre avec de la potasse, elle dégage du gaz ammoniac que l'on peut caractériser grâce à son odeur et à sa propriété de bleuir un papier de tournesol préalablement rougi par une trace d'acide, et présenté à l'orifice du tube.

1° Analyse élémentaire d'une substance non azotée. — 443. Nous supposons qu'il s'agisse d'une substance renfermant exclusivement du carbone et de l'hydrogène, ou bien encore du carbone, de l'hydrogène et de l'oxygène.

La méthode que nous allons décrire permet de doser en même temps le carbone et l'hydrogène. L'excédent de poids sera celui de l'oxygène.

Le principe de la méthode est le suivant : on brûle un poids connu de substance. Le carbone se transforme en anhydride carbonique qu'on absorbe et qu'on pèse. L'hydrogène se convertit en vapeur d'eau qu'on absorbe et qu'on pèse. Du poids de l'anhydride carbonique, on déduit le poids du carbone; du poids de l'eau, on déduit le poids de l'hydrogène. En retranchant la somme de ces deux poids du poids de matière employé, on a le poids de l'oxygène.

La combustion de la matière à analyser s'effectue à l'aide de l'oxyde de cuivre, dans un long tube de verre que l'on chauffe sur une grille à gaz. Les gaz de la combustion sont balayés par un courant d'oxygène sec. Ils passent : 1° A travers un tube en U (*fig.* 80) renfermant de la pierre ponce imbibée d'acide sulfurique. L'acide sulfurique retient la vapeur d'eau et laisse passer le reste. Le tube en U a été pesé avant l'opération, il est pesé après l'opération. L'augmentation de poids représente le poids de l'eau formée par suite de la combustion de l'hydrogène de la matière organique.

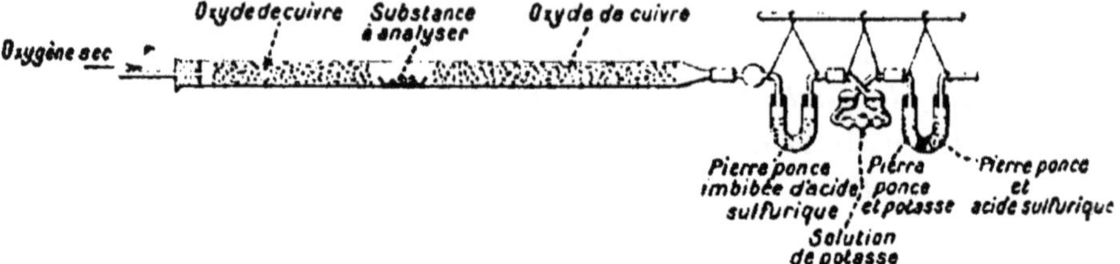

FIG. 80. — Analyse élémentaire.

2° Les autres gaz passent ensuite dans un tube à boules renfermant une solution de potasse. La potasse absorbe, en le transformant en carbonate de potassium, l'anhydride carbonique provenant de la combustion du carbone de la matière organique. Le tube à potasse a été pesé avant l'opération, il est pesé après ; et l'augmentation de poids représente le poids du gaz carbonique formé.

3° A la sortie de ce tube, le gaz ne doit plus renfermer que de l'oxygène. C'est ce que l'on constate en le faisant passer à travers un tube en U dont la première branche est garnie de pierre ponce imbibée d'une solution de potasse et dont la seconde branche est garnie de pierre ponce imbibée d'acide sulfurique. Le poids de ce tube, appelé tube témoin, ne doit pas avoir varié au cours de l'opération, ce qui montrera que la vapeur d'eau et le gaz carbonique formés auront bien été absorbés par les tubes précédents.

Exercice de calcul. — **444.** Supposons que l'on ait opéré sur 0^{gr},1756 de matière et que l'on ait trouvé :

> Anhydride carbonique .... 0^{gr},3543
> Eau ...., 0 .1293

Déduisons de ces nombres la composition du corps, en d'autres termes calculons les poids de carbone et d'hydrogène contenus dans 0^{gr},1756 de matière.

Le poids moléculaire du gaz carbonique CO^2 est :

$$12 + (2 \times 16) = 44.$$

Une molécule de gaz carbonique renferme un atome de carbone, c'est-à-dire un poids 12.

Le poids 44 de CO^2 renferme 12 de carbone ;

$$- \quad 1 \quad - \quad \frac{12}{44} \quad -$$

$$- \quad 0,3543 \quad - \quad \frac{12 \times 0,3543}{44} = 0^{gr},0966 \text{ de carbone.}$$

Une molécule d'eau $H^2O = (2 \times 1) + 16 = 18$; elle renferme $2H = 2$.

Le poids 18 d'eau contient 2 d'hydrogène :

$$1 \quad - \quad \frac{2}{18} \quad -$$

$$0^{gr},1293 \quad - \quad \frac{2 \times 0,1293}{18} = 0,0144 \text{ d'hydrogène.}$$

Le poids de l'oxygène contenu dans les $0^{gr},1756$ de matière sera :

$$0^{gr},1756 - (0^{gr},0966 + 0^{gr},0144) = 0^{gr},0646.$$

Donc, un poids $0^{gr},1756$ de matière renferme :

C.....................	$0^{gr},0966$
H.....................	$0\ ,0144$
O.....................	$0\ ,0646$

Calculons la composition de la matière en centièmes
Le poids $0^{gr},1756$ renferme :

C	H	O
0,0966	0,0144	0,0646

Le poids 1 renfermera :

C	H	O
0,0966	0,0144	0,0646
0,1756	0,1756	0,1756

Le poids 100 renfermera :

C	H	O
$\dfrac{100 \times 0,0966}{0,1756} = 55,01$	$\dfrac{100 \times 0,0144}{0,1756} = 8,20$	$\dfrac{100 \times 0,0646}{0,1756} = 36,79.$

La matière est formée de 55,01 0/0 de carbone, 8,20 0/0 d'hydrogène et 36,79 0/0 d'oxygène.

2° Analyse élémentaire d'une substance azotée. — 445. En plus du dosage du carbone et de l'hydrogène, il faudra effectuer celui de l'azote.

Le dosage du carbone et de l'hydrogène s'effectue comme dans le cas précédent. Toutefois il peut se former, par oxydation, des composés oxygénés de l'azote qui seraient absorbés par la potasse et fausseraient les résultats. Aussi place-t-on à l'extrémité du tube dans lequel s'effectue la combustion une longue colonne de cuivre métallique. Ce métal, chauffé au rouge, s'empare de l'oxygène des composés de l'azote et met l'azote en liberté. Ce gaz n'est absorbé ni par l'acide sulfurique, ni par la potasse : il va donc hors de l'appareil.

Pour doser l'azote, on recommence l'opération précédente, avec cette différence que, au lieu de balayer les gaz avec un courant d'oxygène, on le balaye avec un courant d'anhydride carbonique. On recueille uniquement l'azote dans une éprouvette graduée, après avoir fait absorber le gaz carbonique par la potasse. On lit le volume de l'azote dégagé et, connaissant le poids de 1 centimètre cube d'azote dans les mêmes conditions de température et de pression, on en déduit le poids d'azote contenu dans un poids connu de matière analysée.

Les calculs s'effectuent comme dans le cas précédent.

Détermination de la formule d'un corps.

446. Lorsqu'on a fait l'analyse élémentaire d'un corps, le problème qui se pose est celui de la détermination de sa formule.

Que représente une formule ? Elle représente *une molécule* d'un corps. Donc, pour déterminer une formule, il importe de connaître la grandeur de la molécule, c'est-à-dire le *poids moléculaire* du corps.

Qu'indique une formule ? Elle indique *le nombre d'atomes de chacun des éléments contenus dans une molécule*. Nous connaissons, par l'analyse, les poids des éléments contenus dans un poids 100 du corps; nous calculerons le poids des éléments contenus dans le poids d'une molécule du corps, et nous en déduirons les nombres d'atomes qui forment les poids trouvés.

Donc, après avoir fait l'analyse élémentaire, on déterminera le poids moléculaire du corps (§§ 94, 95, 96). Pour fixer les idées, nous allons raisonner sur un exemple, celui que nous avons déjà choisi (§ 444).

L'analyse nous a donné :

$$
\begin{aligned}
&\text{C} \dots\dots\dots\dots\dots\dots\dots\dots\dots & 55{,}01\ 0/0 \\
&\text{H} \dots\dots\dots\dots\dots\dots\dots\dots\dots & 8{,}20\ 0/0 \\
&\text{O} \dots\dots\dots\dots\dots\dots\dots\dots\dots & 36{,}79\ 0/0
\end{aligned}
$$

Supposons que nous trouvions, pour le poids moléculaire, le nombre 174.

Nous allons calculer les poids des éléments contenus dans 1 molécule de matière qui pèse 174.

Un poids 100 de matière renferme :

C	H	O
55,01	8,20	36,79

Un poids 1 de matière renfermera :

C	H	O
$\dfrac{55{,}01}{100}$	$\dfrac{8{,}20}{100}$	$\dfrac{36{,}79}{100}$

Un poids 174 de matière renfermera :

C	H	O
$\dfrac{55{,}01 \times 174}{100}$	$\dfrac{8{,}20 \times 174}{100}$	$\dfrac{36{,}79 \times 174}{100}$

$$
\text{Soit, dans } \textit{une molécule} \left\{
\begin{aligned}
&\text{C} \dots\dots\dots\dots\dots\dots & 95{,}7 \\
&\text{H} \dots\dots\dots\dots\dots\dots & 14{,}3 \\
&\text{O} \dots\dots\dots\dots\dots\dots & 64{,}0
\end{aligned}
\right.
$$

Un atome de carbone pèse 12 : donc, autant de fois 12 sera contenu dans 95,7, autant il y aura d'atomes de carbone dans une molécule du corps étudié :

$$\frac{95,7}{12} = 7,98.$$

Nous trouvons 7,98, nombre très voisin de 8. Comme une molécule ne peut pas renfermer des fractions d'atomes, la molécule en question contiendra 8 atomes de carbone.

De même, le nombre d'atomes d'hydrogène d'une molécule sera :

$$\frac{14,3}{1} = 14.3 \text{ (soit 14)},$$

et le nombre d'atomes d'oxygène (élément dont le poids atomique est 16) sera :

$$\frac{64}{16} = 4.$$

La formule du corps est donc $C^8H^{14}O^4$.

Classification des matières organiques.

Tétravalence du carbone.

447. Le carbone, l'élément caractéristique formant en quelque sorte la charpente des composés organiques, est *tétravalent*. De plus, *ses quatre valences sont identiques*. Pour mettre en évidence ce fait, nous écrirons l'atome de carbone.

$$-\overset{|}{\underset{|}{C}}-$$

Cet atome de carbone formera une molécule, à la condition que l'on attache quelque chose à chacun de ses crochets, c'est-à-dire que l'on fixe à chacune de ses quatre valences une autre valence. Peu nous importe, pour le moment, la nature de l'élément ou des éléments ainsi fixés, notre attention se portera uniquement sur le carbone lui-même. C'est donc à titre d'exemple seulement que nous supposerons accroché à chaque valence du carbone un atome d'hydrogène. Cet exemple, d'ailleurs, correspondra à un cas absolument fondamental. Nous aurons ainsi le composé représenté par la formule :

$$\text{H} - \overset{\displaystyle \text{H}}{\underset{\displaystyle \text{H}}{\text{C}}} - \text{H}$$

c'est-à-dire CH^4.

Une semblable combinaison, disons-le incidemment, combinaison formée seulement de carbone et d'hydrogène, est nommée *hydrocarbure*.

Union des atomes de carbone.
Grandes divisions de la chimie organique.

Union des atomes de carbone. — 448. La molécule que nous venons de considérer est formée d'un seul atome de carbone. Mais nombreuses sont les molécules dans lesquelles on rencontre plusieurs atomes de cet élément.

Pour que deux atomes de carbone puissent faire partie d'une même molécule, il est indispensable qu'ils soient *unis entre eux*.

Nous savons que l'union des atomes s'effectue à l'aide de ces sortes de crochets qui nous représentent les valences. Elle peut se faire de trois façons différentes :

1° A l'aide *d'une seule valence :*

$$- \overset{|}{\underset{|}{\text{C}}} - \overset{|}{\underset{|}{\text{C}}} -$$

On dit, dans ce cas, que les atomes de carbone sont unis par une *simple liaison*.

2° A l'aide de *deux valences :*

$$> \text{C} = \text{C} <$$

On dit, dans ce cas, que les atomes de carbone sont unis par une *double liaison* ;

3° A l'aide de *trois valences :*

$$- \text{C} \equiv \text{C} -$$

Les atomes de carbone sont alors unis par une *triple liaison*.

449. Considérons *deux atomes de carbone simplement liés* :

$$-\overset{|}{\underset{|}{C}}-\overset{|}{\underset{|}{C}}-$$

Nous voyons qu'il reste, sur chacun d'eux, trois valences disponibles auxquelles, pour avoir une molécule, il faut accrocher quelque chose. Fixons, par exemple, des atomes d'hydrogène ; nous aurons un hydrocarbure répondant à la formule :

$$\begin{array}{cc} H & H \\ | & | \\ H-C-C-H \\ | & | \\ H & H \end{array}$$

En chimie organique, il est surtout intéressant de voir comment, dans une molécule, les atomes de carbone sont attachés les uns aux autres ; aussi se borne-t-on généralement à mettre en évidence, dans une formule développée, les liaisons entre les atomes de carbone. La formule du composé précédemment défini s'écrira donc :

$$CH^3 - CH^3.$$

Lorsque les atomes de carbone sont ainsi soudés par une seule liaison, le composé est dit *saturé*.

450. Considérons maintenant *deux atomes de carbones doublement liés* :

$$\diagup C = C \diagdown$$

Il reste sur chacun des carbones deux valences disponibles auxquelles il faut, pour avoir une molécule, attacher quelque chose. Fixons, par exemple, des atomes d'hydrogène, et nous aurons l'hydrocarbure :

$$CH^2 = CH^2.$$

Lorsque deux atomes de carbone sont unis par une double liaison, on a un composé qui est dit *non saturé éthylénique*.

451. Enfin, considérons *deux atomes de carbone triplement liés :*

$$- C \equiv C -$$

Il ne reste qu'une valence disponible sur chacun des atomes de carbone, et l'on aura une molécule complète en y attachant quelque chose, par exemple de l'hydrogène :

$$CH \equiv CH.$$

Un tel composé, dans lequel deux atomes de carbone sont unis par une triple liaison, est dit *non saturé acétylénique*.

Séries homologues. — 452. Considérons le composé organique le plus simple, celui qui ne renferme qu'un atome de carbone uni à l'hydrogène :

$$CH^4.$$

Si nous enlevons H à cette molécule, il nous reste le groupement $-CH^3$, qui est monovalent, puisqu'il s'unit à un atome d'hydrogène. Il peut donc se substituer à cet atome.

Remplaçons dans CH^4 un atome d'hydrogène par $-CH^3$; nous aurons :

$$CH^3 - CH^3,$$

composé à deux atomes de carbone simplement liés.

Dans le composé ainsi obtenu, remplaçons encore H par $- CH^3$; nous aurons le corps à trois atomes de carbone :

$$CH^3 - CH^2 - CH^3,$$

et ainsi de suite. Chaque substitution ajoute un atome de carbone à la molécule et vient allonger d'un chaînon cette sorte de *chaîne ouverte* que forment, en s'unissant, les atomes de carbone inscrits dans la formule.

Nous voyons qu'en partant du composé CH^4 à un seul atome de carbone, nous pouvons définir toute une série de composés :

$$CH^4$$
$$CH^3 - CH^3$$
$$CH^3 - CH^2 - CH^3$$
$$CH^3 - CH^2 - CH^2 - CH^3$$
$$\text{etc., etc.,}$$

série telle que le nombre des atomes de carbone augmente d'une unité quand on passe d'un terme au suivant.

Puisque, pour réaliser ce passage on enlève H et l'on met à sa place $-CH^3$, deux termes successifs diffèrent par CH^2. Une telle série est dite *série homologue*.

Les propriétés des corps homologues sont très voisines les unes des autres.

453. On peut aussi former des séries homologues en partant d'un composé non saturé éthylénique ou bien d'un composé non saturé acétylénique. On procède de la même façon, c'est-à-dire qu'on remplace H par $-CH^3$ pour passer d'un terme au suivant :

$CH^2 = CH^2$	$CH \equiv CH$
$CH^2 = CH - CH^3$	$CH \equiv C - CH^3$
$CH^2 = CH - CH^2 - CH^3$	$CH \equiv C - CH^2 - CH^3$
etc., etc.	etc., etc.

Ceci nous donne une idée de l'immensité du domaine de la chimie organique. Et encore n'avons-nous jusqu'ici, dans les exemples choisis, considéré que des combinaisons formées en faisant occuper par de l'hydrogène les valences des atomes de carbone.

Mais nous verrons plus loin qu'en faisant à cet hydrogène des substitutions, on réalisera d'autres séries homologues.

Grandes divisions de la chimie organique. — 454. Dans les combinaisons successives que nous avons définies, les atomes de carbone sont unis par des liaisons simples ou multiples, de façon à former une sorte de *chaîne ouverte*. Dans la formule d'un tel corps, par exemple :

$$CH^3 - CH^2 - CH^2 - CH^3.$$
$$\quad (1) \qquad (2) \qquad (3) \qquad (4)$$

nous trouvons un atome de carbone (1) qui commence la chaîne et un atome de carbone (4) qui la termine.

Mais on peut aussi concevoir l'union des atomes de carbone effectuée de telle façon que le premier atome de la chaîne aille s'accrocher au dernier atome. On a alors une *chaîne fermée* ou *chaîne cyclique*. Une expérience va nous permettre de réaliser cette conception.

Considérons le composé CH CH.

Il s'appelle *acétylène*. C'est un gaz. Chauffons-le dans une cloche courbe enveloppée, à la partie chauffée, d'une toile métallique (*fig.* 81). Il se transforme en un produit qui est liquide à la température ordinaire,

Fig. 81. — Transformation de l'acétylène en benzine.

produit que l'on désigne sous le nom de *benzine*. La benzine a la même composition que l'acétylène, mais sa molécule provient de l'union de 3 molécules d'acétylène :

$$3CH \cdot CH = C^6H^6.$$
$$\text{acétylène} \qquad \text{benzine}$$

Expliquons comment 3 molécules d'acétylène peuvent s'unir pour former une seule molécule de benzine.

Écrivons isolément les formules des 3 molécules d'acétylène, de façon que les six atomes de carbone qu'elles renferment au total forment les sommets d'un hexagone ; et numérotons ces sommets en partant de l'un quelconque d'entre eux :

Sous l'influence de la chaleur, une des trois liaisons réunissant les deux atomes de carbone de chaque molécule se brise, de sorte que les atomes de carbone restent liés de deux en deux par une double liaison, tandis qu'une valence devient libre sur chaque carbone :

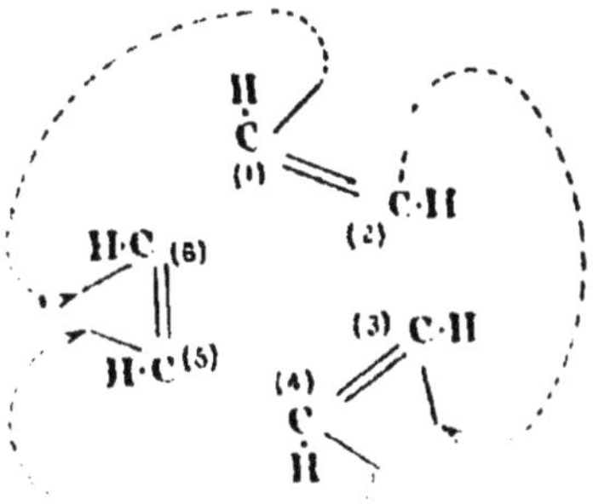

A l'aide des valences devenues libres, le carbone (1) s'unit au carbone (6), le carbone (2) au carbone (3) et le carbone (4) au carbone (5). Les trois molécules d'acétylène se trouvent ainsi unies en une seule, et la substance obtenue possède une formule dans laquelle les atomes de carbone constituent la chaîne fermée :

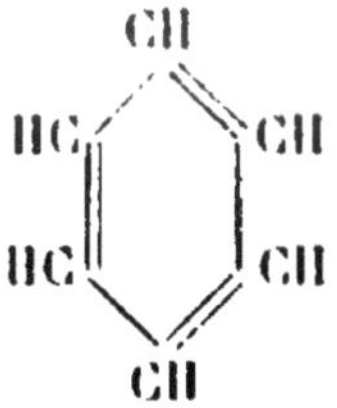

Cette chaîne hexagonale (qu'elle porte, attaché à chacun des sommets, de l'hydrogène comme dans le cas correspondant à l'exemple choisi, ou bien tout autre élément ou groupement) *communique, aux molécules, des propriétés toutes particulières.* Aussi y a-t-il lieu d'étudier séparément les substances qui renferment au moins une chaîne semblable, appelée par les chimistes *noyau benzénique.* Et nous sommes conduits à faire dans la chimie organique deux grandes divisions :

1° Les composés définis en premier lieu formeront la *série grasse*. Cette dénomination est due à ce que les constituants des graisses et des huiles appartiennent à cette catégorie de corps ;

2° Les composés de la *série aromatique*. On a été conduit à appeler ainsi les composés qui renferment un noyau benzénique, parce que les premières substances aromatiques que l'on a connues appartenaient à cette série.

L'étude des composés de la série grasse fera l'objet du chapitre II ; le chapitre III sera consacré aux composés de la série aromatique.

455. Ainsi que nous l'avons fait remarquer, à la place de l'hydrogène que nous avons supposé fixé au noyau benzénique, peuvent figurer soit d'autres éléments, soit des groupements d'atomes. Autrement dit, en partant de la benzine C^6H^6, et remplaçant un ou plusieurs atomes d'hydrogène par un ou plusieurs atomes ou groupements monovalents, nous pouvons définir un grand nombre d'autres composés de la série aromatique.

En particulier, en remplaçant H par - CH^3, nous avons le corps représenté par la formule :

$$C^6H^5 - CH^3,$$

qui est un homologue de la benzine ; en faisant, d'une façon identique, une série de substitutions successives, nous avons toute une série homologue, dont le premier terme est la benzine :

$$C^6H^6$$
$$C^6H^5 - CH^3$$
$$C^6H^5 - CH^2 - CH^3$$
$$\text{etc., etc.}$$

Dans de tels composés, nous aurons à considérer isolément : le noyau benzénique et la chaîne grasse attachée à ce noyau benzénique.

Fonctions chimiques.

456. On appelle, avons-nous dit déjà (§ 105), fonction chimique d'un corps sa tendance à présenter des réactions particulières bien définies dans des conditions données.

Il est indispensable, dès les débuts de l'étude de la chimie organique, de savoir quelles seront les principales fonctions que l'on rencontrera au cours de cette étude. En effet, aussitôt que l'on aborde l'étude d'un corps, les transformations qu'on fait subir à ce corps fournissent des dérivés possédant des fonctions différentes.

Pour cette raison, nous allons définir, dès à présent, les principales fonctions suivant lesquelles se groupent les composés organiques. L'étude de la chimie organique se trouvera considérablement simplifiée, car elle se ramènera à l'étude des caractères généraux de ces fonctions.

Chaque fonction doit ses caractères, ses aptitudes chimiques, à la présence de tel ou tel groupement d'atomes dans sa molécule, groupement qui prend le nom de *groupement fonctionnel;* ce groupement, il y aura intérêt à le mettre en évidence lorsqu'on écrira la formule d'un corps, car il nous révélera la nature de la fonction chimique de la substance, et, par conséquent, ses propriétés générales, sa façon de réagir dans des conditions déterminées. Des formules ainsi développées, formules dites *de constitution*, sont donc particulièrement significatives. Elles parlent à notre raisonnement, elles allègent notre mémoire, elles réduisent considérablement notre effort, en ramenant à quelques conventions générales très simples un nombre considérable de faits.

Pour définir les principales fonctions que nous rencontrerons en chimie organique, nous allons partir des combinaisons les plus simples que l'on puisse imaginer, combinaisons formées uniquement de carbone et d'hydrogène.

Fonction hydrocarbure saturé. — 457. Les hydrocarbures saturés (§§ 449 et 452) forment une série homologue de composés possédant des propriétés analogues et par conséquent appartenant à une même fonction. Les atomes de carbone y sont unis par de *simples liaisons*.

Fonction éthylénique. — 458. Les corps dans la molécule desquels figurent deux atomes de carbone unis par une *double liaison* possèdent, grâce à cette double liaison, des propriétés particulières qui font dire qu'ils ont la même fonction, appelée *fonction éthylénique*.

Fonction acétylénique. — **459.** De même, la présence d'une *triple liaison* dans une molécule communique, à cette molécule, des propriétés spéciales qui caractérisent la *fonction acétylénique.*

Fonction alcool. — **460.** Considérons un hydrocarbure, par exemple CH^3-CH^3.

Remplaçons un des atomes d'hydrogène par le groupement OH (groupement oxhydryle), qui est monovalent, puisque dans l'eau, H-O-H, il est uni à un atome d'hydrogène. Nous aurons le composé :

$$CH^3 - CH^2OH$$

Ce composé, qui est *le résultat de la substitution du groupement OH à un atome d'hydrogène d'un hydrocarbure, est un alcool.*

Le groupement monovalent $-CH^2OH$ nous révèle la fonction alcool.

A la série homologue des hydrocarbures saturés correspond une série homologue d'alcools.

Fonction éther-oxyde. — **461.** La fonction alcool doit ses caractères à la présence du groupement OH, absolument comme un oxyde basique doit ses aptitudes chimiques à ce même groupement.

De même que 2 molécules de potasse KOH peuvent éliminer une molécule d'eau :

$$\begin{array}{l} K\,O\,H \\ K\,O\,H \end{array}$$

pour donner une molécule d'oxyde de potassium K^2O, de même 2 molécules d'un alcool, par exemple CH^3-CH^2OH, peuvent éliminer une molécule d'eau :

$$\begin{array}{l} CH^3 - CH^2O\,H \\ CH^3 - CH^2O\,H \end{array}$$

pour donner une molécule d'un *éther-oxyde* $(CH^3-CH^2)^2O$, dans la formule duquel un radical occupe une place analogue à celle du métal dans la formule d'un oxyde basique.

Fonction aldéhyde. — **462.** Soumettons un alcool, tel que l'alcool considéré, à une *oxydation modérée*, en lui fournissant, pour chaque molécule d'alcool, seulement 1 atome d'oxygène. Cet atome d'oxygène enlèvera, pour former de l'eau, l'hydrogène du groupe OH et un atome d'hydrogène voisin, selon l'équation :

$$CH^3 - CH^2OH + O = CH^3 - CHO + H^2O.$$

Un corps tel que le corps formé, *produit d'oxydation ménagée ou plutôt de déshydrogénation d'un alcool, est appelé aldéhyde.*

Le groupement - CHO caractérise la fonction aldéhyde.

Après l'enlèvement de l'hydrogène du groupe - OH de l'alcool, la valence devenue libre sur l'oxygène s'est accrochée à la valence restée libre sur le carbone par suite de l'enlèvement d'un atome d'hydrogène :

$$CH^3 - \overset{H}{\underset{H}{C}} - O - H \rightarrow CH^3 - \overset{H}{C} = O$$

Fonction acide. — **463.** Si, au lieu d'oxyder modérément un alcool, on l'oxyde plus profondément, avec 2 atomes d'oxygène ; en d'autres termes, si l'on continue l'oxydation d'une aldéhyde, on obtient un acide organique :

$$\underset{\text{alcool}}{CH^3 - CH^2OH} + 2O = \underset{\text{acide}}{CH^3 - COOH} + H^2O ;$$

$$\underset{\text{aldéhyde}}{CH^3 - CHO} + O = \underset{\text{acide}}{CH^3 - COOH}.$$

La transformation d'une aldéhyde, produit intermédiaire d'oxydation, en acide s'explique aisément. Un atome d'oxygène s'intercale entre le carbone et l'hydrogène du groupement fonctionnel :

$$\overset{H}{\underset{-C = O}{\underset{|}{O}}}$$

Le groupement - COOH caractérise la fonction acide.

Fonction éther composé ou éther-sel. — 464. Comme les acides minéraux, les acides organiques ont pour qualité essentielle de renfermer de l'hydrogène remplaçable par du métal. C'est l'hydrogène du groupement - COOH qui possède cette aptitude. De même qu'un acide minéral réagit sur une base avec élimination d'eau :

$$\begin{array}{c} AzO^3\,H \\ K\,O\,H \end{array} \longrightarrow AzO^3K,$$

le métal se substituant à l'hydrogène de l'acide ; de même, un acide organique réagit sur un alcool avec élimination d'eau :

$$\begin{array}{c} CH^3 - CO\ O\,H \\ CH^3 - CH^2\,O\,H \end{array} \longrightarrow CH^3 - COO\,.\,CH^2 - CH^3,$$

le radical uni à OH dans l'alcool se fixant à la place de l'hydrogène de l'acide.

Le composé formé, *produit de l'action d'un acide sur un alcool avec élimination d'eau*, est un *éther composé* ou *éther-sel*.

Fonction amine. — 465. Si nous éliminons une molécule d'eau entre une molécule d'un alcool et une molécule de gaz ammoniac :

$$\begin{array}{c} CH^3 - CH^2\,O\,H \\ Az\!\!<\!\!\begin{array}{c} H \\ H \\ H \end{array} \end{array}$$

nous obtenons un produit du type :

$$CH^3 - CH^2\,.\,AzH^2,$$

produit de substitution d'un groupement monovalent AzH² au groupement OH de l'alcool. Un tel produit est une amine.

Fonction amide. — 466. D'une manière analogue, si nous éliminons H²O entre un acide, par exemple CH³ - COOH, et une molécule de gaz ammoniac :

$$CH^3 - CO|OH| \qquad\qquad\qquad CH^3 - COAzH^2,$$
$$Az\langle -H \longrightarrow \qquad\qquad \text{amide}$$

nous obtenons un composé appelé *amide*, *produit résultant de la substitution de AzH² au groupement OH d'un acide*. L'amide est à l'acide ce que l'amine est à l'alcool.

Fonction phénol. — **467.** Nous avons dit que, si nous substituons le groupement OH à un atome d'hydrogène d'un hydrocarbure, nous obtenons un alcool. Il en est ainsi lorsque la substitution se fait *sur un carbone d'une chaîne grasse*, que cette chaîne soit isolée ou bien reliée à un noyau benzénique. Si la substitution s'effectue sur un carbone d'un noyau benzénique, on obtient un corps, par exemple :

$$
\begin{array}{c}
COH \\
HC \diagdown \quad CH \\
HC \diagup \quad CH \\
CH
\end{array}
$$

qui possède bien un certain nombre de propriétés générales des alcools, mais qui, par contre, diffère de ces corps par un certain nombre d'autres propriétés. Il y a donc lieu de considérer qu'il s'agit d'une fonction spéciale, et celle-ci se nomme fonction phénol.

En résumé, *un phénol est le produit de substitution d'un groupement OH à un atome d'hydrogène dans un noyau benzénique.*

La fonction phénol est donc une fonction particulière à la série aromatique.

REMARQUES. — **468.** Plusieurs groupements fonctionnels, identiques ou différents, peuvent se trouver réunis dans une même molécule. Chacun d'eux apporte à la molécule les caractères particuliers de la fonction qu'il représente.

En somme, on peut dire qu'en définissant les fonctions les plus importantes, nous avons parcouru rapidement, mais dans son ensemble, le domaine de la chimie organique. Et, en étudiant le mécanisme du passage d'une fonction à une autre, nous nous sommes familiarisés avec les principaux types de réactions que nous rencontrerons dans la suite.

Il faut donc considérer que nous ne trouverons pas de difculté nouvelle dans l'étude spéciale que nous allons entreprendre et que, si quelque point demeure encore obscur pour nous, l'occasion se présentera de l'éclaircir d'une façon complète.

CHAPITRE II

SÉRIE GRASSE

469. Pour nous permettre d'entreprendre, avec une idée d'ensemble qui nous éclairera constamment, l'étude des composés de la série grasse, nous allons présenter un tableau des principales fonctions qui forment les séries homologues de corps dont nous aurons à nous occuper dans ce chapitre. Ce tableau nous rappellera la filiation des fonctions fondamentales et nous montrera l'étendue du domaine dans lequel nous pénétrons :

Hydrocarbures saturés	*Hydrocarbures non saturés*	
	éthyléniques	acétyléniques
$H - CH^3$		
$CH^3 - CH^3$	$CH^2 = CH^2$	$CH = CH$
$CH^3 - CH^2 - CH^3$	$CH^2 = CH - CH^3$	$CH = C - CH^3$
$CH^3 - CH^2 - CH^2 - CH^3$	$CH^2 = CH - CH^2 - CH^3$	$CH = C - CH^2 - CH^3$
etc., etc.	etc., etc.	etc., etc.

Alcools	*Aldéhydes*	*Acides*
$H - CH^2OH$	$H - CHO$	$H - COOH$
$CH^3 - CH^2OH$	$CH^3 - CHO$	$CH^3 - COOH$
$CH^3 - CH^2 - CH^2OH$	$CH^3 - CH^2 - CHO$	$CH^3 - CH^2 - COOH$
$CH^3 - CH^2 - CH^2 - CH^2OH$	$CH^3 - CH^2 - CH^2 - CHO$	$CH^3 - CH^2 - CH^2 - COOH$
etc., etc.	etc., etc.	etc., etc.

Amines	*Amides*
$H - CH^2AzH^2$	$H - COAzH^2$
$CH^3 - CH^2AzH^2$	$CH^3 - COAzH^2$
$CH^3 - CH^2 - CH^2AzH^2$	$CH^3 - CH^2 - COAzH^2$
$CH^3 - CH^2 - CH^2 - CH^2AzH^2$	$CH^3 - CH^2 - CH^2 - COAzH^2$
etc., etc.	etc., etc.

Dans l'étude qui va suivre, nous grouperons les corps d'après leurs fonctions chimiques, en commençant par les fonctions les plus simples, celles qui correspondent à des composés formés uniquement de carbone et d'hydrogène, continuant par les fonctions oxygénées et terminant par les fonctions azotées.

Nous donnerons sur chaque fonction quelques indications générales très sommaires, qui s'appliqueront à tous les corps possédant cette fonction, et nous consacrerons ensuite quelques mots à la description des corps les plus intéressants dans la vie pratique. Il faut, en effet, être dès à présent bien éclairés sur ce point que l'étude rationnelle de la chimie organique se ramène principalement à celle des propriétés générales des fonctions.

Hydrocarbures saturés.

Généralités.

470. Nous rappelons que les hydrocarbures saturés sont des combinaisons du carbone avec l'hydrogène, dans lesquelles les atomes de carbone ne sont fixés les uns aux autres qu'à l'aide de *liaisons simples*.

Ces hydrocarbures forment une série homologue, c'est-à-dire une série telle qu'on passe d'un terme au suivant en remplaçant H par $-CH^3$:

$$CH^4$$
$$CH^3 - CH^3$$
$$CH^3 - CH^2 - CH^3$$
$$CH^3 - CH^2 - CH^2 - CH^3$$

Isomérie. — 471. Considérons le premier terme de la série, CH^4. Quel que soit l'atome d'hydrogène auquel nous substituions $-CH^3$, nous obtiendrons le même dérivé $CH^3 - CH^3$, puisque les quatre valences du carbone sont identiques.

Dans $CH^3 - CH^3$, rien ne distingue un atome de carbone de l'autre; donc, quel que soit celui sur lequel nous fassions une substitution, nous aurons le même dérivé $CH^3 - CH^2 - CH^3$.

Dans ce dernier composé, le premier carbone est bien identique au troisième, mais il est différent du second en ce que celui-ci est fixé à 2 carbones et à 2H, tandis que les autres sont fixés à 1 carbone et à 3H.

Donc, selon que l'on substituera -CH³ à un atome d'hydrogène du premier ou du troisième carbone, ou bien à un atome d'hydrogène du deuxième carbone, on aura les composés de structure différente, mais de même formule brute :

$$CH^3 - CH^2 - CH^2 - CH^3$$
$$CH^3 - CH - CH^3$$
$$|$$
$$CH^3$$

Deux semblables corps, dont la formule brute est la même, mais qui diffèrent par l'arrangement de leurs atomes dans la molécule, sont appelés des *isomères*.

La théorie nous fait prévoir l'existence de deux hydrocarbures saturés en C⁴ isomériques. Nous avons écrit leurs formules. Pratiquement, on a pu réellement obtenir deux hydrocarbures, et seulement deux, répondant à ces conditions. Nous voyons donc que la théorie est en parfaite concordance avec l'expérience.

Il serait facile de montrer, en passant aux hydrocarbures en C⁵, puis aux hydrocarbures en C⁶, etc., que le nombre des isomères augmente à mesure que l'on s'élève dans la série.

Nous constaterions, en particulier, que l'on peut concevoir l'existence de trois hydrocarbures saturés en C⁵ bien distincts :

(I) $$CH^3 - CH^2 - CH^2 - CH^2 - CH^3$$
(II) $$CH^3 - CH - CH^2 - CH^3$$
$$|$$
$$CH^3$$

$$CH^3$$
$$|$$
(III) $$CH^3 - C - CH^3$$
$$|$$
$$CH^3$$

Les hydrocarbures du type (I), chez lesquels tous les carbones peuvent être placés sur une même ligne horizontale, sont dits à *chaîne normale*. Les autres, des types (II) et (III), sont dits à *chaîne latérale* ou à *chaînes latérales*.

Mode d'obtention. — **472.** Pour préparer un hydrocarbure saturé, on part de l'un des hydrocarbures saturés qui le précèdent dans la série et l'on substitue à un atome d'hydrogène le groupement qui complète la molécule de l'hydrocarbure à obtenir.

Ainsi, pour obtenir $CH^3 - CH^2 - CH^3$, on part de $CH^3 - CH^3$ et on accroche -CH³ à la place de H. Cette substitution s'effectue de la façon suivante : on commence par remplacer un atome d'hydrogène par un atome d'iode dans l'hydrocarbure $CH^3 - CH^3$; on a ainsi : $CH^3 - CH^2I$. On prépare ensuite le produit de substitution d'un atome d'iode à un atome d'hydrogène de l'hydrocarbure CH^4 qui fournira le groupement -CH³ nécessaire; on a ainsi : CH^3I.

On chauffe ces 2 molécules avec 2 atomes de sodium. Chacun des atomes de sodium enlève un atome d'iode et les deux groupements qui restent se soudent pour donner l'hydrocarbure désiré :

$$CH^3 - CH^2[I] + CH^3[I] + [2Na] = CH^3 - CH^2 - CH^3 + 2NaI.$$

Propriétés générales. — **473.** Dans les hydrocarbures saturés, et, d'une manière plus générale, dans les composés saturés, les atomes de carbone sont fixés par une seule liaison. Il est donc impossible, sans démolir la charpente de la molécule, de rendre une valence disponible autrement qu'en décrochant préalablement un élément fixé au carbone. Donc, pour fixer un élément ou un groupement sur une molécule d'hydrocarbure saturé, il est nécessaire d'enlever préalablement au moins un atome d'hydrogène, et c'est à la place de cet hydrogène que l'on pourra fixer autre chose. Cela revient à dire qu'un hydrocarbure saturé ne peut donner que des *produits de substitution*.

L'action du chlore sur un tel composé fera comprendre le mécanisme de la transformation. Opérons, par exemple, sur l'hydrocarbure CH^4.

Le chlore, avons-nous vu à propos de ce corps, est très avide d'hydrogène. Un atome de chlore va donc décrocher immédiatement un atome d'hydrogène pour s'unir à lui. Le départ de celui-ci laissera sur le carbone une valence libre que viendra immédiatement occuper un autre atome de chlore :

$$CH^4 + 2Cl = CH^3Cl + HCl.$$

Il y a donc substitution du chlore à l'hydrogène. La substitution continue si l'on fait intervenir une quantité plus grande de chlore, jusqu'à ce que tout l'hydrogène ait été enlevé. Mais, pour substituer un atome de chlore à un atome d'hydrogène, il faut 2 atomes de chlore : le premier pour enlever l'hydrogène, le second pour occuper sa place.

Le fait qu'on ne peut rien ajouter aux combinaisons saturées sans leur avoir préalablement enlevé quelque chose d'équivalent, nous explique maintenant cette dénomination de *combinaisons saturées*.

Comme le chlore, le fluor, le brome et l'iode se substituent à l'hydrogène.

Nomenclature. — **474.** Les noms des hydrocarbures saturés ont tous la même terminaison *ane*. Les quatre premiers termes de la série se nomment ainsi :

$$
\begin{aligned}
&CH^4 \ldots\ldots\ldots\ldots\ldots\ldots \quad \text{méth\textit{ane}} \\
&CH^3 - CH^3 \ldots\ldots\ldots\ldots \quad \text{éth\textit{ane}} \\
&CH^3 - CH^2 - CH^3 \ldots\ldots\ldots \quad \text{prop\textit{ane}} \\
&CH^3 - CH^2 - CH^2 - CH^3 \ldots \quad \text{but\textit{ane}}
\end{aligned}
$$

Les autres portent des noms qui indiquent le nombre des

atomes de carbone et reçoivent toujours la terminaison *ane* :

$$CH^3 - CH^2 - CH^2 - CH^2 - CH^3 \ldots\ldots\ldots \quad \text{pent}ane$$
$$CH^3 - CH^2 - CH^2 - CH^2 - CH^2 - CH^3 \ldots \quad \text{hex}ane$$
etc., etc.

Le radical ou groupement obtenu en enlevant un atome d'hydrogène d'un hydrocarbure saturé, est désigné par le nom de l'hydrocarbure dans lequel la terminaison *ane* est remplacée par la terminaison *yle*. Ainsi le groupe $-CH^3$ se nomme groupe *méthyle* ; le groupe $-CH^2-CH^3$, groupe *éthyle* ; etc.

Si un hydrocarbure renferme des chaînes latérales (§ 471), son nom se forme de la façon suivante :

On nomme chaque groupement qui forme une *chaîne latérale*, on place un chiffre qui indique le rang de chaque atome de carbone auquel un de ces groupements est fixé, puis on nomme l'hydrocarbure saturé qui a le même nombre d'atomes de carbone que la chaîne principale (chaîne la plus longue).

Les atomes de carbone de la chaîne principale sont numérotés indistinctement en partant de la droite ou de la gauche.

Ainsi, l'hydrocarbure :

$$CH^3 - CH - CH - CH - CH^2 - CH^3$$
$$\qquad\quad\; CH^3 \;\; CH^2 \;\; CH^3$$
$$\qquad\qquad\qquad CH^3$$

possède une chaîne principale à 6 atomes de carbone ; c'est donc un dérivé de l'hexane. C'est le diméthyl 2.4 - éthyl 3 - *hexane*, car il porte deux groupes méthyles sur les carbones 2 et 4 et un groupe éthyle sur le carbone 3.

Ce système de nomenclature est absolument général : il nous permet de nommer toute substance de constitution déterminée ; au surplus, le nom d'un corps nous indique la constitution même de ce corps.

Méthane.

Formule : CH^4.

475. Le méthane (dont nous écrirons la formule $H-CH^3$ pour y mettre en évidence le groupement méthyle $-CH^3$ comme dans les autres hydrocarbures saturés) est un gaz qui se dégage de la vase des marais où il a pris naissance par décomposition des matières végétales. Aussi le nomme-t-on *gaz des marais*. Dans certains pays, il se dégage des fissures du sol.

Emprisonné entre les couches de charbon, dans les mines, il peut se dégager brusquement et, au contact d'une flamme, produire de terribles explosions. C'est, pour les mineurs, le *grisou*.

Le méthane, au point de vue pratique, n'est pas intéressant par lui-même ; mais quelques-uns de ses dérivés le sont.

Chloroforme, $H - CCl^3$. — **476.** Le produit de substitution de $3Cl$ à $3H$ du méthane, le chloroforme, fait perdre la sensibilité lorsqu'on le respire. C'est un anesthésique. Aussi l'emploie-t-on pour rendre insensibles à la douleur les malades que l'on soumet à certaines opérations chirurgicales.

Iodoforme, $H - CI^3$. — **477.** C'est un excellent antiseptique. Malheureusement, son odeur désagréable rend son usage incommodant.

L'iodoforme, comme d'ailleurs le chloroforme, ne se prépare pas, dans l'industrie, en partant du méthane.

Pétroles.

478. Les pétroles sont des mélanges combustibles que l'on trouve dans le sol et qui sont formés principalement d'*hydrocarbures saturés*.

Le pétrole se rencontre principalement en Amérique (Pensylvanie, Virginie, Canada) et en Russie sur les bords de la mer Caspienne.

Soumis à la distillation fractionnée, les pétroles donnent différents produits commerciaux dont les dénominations sont variables. Les parties volatiles constituent les *éthers de pétrole* employés comme dissolvants et les *essences* pour les moteurs d'automobiles. Ensuite viennent, avec des points d'ébullition plus élevés, les *huiles pour l'éclairage* et les *huiles pour le graissage*.

Le refroidissement des parties les moins volatiles amène la séparation d'une matière solide, la *paraffine*, qui sert à faire des bougies, à imperméabiliser les tissus et les bois, et constitue un isolant électrique.

La *vaseline*, matière onctueuse employée en pharmacie et dans bon nombre d'industries, s'obtient en limitant l'élimination des fractions volatiles du pétrole lors de sa rectification.

Hydrocarbures non saturés éthyléniques.

Généralités.

479. Ce sont les hydrocarbures dans la molécule desquels deux atomes de carbone sont réunis par une *double liaison*.

On peut, dans cette série, définir les isoméries comme on l'a fait dans la série des hydrocarbures saturés (§ 471).

Mode d'obtention. — **480.** On part de l'hydrocarbure saturé correspondant et l'on y fait naître une double liaison. Pour cela, on substitue à un atome d'hydrogène un atome d'iode, par exemple, et on enlève ensuite IH au moyen d'une solution alcoolique de potasse.

Exemple :

$$CH^3 - CH^2I + KOH = CH^2{=}CH^2 + KI + H^2O.$$

L'iode enlevé laisse une valence libre, un H se détache d'un carbone voisin et y laisse une valence libre. Les deux valences s'unissent et forment une liaison qui s'ajoute à celle existant déjà entre les deux carbones.

Propriétés générales. — **481.** Puisque la molécule renferme deux carbones unis par une double liaison, il sera aisé de rompre l'une des liaisons qui la forment, sans avoir pour cela à séparer les atomes de carbone, c'est-à-dire sans avoir à vaincre leur affinité :

$$CH^2 = CH^2 \longrightarrow CH^2 - CH^2.$$

On met ainsi en liberté une valence sur chacun des deux carbones qui étaient doublement liés, valence à laquelle on peut accrocher quelque chose, par exemple, de l'hydrogène, du chlore, du brome, de l'iode. Ces éléments viennent donc s'ajouter à la molécule : les composés non saturés donnent des *produits d'addition*. C'est leur propriété caractéristique, qui, d'ailleurs, fait dire qu'ils ne sont pas saturés, en d'autres termes qu'ils sont *non saturés*.

Exemples :

$$CH^2 = CH^2 + 2H = CH^3 - CH^3 ;$$
$$CH^2 = CH^2 + 2Cl = CH^2Cl - CH^2Cl ;$$
$$CH^2 = CH^2 + HCl = CH^3 - CH^2Cl.$$

La rupture de la double liaison rend libres deux valences, il se fixe donc à la fois 2 atomes monovalents.

Les produits d'addition sont, on le voit, saturés. Ils se comportent donc comme tels et donnent des produits de substitution. Mais ceux-ci ne se forment qu'après saturation de la double liaison, c'est-à-dire seulement lorsque les places libres (celles dont il est question de prendre possession) ont été occupées.

Nomenclature. — 482. Le nom d'un hydrocarbure non saturé éthylénique se forme en remplaçant, dans le nom de l'hydrocarbure saturé correspondant, la terminaison *ane* pour la terminaison *ène*.

La terminaison *ène* indique donc la fonction éthylénique.

Si c'est nécessaire pour que l'hydrocarbure soit bien déterminé, on indique par un chiffre le rang du premier carbone auquel est attachée la double liaison.

Exemple :

$$CH^3 - CH = CH - CH^2 - CH^2 - CH^3$$

se nomme hex*ène* 2, pour le distinguer de l'hexène 3 :

$$CH^3 - CH^2 - CH = CH - CH^2 - CH^3.$$

Hydrocarbures non saturés acétyléniques.

Généralités.

483. Ce sont les hydrocarbures dans la molécule desquels deux atomes de carbone sont réunis par une triple liaison.

Ils donnent des *produits d'addition* et ont, pour cela, une faculté deux fois plus grande que les composés éthyléniques, puisque, renfermant une triple liaison, deux d'entre elles (au lieu d'une) peuvent être détachées sans qu'il soit nécessaire de séparer les atomes de carbone :

$$CH \equiv CH \longrightarrow CH - CH.$$

On aura donc deux séries successives de produits d'addition. Exemple :

1° $CH \equiv CH + 2Cl = CHCl = CHCl$;
    Composé acétylénique Composé éthylénique

2° $CHCl = CHCl + 2Cl = CHCl^2 - CHCl^2.$
    Composé éthylénique Produit d'addition saturé

Nomenclature. — 484. Le nom d'un hydrocarbure acétylénique se forme en remplaçant, dans le nom de l'hydrocar-

bure saturé correspondant, la terminaison *ane* par la terminaison *ine*.

La terminaison *ine* indique donc la fonction acétylénique.

Acétylène.

Formule : CH ≡ CH.

485. D'après la règle de nomenclature que nous venons
d'indiquer, l'acétylène doit s'appeller *éthine;* mais il est
d'usage de conserver à ce corps le nom d'acétylène, sous lequel
il était connu antérieurement à l'adoption de la nouvelle
nomenclature.

Préparation. — 486. En chauffant au four électrique un
mélange de chaux et de charbon, on obtient un produit
solide, le *carbure de calcium*, C^2Ca, qui n'est autre chose que
le produit de substitution du calcium, bivalent, aux 2H de
l'acétylène.

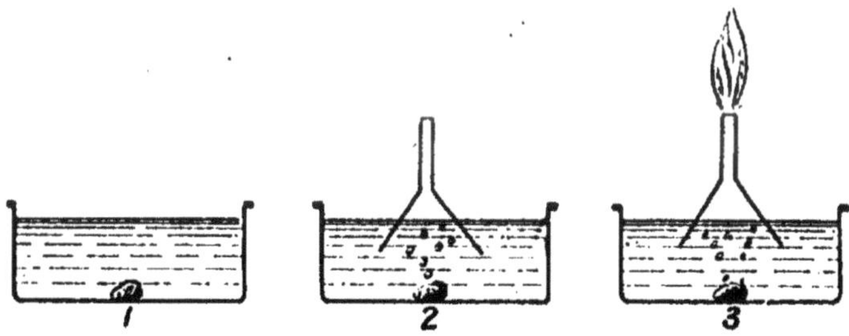

Fig. 82. — Production d'acétylène par l'action du carbure de calcium
sur l'eau.

1. Un fragment de carbure de calcium est projeté dans l'eau d'un vase ;
2. On recouvre d'un entonnoir en verre ;
3. Au bout de quelques secondes, on allume l'acétylène.

Mettons un fragment de ce corps dans l'eau contenue dans
un petit vase. Recouvrons d'un entonnoir en verre. Il
se dégage un gaz que nous pouvons allumer, au bout de
quelques secondes, après expulsion de l'air de l'entonnoir (*fig.* 82).

Le gaz obtenu est de l'acétylène et il reste dans le vase

un lait de chaux :

$$C \equiv C + \left\{ \begin{matrix} H|OH \\ H|OH \end{matrix} \right. = CH \equiv CH + Ca(OH)^2.$$

Si nous voulons recueillir le gaz dans des éprouvettes, disposons un appareil analogue à l'appareil à hydrogène (*fig.* 83) en remplaçant le tube à entonnoir par un tube assez large fermé par un bouchon. Le flacon à deux tubulures contient de l'eau. Pour provoquer le dégagement d'acétylène, laissons de temps en temps tomber un fragment de carbure de calcium.

Le carbure de calcium, très altérable en présence de l'air humide, doit être conservé dans des récipients clos.

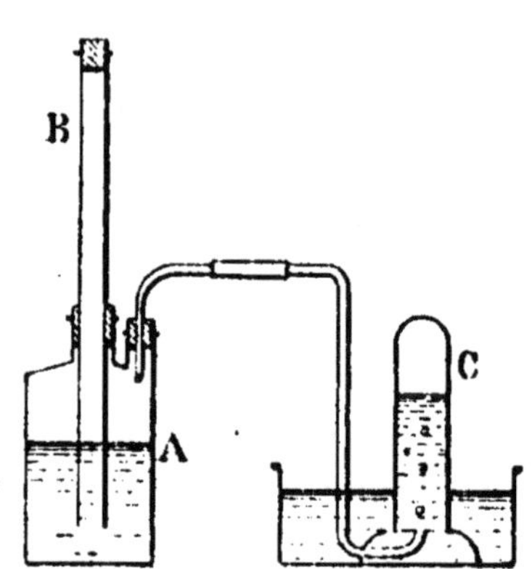

Fig. 83. — Appareil à acétylène.
A, flacon à deux tubulures contenant de l'eau ;
B, large tube en verre, fermé par un bouchon, et par lequel on laisse tomber de temps en temps de petits fragments de carbure de calcium ;
C, éprouvette où l'on recueille l'acétylène.

Propriétés. — 487. L'acétylène est un gaz incolore, d'une odeur alliacée caractéristique.

Il brûle dans l'air avec une flamme fuligineuse. Si le gaz est enflammé à sa sortie d'un orifice très petit ou d'un orifice en fente très étroite, la flamme n'est plus fuligineuse : elle brille d'un vif éclat.

Lorsqu'il est comprimé, il est susceptible de se décomposer brusquement avec une production considérable de chaleur : c'est donc un explosif dangereux, mais seulement quand il se trouve sous pression.

Son maniement dans ces conditions exige des précautions spéciales.

L'acétylène est très soluble dans l'acétone, liquide organique très volatil, très inflammable. Cette solubilité permet de transporter, dans un vase de petite dimension, une quantité assez considérable d'acétylène en dissolution.

Usages. — 488. L'acétylène est utilisé pour l'éclairage.

L'industrie emploie beaucoup aujourd'hui le chalumeau oxyacétylénique (à oxygène et acétylène) analogue au chalumeau oxhydrique. L'hydrogène st remplacé par l'acétylène comme corps combustible. Ce chalumeau sert surtout pour la soudure autogène du fer et de l'acier (soudure de deux pièces en fer ou en acier, sans l'interposition d'un métal étranger).

Alcools.

Généralités.

489. La fonction alcool, avons-nous vu (§ 460), dérive de la fonction hydrocarbure saturé par substitution du groupement OH à un atome d'hydrogène. Et nous nous trouvons en présence de la série homologue :

$$H - CH^2OH$$
$$CH^3 - CH^2OH$$
$$CH^3 - CH^2 - CH^2OH$$
$$CH^3 - CH^2 - CH^3 - CH^2OH$$
$$\text{etc., etc.}$$

correspondant à la série homologue normale des hydrocarbures saturés.

La formule (II) écrite à la fin du paragraphe 471 et que nous reproduisons ici :

$$CH^3 - CH - CH^3 - CH^3$$
$$\overset{|}{C}H^3 \ .$$

nous fait ressortir des différences entre les atomes de carbone. Il y a lieu de distinguer :

1° Le *carbone primaire*, celui qui existe dans un groupe - CH^3 ;

2° Le *carbone secondaire*, celui qui existe dans un groupe - CH^2 - ;

3° Le *carbone tertiaire*, celui qui existe dans un groupe - CH -.

Il faudra donc établir une distinction entre les alcools que l'on pourra obtenir en faisant la substitution du groupement OH sur ces différents carbones.

Par substitution de OH à H sur un carbone primaire, on a un *alcool primaire*. Exemple :

$$CH^3 - CH^3 \longrightarrow CH^3 - CH^2OH.$$

Le groupement fonctionnel est - CH^2OH (monovalent).

Par substitution de OH à H sur un carbone secondaire, on a un *alcool secondaire*. Exemple :

$$CH^3 - CH^2 - CH^3 \longrightarrow CH^3 - CHOH - CH^3.$$

Le groupement fonctionnel est - CHOH - (divalent).

Par substitution de OH à H sur un carbone tertiaire, on a un *alcool tertiaire*. Exemple :

$$CH^3 - \underset{\underset{CH^3}{|}}{CH} - CH^3 \longrightarrow CH^3 - \underset{\underset{CH^3}{|}}{COH} - CH^3.$$

Le groupement fonctionnel est - COH - (trivalent).

Dans une molécule on peut rencontrer une seule fois ou plusieurs fois la fonction alcool. On dit, selon le cas, que l'alcool est *monoatomique* ou *polyatomique*. Nous rencontrerons plus loin un exemple d'alcool polyatomique, la glycérine.

Un alcool polyatomique fonctionne comme autant de molécules d'alcool monoatomique qu'il renferme de groupements alcooliques.

Différences entre les alcools primaires, les alcools secondaires et les alcools tertiaires. — 490. En oxydant modérément un *alcool primaire*, par exemple $CH^3 - CH^2OH$, on obtient une *aldéhyde* (§ 462) :

$$CH^3 - CH^2OH + O = CH^3 - CHO + H^2O.$$

En continuant l'oxydation, il se forme un *acide* (§ 463) :

$$CH^3 - CHO + O = CH^3 - COOH.$$

Agissant sur un *alcool secondaire*, l'oxygène enlève 2H sur le groupement fonctionnel, pour former H^2O, et il convertit l'alcool en une substance analogue à une aldéhyde :

$$CH^3 - CHOH - CH^3 + O = CH^3 - CO - CH^3 + H^2O.$$

Cette substance est caractérisée par le groupement - CO -. Une telle combinaison est appelée une *cétone*. Si nous voulons poursuivre l'oxydation d'une cétone, nous ne pouvons nullement le faire sans briser la molécule, car le groupe fonctionnel contient autant d'oxygène qu'il peut en porter. Il n'existe donc pas d'acide correspondant, et c'est en cela que réside la différence fondamentale entre une cétone et une aldéhyde.

Avec un *alcool tertiaire*, il ne peut se former ni aldéhyde, ni cétone *correspondante*, l'oxydation brise forcément la chaîne, le carbone d'un alcool tertiaire ne peut en effet s'oxyder davantage sans se séparer d'un autre atome de carbone :

$$CH^3 - COH - CH^3.$$
$$\underset{CH^3}{|}$$

Propriétés générales des alcools. — 491.

On peut, entre deux molécules d'alcool, éliminer une molécule d'eau pour obtenir un éther-oxyde (§ 461) :

$$\left. \begin{array}{l} CH^3 - CH^2 OH \\ CH^3 - CH^2 OH \end{array} \right| \longrightarrow (CH^3 - CH^2)^2 O.$$

Il suffit pour cela de soumettre l'alcool à une influence capable de produire cette élimination d'eau, l'influence de l'acide sulfurique, par exemple.

492. De même, on peut éliminer une molécule d'eau entre une molécule d'acide et une molécule d'alcool. Il se forme ainsi un *éther-sel* on *éther composé* (§ 464) :

$$\left. \begin{array}{l} CH^3 - CO\ OH \\ \cdot CH^3 - CH^2 OH \end{array} \right| \longrightarrow CH^3 - COOCH^2 - CH^3.$$

Inversement, par fixation d'une molécule d'eau sur une molécule d'éther composé, on dédouble celle-ci en acide et alcool :

$$CH^3 - COO CH^2 - CH^3 + HOH = CH^3 - COOH + CH^3 - CH^2OH.$$

Le dédoublement s'effectue plus facilement encore si, au lieu de faire intervenir l'eau, on fait réagir un alcali, la potasse par exemple :

$$CH^3 - COO CH^2 - CH^3 + KOH = CH^3 - COOK + CH^3 - CH^2OH.$$

Dans ce cas, on obtient évidemment non pas l'acide libre, mais le sel correspondant.

Une semblable opération, dédoublement par l'eau ou par un alcali d'un éther composé en acide (libre ou à l'état de sel) et en alcool, prend le nom de *saponification*. C'est qu'il s'agit d'une opération tout à fait analogue à celle qui permet de transformer les *matières grasses* en *savons*. Les matières grasses sont, en effet, des éthers d'un alcool particulier appelé *glycérine*. Quand on les soumet à l'action des alcalis, on les dédouble et l'on obtient : 1° des sels alcalins des acides préalablement combinés à la glycérine (ces sels constituent un *savon*); 2° l'alcool, c'est-à-dire la glycérine, à l'état de liberté.

Nomenclature des alcools. — 493.

Le nom d'un alcool se forme en ajoutant au nom de l'hydrocarbure correspondant la terminaison *ol*. Exemples : les alcools $H\text{-}CH^2OH$; $CH^3\text{-}CH^2OH$; $CH^3\text{-}CH^2\text{-}CH^2OH$, etc., se nomment respectivement : *méthanol*, *éthanol*, *propanol*, etc. Toutefois, dans la pratique, on a l'habitude de conserver aux premiers termes de la série les noms : *alcool méthylique*, *alcool éthylique*, *alcool propylique*, etc., sous lesquels on les désignait avant l'adoption de ce système général de nomenclature.

La désinence *ol* sera marquée d'un chiffre indiquant le rang du carbone qui porte le groupe OH, lorsqu'il y aura une confusion à faire disparaître. Ainsi, il peut exister deux propanols :

$$CH^3 - CH^2 - CH^2OH \qquad et \qquad CH^3 - CHOH - CH^3.$$

Le premier, qui est un alcool primaire, sera appelé *propanol* 1 (car OH est sur le carbone 1); le second, qui est un alcool secondaire, sera le *propanol* 2 (puisque OH est sur le carbone 2).

Alcool méthylique ou esprit-de-bois.

Formule : $H\text{-}CH^2OH$.

494. C'est le produit de substitution du groupe OH à un atome d'hydrogène du méthane, hydrocarbure dont nous pouvons écrire la formule $H-CH^3$, pour y mettre en évidence le groupement $- CH^3$.

La nouvelle nomenclature veut que cet alcool soit appelé méthanol.

Il se trouve parmi les produits liquides de la distillation du bois (*fig.* 20, p. 71), d'où on l'extrait.

C'est un liquide incolore dont l'odeur est peu différente de celle de l'alcool éthylique (esprit-de-vin). Il bout à 65° et se dissout dans l'eau en toute proportion.

On l'emploie comme combustible dans des lampes. On en fait aussi usage dans la fabrication des vernis, et on le substitue, chaque fois qu'on le peut, à l'alcool éthylique qui est plus cher.

Alcool éthylique ou esprit-de-vin.

Formule : CH^3-CH^2OH.

495. L'alcool éthylique, esprit-de-vin, éthanol, ou simplement alcool, est le produit de substitution du groupement OH à un atome d'hydrogène de l'éthane CH^3-CH^3.

Il prend naissance au cours de réactions spéciales, non indépendantes de la vie, et connues sous le nom de *fermentations*. Nous allons tout d'abord définir ces phénomènes.

FERMENTATIONS

496. Les fermentations sont des transformations subies par des substances organiques sous l'influence d'êtres microscopiques, appelés *ferments*, que l'on a mis ou qui se trouvaient en contact avec la matière.

Fermentation alcoolique. — **497.** Il existe des composés formés de carbone, d'hydrogène et d'oxygène, composés que nous étudierons bientôt, et chez lesquels l'hydrogène et l'oxygène se trouvent unis dans les mêmes proportions que dans l'eau.

De semblables substances répondent à la formule générale $C^n(H^2O)^{n'}$; on les désigne souvent sous le nom d'*hydrates de carbone*.

Des solutions de certains hydrates de carbone, comme la *glucose*, $C^6(H^2O)^6$, qui est le sucre spécial du raisin et qui peut prendre naissance dans des conditions que nous étudierons plus loin, sont susceptibles, quand on les abandonne quelque temps à la température de 25 ou 30°, de se modifier. Un dégagement de gaz carbonique se produit et de l'alcool éthylique prend naissance, en même temps que la glucose disparaît :

$$C^6(H^2O)^6 = 2\,CH^3 - CH^2OH + 2\,CO^2.$$

Les travaux de PASTEUR ont montré que cette transformation est l'œuvre de petits êtres, visibles seulement au microscope et appelés *ferments alcooliques*. Il s'agit là d'une fermentation particulière, la *fermentation alcoolique*, aboutissant à la formation d'alcool.

Les ferments sont extrêmement répandus ; et c'est pour cela qu'il a suffi d'abandonner à elle-même une solution de glucose pour que la transformation décrite se soit produite. Mais on peut la rendre plus active en ensemençant le liquide, c'est-à-dire en y introduisant du ferment préalablement cultivé au cours d'une autre fermentation (§ 498).

Il est aisé de mettre en évidence le dégagement d'anhydride carbonique au cours de la fermentation.

On place la solution de glucose dans un ballon (*fig.* 81), on ajoute un peu de ferment et on surmonte le ballon d'un tube à dégagement qui aboutit au fond d'un verre contenant de l'eau de chaux filtrée. Si l'on fait tiédir légèrement le contenu du ballon pour amener sa température aux environs de 35°,

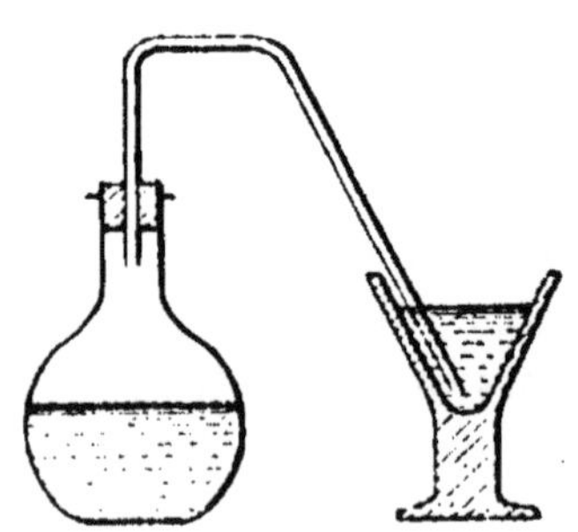

Fig. 81. — Formation de gaz carbonique pendant la fermentation alcoolique.

la fermentation commence bientôt. Le liquide mousse et du gaz carbonique se dégage, on le constate à ce que l'eau de chaux se trouble, par suite de la formation de carbonate de calcium insoluble.

Indépendamment de l'alcool et de l'anhydride carbonique, il se forme toujours, au cours de cette fermentation, d'autres produits en moindre quantité, en particulier de la glycérine.

Le ferment alcoolique. — **498.** Les écumes de fermentation contiennent le ferment, autrement dit la *levure*, dont on pourra se servir pour effectuer d'autres opérations.

Si l'on examine à la loupe cette levure, on voit un enchevêtrement de petits globules qui constituent des végétaux réduits à leur plus simple expression. C'est ce que l'on appelle des *cellules*.

Le ferment agit sur la glucose, non pas directement, mais par une substance soluble qu'il sécrète, matière inerte, c'est-à-dire dénuée de vie, qui constitue ce qu'on appelle une *diastase* ou *ferment soluble*. Il ne faut donc pas confondre la *diastase* ou *ferment soluble*, qui est une simple matière, avec le *ferment* lui-même (encore appelé *ferment figuré* à cause de sa physionomie propre), qui est un petit végétal, et par conséquent doué de vie.

La matière fermentescible. — **499.** Nous avons dit qu'il existe un hydrate de carbone, la glucose, $C^6(H^2O)^6$, qui, sous l'influence du ferment alcoolique, se transforme en alcool et anhydride carbonique. D'autres hydrates de carbone possèdent la même propriété. Mais la plupart d'entre eux subissent la fermentation alcoolique grâce à leur faculté de se *dédoubler*, sous certaines influences, en donnant de la glucose. Il en résulte qu'en pareil cas c'est, en réalité, encore la glucose qui fermente.

Ainsi, le sucre, qui sert à sucrer notre café et que l'on appelle sucre de canne, ne fermente pas directement. Mais la levure sécrète, en plus de la diastase qui produit la fermentation alcoolique, une autre diastase qui jouit de la propriété de dédoubler le sucre de canne en glucose et en un autre corps de même composition que la glucose, et appelé lévulose. Ces corps sont fermentescibles et donnent de l'alcool.

L'amidon et la fécule sont des hydrates de carbone qui se trouvent, le premier dans les grains, le second dans les tubercules. Ce sont les produits d'approvisionnement de la plante. Ces hydrates de carbone ne sont pas fermentescibles. Mais, lorsqu'on les chauffe avec de l'acide sulfurique étendu, ils se dédoublent en se transformant finalement en glucose.

La transformation de l'amidon et de la fécule en matière fermentescible peut aussi s'opérer autrement. Lorsqu'un grain germe, le grain d'orge en particulier, il produit une diastase spéciale dont le rôle est de transformer l'amidon insoluble en sucre assimilable par la jeune plante. Si donc on traite l'amidon ou la fécule par l'orge germée, les hydrates de carbone se dédoubleront et il se produira précisément un sucre fermentescible.

En résumé, on produira de l'alcool par fermentation en partant, soit de certains jus de fruits qui renferment de la glucose, soit en utilisant le sucre de canne que l'on aura préalablement dédoublé en produits fermentescibles, soit en partant de l'amidon ou de la fécule que l'on aura transformés aussi en sucres susceptibles de fermenter (*saccharification*).

On aura, selon les cas, soit l'alcool lui-même destiné aux besoins de l'industrie, soit des boissons fermentées qui, absorbées modérément, sont des stimulants ; elles nous fournissent un aliment, l'alcool, dont il serait toutefois dangereux d'abuser.

ALCOOLS D'INDUSTRIE

500. L'alcool proprement dit, destiné aux besoins industriels, s'obtient principalement par fermentation des produits résultant de la saccharification de l'amidon des grains (seigle, orge, maïs, riz, blés avariés) ou de la fécule de pomme de terre.

Comme nous venons de le dire, l'amidon et la fécule ne sont

pas directement fermentescibles. On commence donc par les traiter, soit par les acides étendus, soit par la diastase fournie par l'orge germée de façon à en opérer la saccharification.

Ensuite on soumet le produit obtenu à la fermentation à l'aide de la levure. Il se forme de l'alcool, et du gaz carbonique se dégage.

Cet alcool est séparé par distillation fractionnée (§ 430) dans des appareils industriels. Mais il renferme encore de nombreuses impuretés qui se sont formées pendant la fermentation et qui lui communiquent une odeur et un goût désagréables, en même temps qu'elles le rendent plus toxique. On l'en débarrasse par rectification, c'est-à-dire par une nouvelle distillation fractionnée.

On prépare aussi l'alcool en faisant fermenter les résidus de la préparation du sucre de betterave.

BOISSONS FERMENTÉES.

Vin. — 501. Le vin est le produit de la fermentation du jus de raisin. Celui-ci renferme de la glucose qui, grâce au ferment existant à la surface du grain de raisin, se convertit en alcool et en anhydride carbonique. Le raisin est écrasé et soumis ensuite à la fermentation dans une cuve. L'opération est terminée quand le gaz carbonique ne se dégage plus. On soutire alors le liquide.

Dans cette boisson, l'alcool se trouve dans des proportions qui varient généralement de 8 à 12 0/0. Le reste est de l'eau qui tient en dissolution, outre l'alcool, des matières colorantes, du tanin (§ 573), des acides organiques, de la glycérine, ainsi que des substances aromatiques spéciales formant les bouquets des vins.

Cidre, poiré. — 502. Le cidre et le poiré sont respectivement les produits de fermentation des jus de pomme et de poire.

Bière. — **503.** La bière s'obtient en faisant fermenter l'amidon de l'orge, mais après l'avoir soumis à la saccharification.

La première opération consiste à faire germer des grains d'orge humectés d'eau. C'est le *maltage*, qui a pour but de déterminer la formation de la diastase susceptible de transformer l'amidon en produit fermentescible (§ 499).

On sèche les grains et on les soumet au *brassage*, qui consiste à transformer l'amidon en sucre fermentescible. Pour cela, on fait arriver, en remuant en même temps, de l'eau à 70° dans une cuve au fond de laquelle sont disposés les grains.

Ensuite, on retire le liquide (moût) et on le chauffe avec du houblon en fleur pour l'aromatiser.

On le laisse refroidir, on y ajoute la levure et on le fait fermenter dans des cuves où les sucres fermentescibles se transforment en alcool. Le produit obtenu n'est autre chose que la bière.

Les écumes de fermentation sont comprimées ; elles fournissent la levure.

EAUX-DE-VIE

504. D'un liquide alcoolique (le vin par exemple, ou le cidre, ou même de l'eau ayant séjourné avec le marc de raisin, résidu de la fabrication du vin), on peut extraire une boisson alcoolique plus riche en alcool, grâce au procédé de la distillation. On a alors ce qu'on appelle les eaux-de-vie.

La distillation s'effectue dans un alambic ordinaire (*fig.* 85), qui ne pousse pas le fractionnement à un trop haut degré, et qui, par conséquent, laisse subsister dans le mélange alcoolique une certaine proportion d'eau.

Le liquide à distiller est introduit dans la cucurbite en cuivre B placée sur un fourneau. Dans le chapiteau C, les gouttes de liquide, projetées au cours de l'ébullition tumultueuse, sont arrêtées et retombent dans la cucurbite. Les vapeurs qui se dégagent par le col de cygne D suivent le serpentin E, tube en étain enroulé en spirale. Le serpentin étant refroidi extérieurement par de l'eau froide circulant dans le

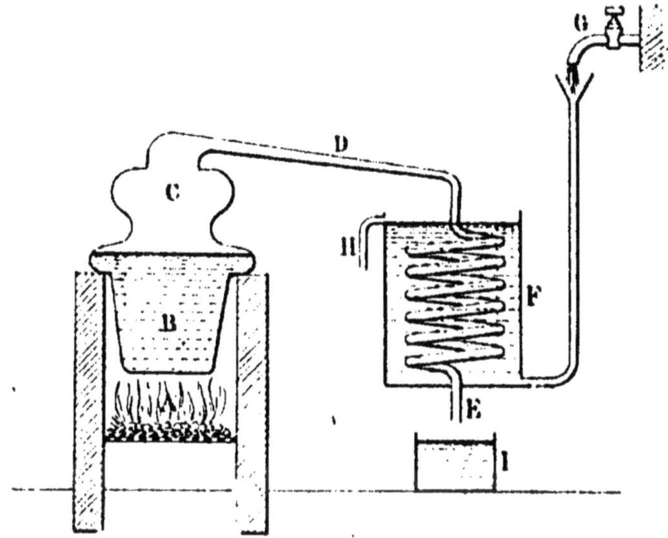

Fig. 85. — Alambic.

A, foyer ;
B, cucurbite contenant le produit à distiller
C, chapiteau ;
D, col de cygne ;
E, serpentin en étain entouré d'eau froide ;
F, réfrigérant ;
G, robinet d'eau froide ;
H, écoulement de l'eau tiède du réfrigérant ;
I, vase où l'on recueille le produit distillé.

réfrigérant F, les vapeurs se condensent et le liquide es
recueilli à sa sortie du serpentin.

ALCOOMÉTRIE

505. Les alcools qu'on trouve dans le commerce contiennent toujours de l'eau. Leur valeur marchande dépend souvent de leur richesse alcoolique. Il y a donc intérêt à savoir déterminer cette richesse alcoolique, et c'est en cela que consiste le problème de l'alcoométrie.

On appelle *degré alcoométrique* d'un mélange d'eau et d'alcool, la proportion d'alcool en centièmes du *volume* du mélange, à la température de 15° centigrades.

On détermine le degré d'un alcool du commerce à l'aide de l'*alcoomètre de GAY-LUSSAC* (*fig.* 86). Pour cela, on met le liquide dans une éprouvette à pied en verre. On y plonge l'alcoomètre qui s'enfonce plus ou moins suivant la richesse alcoolique. On lit le degré sur la tige de l'instrument, au-dessous du ménisque, on prend en même temps la température à l'aide d'un thermomètre qu'on plonge aussi dans le liquide. Si la température est 15°, la richesse marquée par l'alcoomètre est exacte. Dans le cas contraire, il y a lieu de faire une correction, à l'aide d'une table.

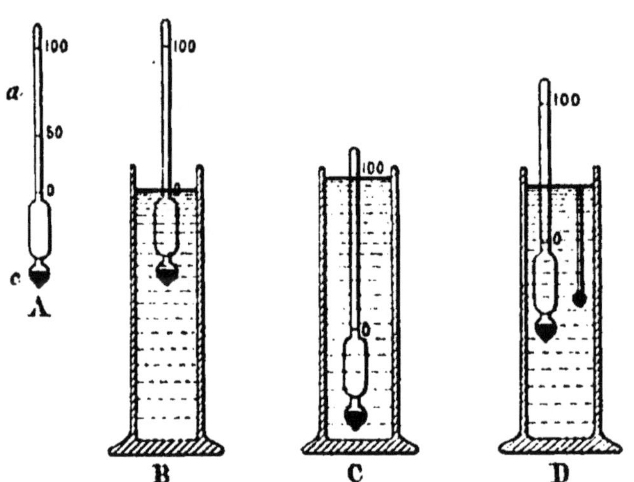

Fig. 86. — Détermination du degré alcoométrique
(alcoomètre de GAY-LUSSAC).

A, alcoomètre de GAY-LUSSAC, formé d'une tige *a*, d'une carène et d'un lest *c*. La tige porte une graduation de 0 à 100. Les divisions, serrées vers le bas, sont plus espacées vers le haut ;

B, à la température de 15°, l'alcoomètre s'enfonce dans l'eau pure jusqu'à zéro ;

C, à la température de 15°, l'alcoomètre s'enfonce dans l'alcool absolu jusqu'à 100.

D, pour savoir le degré alcoométrique d'un mélange d'eau et d'alcool, on met dans ce liquide l'alcoomètre et un thermomètre. Si la température est 15°, l'alcoomètre donne directement le degré. Dans le cas contraire, il faut faire une correction à l'aide d'une table.

L'alcoomètre de GAY-LUSSAC ne donne d'indication précise que dans un mélange d'eau et d'alcool.

Si l'on mettait cet instrument dans une boisson telle que le vin, la bière, le cidre, le poiré, ses indications n'auraient aucune valeur, car les liquides essayés contiennent d'autres substances que l'alcool et l'eau, et ces substances modifient la densité du mélange.

Proposons-nous d'opérer sur un vin pour déterminer son degré alcoométrique (à 1 dixième de degré près).

Le nécessaire (*fig.* 87) comprend :

1° Un alambic chauffé à l'alcool, avec tous ses accessoires ;

2° Un alcoomètre contrôlé par l'État, et marquant le dixième de degré ;

3° Un thermomètre contrôlé, divisé en demi-degrés ;

4° Une table de correction par dixièmes de degré alcoolique et par demi-degrés de température ;

5° Un flacon jaugé de 200 centimètres cubes ;

6° Une éprouvette en verre, à rainure (la rainure est destinée à recevoir le thermomètre).

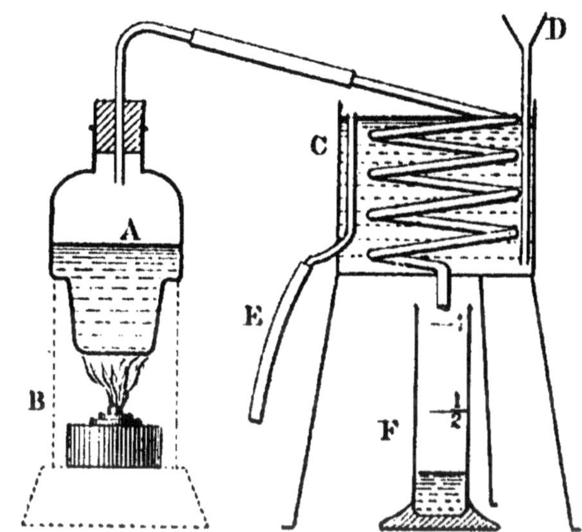

FIG. 87. — Détermination du degré alcoométrique d'un vin.

A, ballon en verre. Certains modèles comportent une chaudière en cuivre ;
B, enveloppe en cuivre formant support, et lampe à alcool ;
C, serpentin et réfrigérant ;
D, tube à entonnoir pour introduire l'eau froide ;
E, tube de vidange de l'eau tiède ;
F, éprouvette portant deux traits marqués 1 et 1/2.

Dans le flacon jaugé, on mesure 200 centimètres cubes de vin à une température aussi voisine que possible de 15°. On verse le vin dans la cucurbite de l'alambic, on rince le flacon avec un peu d'eau que l'on verse également dans la cucurbite.

A l'extrémité du tore du réfrigérant, on adapte, au moyen d'un tube de caoutchouc, un tube de verre qui plonge jusqu'au centre du flacon jaugé servant à recueillir le distillat.

On distille. On arrête la distillation quand on a recueilli les deux tiers environ du contenu du flacon jaugé. On amène ce flacon à une température aussi voisine que possible de 15°, on ajoute de l'eau dans le flacon jusqu'au trait, pour avoir 200 centimètres cubes de liquide. On mélange pour rendre le liquide homogène.

On verse dans l'éprouvette et, comme nous l'avons fait précédemment, on prend les indications de l'alcoomètre et du thermomètro. On fait la correction à l'aide de la table.

Les alcools d'industrie rectifiés marquent 90 à 95°.

PROPRIÉTÉS ET USAGES DE L'ALCOOL ÉTHYLIQUE

506. L'alcool est un liquide incolore qui possède une odeur et une saveur caractéristiques. Il bout à 78°, se dissout dans l'eau en toute proportion, et dissout lui-même un très grand nombre de substances organiques, ce qui lui vaut d'importantes applications.

Par oxydation, il donne d'abord l'aldéhyde correspondante et, finalement, *l'acide acétique*, $CH^3 - COOH$, acide du vinaigre.

Il brûle avec une flamme pâle.

Nous connaissons les usages des boissons à base d'alcool. On ne peut nier que l'alcool soit un excellent aliment, mais ses effets ne sont bienfaisants pour l'organisme qu'à la condition de n'en absorber que très modérément. Pris avec excès, l'alcool produit les désordres les plus terribles et dispose les organes aux affections les plus graves.

L'alcool industriel, bien rectifié, *alcool bon goût*, est employé en parfumerie : les parfums pour le mouchoir, les eaux de toilette, sont des solutions alcooliques de produits odorants. Il sert pour la fabrication des liqueurs, des extraits pharmaceutiques, etc.

Les industries chimiques font un usage important d'alcools, plus ou moins purs selon les cas, surtout pour la préparation des produits organiques.

Glycérine.

Formule : $CH^2OH - CHOH - CH^2OH$.

507. Ainsi que le montre la formule ci-dessus, la glycérine est un *alcool triatomique*, c'est-à-dire un composé trois fois alcool.

On trouve la glycérine dans les huiles, les graisses, le beurre, combinée, sous forme d'éthers composés, avec des acides appelés *acides gras*. C'est CHEVREUL qui a démontré ce fait.

Préparation. — 508. Il résulte de ce que nous venons de dire que la glycérine peut s'extraire des graisses et des huiles. Mais, pour cela, il faut la dégager de ses combinaisons avec les acides gras. En d'autres termes, il faut saponifier les éthers composés qui constituent les matières grasses (§ 492). Or, cette opération s'effectue dans deux industries : la *stéarinerie*, qui a pour objet l'extraction des acides gras libres, et la *savonnerie*, qui a pour but la préparation des savons, véritables sels alcalins des acides gras. Il en résulte que la glycérine s'obtient incidemment au cours des opérations pratiquées dans ces deux industries.

Propriétés et applications. — 509. La glycérine se trouve dans le commerce sous la forme d'un liquide sirupeux, incolore, d'une saveur sucrée, déliquescent, soluble dans l'eau et dans l'alcool.

Elle est plus lourde que l'eau.

Lorsqu'elle est bien exempte d'eau, elle peut être amenée à l'état solide par refroidissement à 0° ; elle ne fond plus ensuite qu'à 20°.

Additionnée d'eau, non seulement elle ne se solidifie plus, mais elle rend l'eau incongelable. Aussi l'emploie-t-on à cet effet.

C'est une substance onctueuse, qui adoucit la peau, ce qui lui vaut d'entrer dans la composition de crèmes pour la toilette.

On l'emploie en pharmacie.

En sa qualité d'alcool triatomique, elle fonctionne comme 3 molécules d'alcool et peut, par conséquent, réagir sur 3 molécules d'acide, pour donner des composés trois fois éthers composés. En particulier, avec l'acide nitrique AzO^3H, elle donne l'éther trinitrique :

$$CH^2OH - CHOH - CH^2OH \atop AzO^3H \quad AzO^3H \quad AzO^3H \longrightarrow CH^2AzO^3 - CHAzO^3 - CH^2AzO^3,$$

qui est appelé *nitroglycérine*.

Cette préparation s'effectue de la façon suivante : on additionne la glycérine d'acide sulfurique ; puis on verse, dans le mélange froid, de l'acide nitrique fumant additionné d'acide sulfurique. L'acide sulfurique, agent déshydratant, facilite l'élimination de l'eau entre la glycérine et l'acide azotique. La nitroglycérine formée tombe au fond du vase.

Mais gardons-nous bien de préparer et de manier ce corps. C'est un explosif des plus dangereux. Un simple choc, une simple élévation de température, suffisent pour en amener la brusque décomposition et produire une détonation.

On rend la substance plus maniable en la mélangeant avec de la silice en poudre. On obtient ainsi la *dynamite*, dont l'explosion est déterminée par une capsule de fulminate. La dynamite est employée pour produire des effets de rupture dans les mines.

Éthers-oxydes.

Généralités.

510. Nous avons défini les éthers-oxydes, produits d'élimination d'une molécule d'eau entre deux molécules d'alcool (§ 461). Nous pouvons dire, pour être à la fois plus précis et plus exacts, que ce sont les produits d'élimination d'une molécule d'eau entre deux groupements alcooliques, soit que ces deux groupements appartiennent à des molécules différentes, soit qu'ils se trouvent dans une même molécule.

L'élimination d'eau s'effectue à l'aide d'un agent déshydratant, tel que l'acide sulfurique.

L'éther-oxyde se nomme en faisant suivre le mot *oxyde* de la préposition *de* et ensuite du nom de chaque radical qui, uni à OH, formait chacune des deux molécules d'alcool dont dérive l'éther-oxyde.

Ainsi, le produit d'élimination d'une molécule d'eau entre deux molécules d'alcool éthylique se nommera *oxyde d'éthyle*. Ce corps est précisément le produit appelé couramment *éther*, ou bien *éther ordinaire*, ou bien encore *éther sulfurique* (dénomination impropre, car il ne s'agit nullement d'un éther de l'acide sulfurique). Nous allons en dire quelques mots.

Oxyde d'éthyle ou éther.

Formule : $(CH^3 - CH^2)^2 O$.

Préparation. — **511.** On élimine, pour le préparer, une molécule d'eau entre deux molécules d'alcool éthylique, en employant, comme agent déshydratant, l'acide sulfurique :

$$CH^3 - CH^2 OH \atop CH^3 - CH^2 OH \longrightarrow (CH^3 - CH^2)^2 O.$$

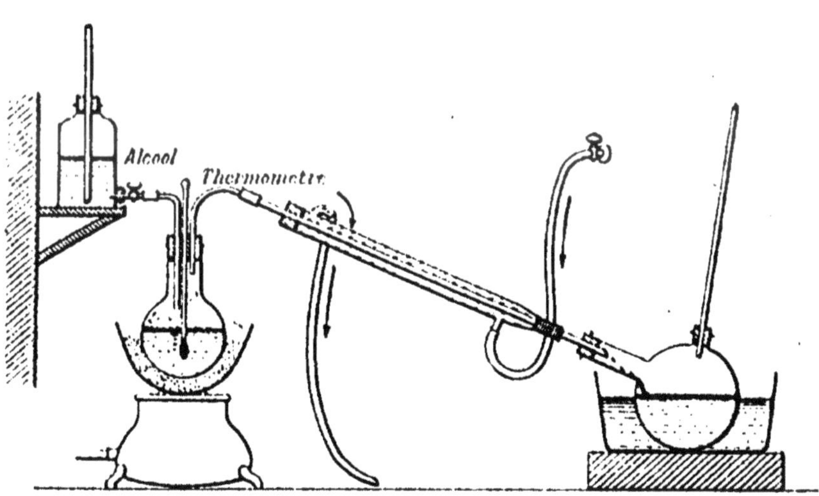

Fig. 88. — Préparation de l'éther.

Dans un ballon (*fig.* 88), on chauffe un mélange d'alcool et d'acide sulfurique, en ayant soin que l'alcool soit toujours en excès. Pour cela, on fait arriver de l'alcool au moyen d'un tube relié à un flacon à robinet : l'alcool transformé se trouve ainsi remplacé au fur et à mesure de sa disparition.

Il est nécessaire que l'alcool soit en excès, parce que, dans le cas contraire, la déshydratation porterait sur une seule molécule de ce corps, et il se formerait, non pas de l'éther, mais de l'éthylène, d'après le schéma :

$$CH^2H - CH^2OH \longrightarrow CH^2 = CH^2.$$

Pour la même raison, on maintient à 140° la température du mélange ; un thermomètre plongeant dans le liquide du ballon montre si cette condition est réalisée.

Il distille des vapeurs d'éther, d'alcool et d'eau qu'on condense au moyen d'un réfrigérant, pour recueillir le mélange des liquides dans un ballon. On lave à l'eau qui dissout l'alcool, tandis que l'éther insoluble surnage. On sèche celui-ci par distillation sur la chaux, au bain-marie.

Propriétés et applications. — 512. L'éther est un liquide incolore, extrêmement volatil, puisqu'il distille vers 35°. Il est peu soluble dans l'eau. Son odeur est caractéristique.

C'est un excellent dissolvant des matières organiques. Mais, pour être employé industriellement comme tel, son prix est un peu trop élevé et, en outre, sa grande volatilité occasionne des pertes considérables.

Néanmoins, il est employé dans certains cas, surtout dans les laboratoires.

Il est utilisé en pharmacie. C'est un anesthésique. Son maniement est très délicat, et il faut éviter soigneusement le voisinage d'une flamme, car avec l'air il forme un mélange détonant.

Aldéhydes.

Généralités.

513. En enlevant 2H au groupement - CH^2OH d'un alcool, par oxydation ménagée, on obtient une aldéhyde que caractérise le groupement - CHO. De sorte que, à la série homologue des alcools, dont les premiers termes ont été énumérés à propos de l'étude de cette fonction, correspond la série homologue des aldéhydes :

$$H - CHO$$
$$CH^3 - CHO$$
$$CH^3 - CH^2 - CHO$$
$$CH^3 - CH^2 - CH^2 - CHO$$
$$etc., etc.$$

Une aldéhyde se nomme en remplaçant, dans le nom de l'alcool correspondant, la désinence *ol* par la désinence *al*. Mais on a conservé l'habitude de désigner un certain nombre d'aldéhydes, comme l'*aldéhyde formique*, H-CHO, par les noms qui leur étaient consacrés antérieurement.

Nous avons vu que les aldéhydes correspondent aux alcools primaires qui, par oxydation plus profonde, donnent des acides (§ 489). En leur qualité de produits d'oxydation incomplète, les aldéhydes sont susceptibles de s'oxyder encore avec la plus grande facilité ; ce sont donc des *agents réducteurs*. Elles réduisent, en particulier, les sels d'argent, en libérant l'argent métallique.

Aldéhyde formique.

Formule : H - CHO.

514. L'aldéhyde formique, H - CHO, qui correspond à l'alcool méthylique, H - CH^2OH, est un excellent désinfectant. On l'emploie très couramment pour la désinfection des locaux.

L'aldéhyde formique est un produit gazeux, mais on la trouve dans le commerce en solution dans l'eau à 40 0/0.

On l'obtient en faisant passer à chaud sur une spirale de platine ou de cuivre des vapeurs d'alcool méthylique mélangées à l'air :

$$H - CH^2OH + O = H - CHO + H^2O.$$

Les sucres, l'amidon, la cellulose.

Généralités.

515. Les hydrates de carbone : sucres, amidon et fécule, cellulose, sont des composés qui présentent plusieurs fois la fonction alcool. Un certain nombre d'entre eux possèdent en même temps les caractères des aldéhydes. Il était donc logique de les étudier à la suite des fonctions que nous venons de nommer.

Nous avons dit déjà (§ 497) que les hydrates de carbone sont des combinaisons du carbone, de l'hydrogène et de l'oxygène, combinaisons telles que l'hydrogène et l'oxygène s'y trouvent réunis dans les mêmes proportions que dans l'eau. On peut donc les considérer comme provenant de l'union d'un certain nombre d'atomes de carbone avec un certain nombre de molécules d'eau, et écrire leur formule générale : $C^n(H^2O)^{n'}$.

Ces corps jouent un rôle des plus intéressants dans l'accomplissement des phénomènes de la vie et occupent une place importante parmi les produits commerciaux.

Nous avons constaté déjà que la glycérine, alcool triatomique, possède une saveur sucrée, les alcools polyatomiques que nous allons examiner ici, ont, jusqu'à un certain rang, et d'une façon plus prononcée encore, ce caractère organoleptique. On voit donc que celui-ci n'est pas sans relation avec la multiplicité de la fonction alcoolique dans une molécule.

Classification des hydrates de carbone. — 516. 1° Les hydrates de carbone $C^n(H^2O)^{n'}$ les plus simples sont ceux pour lesquels $n = n' = 6$, c'est-à-dire ceux qui répondent à la formule $C^6(H^2O)^6$. Ce sont les *glucoses*, constituant un groupe auquel appartiennent principalement : la *glucose proprement dite*, ou *sucre de raisin*, et la *lévulose* ou *sucre des fruits*.

2° Si, entre *deux molécules* de composés $C^6(H^2O)^6$ (glucoses), on élimine *une molécule* d'eau,

$$2C^6(H^2O)^6 = H^2O + C^{12}(H^2O)^{11},$$

on a ce qu'on appelle une *saccharose*, $C^{12}(H^2O)^{11}$:

La principale saccharose est la *saccharose proprement dite* ou *sucre de canne.* C'est le sucre ordinaire avec lequel nous sucrons notre café.

3° Considérons *n molécules* d'une glucose $C^6(H^2O)^6$; *enlevons* H^2O *à chacune* de ces molécules et *unissons ensuite* les *n* groupements $C^6(H^2O)^5$ ainsi obtenus, ous aurons une molécule $[C^6(H^2O)^5]^n$ d'un composé appelé *polysaccharide.* Les principaux représentants de ce groupe sont : *l'amidon* et les *fécules*, la *cellulose.*

Glucose.

Formule : $C^6(H^2O)^6$.

517. La glucose ou *sucre de raisin* se trouve dans le raisin ; elle apparaît sous forme solide à la surface des figues et des prunes sèches. C'est le principe sucré de l'urine des diabétiques.

Préparation. — **518.** Nous avons vu (§§ 499 et 500) que la glucose peut s'obtenir en partant de l'amidon ou de la fécule que l'on soumet, soit à l'action de la diastase de l'orge germée, soit à l'action de l'acide sulfurique à chaud. On comprend le mécanisme de la réaction qui se produit : La molécule d'amidon est formée de plusieurs groupements $C^6(H^2O)^5$ auxquels il manque H^2O pour former des molécules de glucose ; un certain nombre de ces groupements s'unissent à autant de molécules d'eau et forment ainsi autant de molécules de glucose qui se détachent.

Cette opération de la *saccharification* de l'amidon est effectuée notamment en vue de la fabrication de l'alcool.

Propriétés. — **519.** La glucose est un produit solide, d'une saveur sucrée très prononcée.

Elle fermente en donnant de l'alcool éthylique et de l'anhydride carbonique (§ 497).

Propriétés réductrices. — **520.** La glucose est un corps cinq fois alcool et une fois aldéhyde. Comme aldéhyde, elle s'oxyde facilement, c'est-à-dire possède des propriétés réductrices (§ 513). En particulier, elle réduit les sels cuivriques (qui correspondent à l'oxyde cuivrique CuO) en oxyde cuivreux Cu^2O :

$$2\,CuO = Cu^2O + O.$$

C'est la glucose qui détermine la séparation de cet atome d'oxygène pour s'en emparer.

Si l'on prend une belle solution bleue renfermant du sulfate de cuivre et si on la chauffe avec de la glucose, le sel cuivrique est réduit, de sorte que la liqueur se décolore ; il se forme de l'oxyde cuivreux Cu^2O qui constitue une poudre rougeâtre. La formation de cette poudre rouge est un indice de la présence de glucose.

On prépare une liqueur dite *liqueur de FEHLING*, à base de sulfate de cuivre et destinée à la recherche analytique de la glucose.

Action de la potasse. — **521.** Les alcalis détruisent la glucose. Chauffons dans un tube à essai une solution incolore de glucose avec un fragment de potasse caustique. Le liquide devient brun foncé.

Cette propriété permet de déterminer facilement la présence de la glucose dans un sucre commercial ou dans l'urine.

Sucre de canne.

Formule : $C^{12}(H^2O)^{11}$.

522. Le sucre de canne ou saccharose est un produit que nous connaissons bien. Il nous est fourni par la canne à sucre, et surtout par la betterave, qui en contient environ 15 0/0.

Le sucre de canne peut être considéré comme le produit de l'élimination de H^2O entre $2\,C^6(H^2O)^6$. Sa formule est donc $C^{12}(H^2O)^{11}$.

Extraction du sucre de la betterave. — 523. On opère par *diffusion*. Nous allons effectuer une expérience qui nous familiarisera avec les phénomènes de diffusion.

Prenons un cylindre de verre A évasé à la partie supérieure (*fig.* 89). Fixons solidement à sa partie inférieure une feuille de papier parchemin *m* qui formera le fond d'un vase.

FIG. 89. — Phénomène de diffusion.

Plaçons dans le vase A ainsi constitué de l'eau contenant

du sucre en dissolution. Nous constatons que rien ne s'écoule à travers la membrane. Dans un vase cylindrique B, mettons de l'eau pure. Disposons le vase A sur le vase B, comme l'indique la figure, de façon que la membrane m forme une paroi séparant les deux liquides. Au bout d'un certain temps, nous constatons que l'eau du vase B devient sucrée, ce qui montre que le sucre a traversé la membrane m. En outre, le niveau du liquide dans le vase A s'élève, ce qui montre que de l'eau du vase B s'est rendue à travers la membrane m dans le vase A. Ce double passage s'effectue jusqu'à ce que les solutions sucrées en A et B aient la même concentration. C'est le phénomène de la diffusion sur lequel repose la méthode d'extraction du sucre de betterave.

Cette propriété que possède le sucre de traverser certaines membranes appartient aux corps cristallisables en général, à l'état de dissolution. Par contre, les matières qui ont l'aspect gélatineux ne la possèdent pas.

524. Si l'on découpe une tranche de betterave et si on la dispose dans l'eau, la membrane végétale de cette tranche de betterave jouera le même rôle que la membrane m dans notre expérience, de sorte que le sucre la traversera pour se rendre dans l'eau extérieure, jusqu'à ce que la concentration à l'intérieur et à l'extérieur soit la même. En renouvelant l'eau qui baigne la tranche considérée, on enlèvera encore une certaine quantité de sucre, et ainsi de suite.

Pour extraire le sucre, on disposera donc les betteraves découpées en fines lanières (cossettes) dans des diffuseurs, cylindres dans lesquels circule de l'eau à 75-80°. On fera ainsi une série de lavages successifs, de façon que le liquide le plus riche baigne des betteraves neuves et que ce soit l'eau pure qui vienne au contact des betteraves déjà épuisées.

En somme, on arrive ainsi à obtenir des jus sucrés. On précipite les matières étrangères par addition de chaux qui forme avec elles des combinaisons insolubles (c'est l'opération appelée *défécation*).

On précipite ensuite la chaux par un courant d'anhydride

carbonique qui la convertit en carbonate de calcium insoluble. On filtre.

Le sirop limpide est concentré par évaporation de l'eau dans le vide.

Quand le sirop est suffisamment concentré, on laisse le sucre cristalliser par refroidissement. Le sucre ainsi obtenu (sucre de premier jet) est blanc.

Par une nouvelle cristallisation, les eaux mères donnent un sucre de second jet, un peu coloré. Le sucre de troisième jet est très coloré.

Le résidu incristallisable (mélasse) est soumis à la fermentation qui le convertit en alcool.

Propriétés et usages. — 525. Le sucre est un corps solide, blanc, inodore, doué d'une saveur douce agréable. Il est soluble dans l'eau même froide, mais il l'est davantage dans l'eau bouillante. Sa solution dans l'eau constitue ce qu'on appelle un sirop.

On fabrique, comme boissons, des sirops aromatisés de diverses façons, par exemple avec de l'essence d'écorce de citron.

Le sucre est insoluble dans l'alcool froid, mais il se dissout dans l'alcool bouillant.

A 160°, le sucre se transforme en une masse vitreuse (*sucre d'orge*); à une température un peu plus élevée, il se décompose partiellement en prenant un arome particulier : c'est le *caramel*. Finalement, il se décompose en charbon et en eau (§ 15).

En chauffant longtemps à l'ébullition une solution de sucre, la molécule de sucre fixe une molécule d'eau et se dédouble en donnant une molécule de glucose et une molécule d'un isomère de la glucose, la lévulose ou sucre des fruits :

$$C^{12}(H^2O)^{11} + H^2O = C^6(H^2O)^6 + C^6(H^2O)^6,$$

sucre　　　　eau　　　glucose　　　lévulose

On dit que le sucre s'est *interverti*.

Cette transformation s'effectue plus rapidement si l'on

ajoute à la solution quelques gouttes d'un acide minéral, l'acide chlorhydrique par exemple.

Le sucre ne fermente pas directement, mais nous avons vu (§ 499) que le ferment alcoolique sécrète une diastase qui le dédouble en glucose et lévulose, composés fermentescibles.

C'est un aliment de tout premier ordre que nous consommons journellement. Aussi l'industrie du sucre a-t-elle une grande importance.

Amidon et Fécule.

Formule : $[C^6(H^2O)^5]^n$.

526. Les végétaux renferment de petits grains d'une matière qui joue dans leur organisme un rôle considérable, la *matière amylacée*. Cette matière, qui s'accumule surtout dans les graines des céréales et dans les racines ou les tubercules, prend, dans le premier cas, le nom d'*amidon*, et celui de *fécule* dans le second cas. Au point de vue chimique, l'amidon et la fécule sont identiques, seul leur aspect diffère.

La molécule de matière amylacée peut être considérée comme formée par l'union de *n* groupements $C^6(H^2O)^5$; chacun d'eux représentant une molécule incomplète de glucose, molécule à laquelle il manque H^2O.

527. La matière amylacée constitue la réserve alimentaire faite dans le grain pour le développement de la jeune plante, alors que les tissus verts n'étant pas encore constitués, elle ne pourra emprunter à l'atmosphère le carbone qui lui est nécessaire. Lorsqu'elle a besoin de l'amidon qu'elle a pu mettre de côté, grâce à l'insolubilité de cette matière, elle le solubilise à l'aide d'une diastase spéciale qui le saccharifie, et le rend ainsi apte à réagir dans l'organisme de la plante.

Un fait assez curieux nous révèle la présence de cette diastase. Nous avons remarqué qu'une pomme de terre gelée a un goût sucré prononcé. Voici l'explication de ce fait : La pomme de terre renferme de la fécule et une diastase susceptible de transformer cette fécule en un sucre lors de la germination. Mais les deux matières sont séparées par une membrane. Sous l'influence de la gelée, cette membrane vient-elle

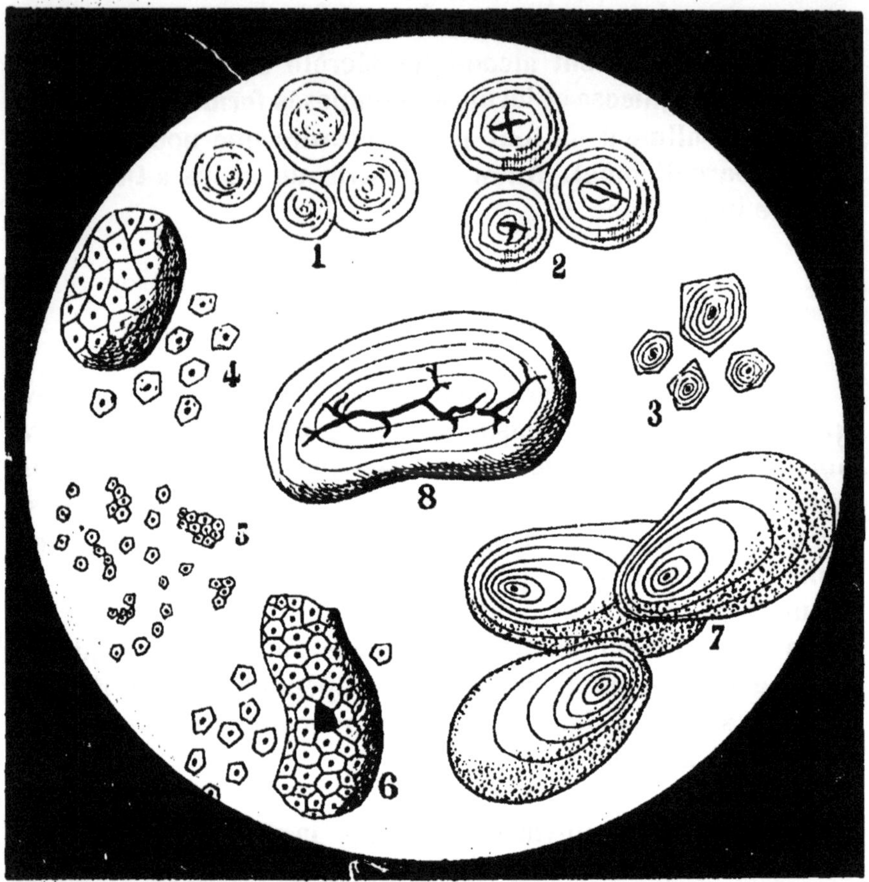

Fig. 90. — Aspects divers de la matière amylacée.

1. Blé.	4. Avoine.	7. Pomme de terre.
2. Seigle.	5. Riz.	8. Haricots.
3. Maïs.	6. Sarrasin.	

à se briser? Les deux substances entrent en contact, la diastase saccharifie la fécule.

Extraction. — 528. On sépare mécaniquement, à l'aide d'un filet d'eau, l'amidon d'une pâte formée à l'aide de la farine, ou la fécule de pomme de terre préalablement râpée.

Lorsqu'on a séparé l'amidon de la farine, il reste une matière grise, élastique, renfermant de l'azote et appelée *gluten*.

Propriétés et applications. — **529.** Comme nous l'avons dit déjà, l'aspect de la matière amylacée diffère selon son origine (*fig.* 90). L'amidon est formé de grains plus petits et plus doux au toucher que la fécule de pomme de terre.

Les grains d'amidon sont formés de couches concentriques.

Faisons bouillir environ 100 centimètres cubes d'eau dans une capsule en porcelaine. D'autre part, délayons une dizaine de grammes d'amidon dans un peu d'eau et versons le liquide blanc obtenu dans l'eau en ébullition, en agitant avec une baguette de verre. Au bout de quelques instants, la masse s'épaissit. Quand elle forme une gelée translucide, retirons du feu.

Nous avons ainsi obtenu l'*empois*, formé par des grains d'amidon qui se sont gonflés en absorbant de l'eau jusqu'à venir en contact.

Chauffé entre 160 et 210°, l'amidon se transforme en une matière d'un blanc jaunâtre, la *dextrine*, qui a la même composition que l'amidon, mais constitue une molécule plus simple. La dextrine est soluble dans l'eau, avec laquelle elle forme une matière collante analogue à la gomme.

Chauffée avec de l'acide sulfurique très étendu d'eau, la matière amylacée se transforme d'abord en dextrine, ensuite en glucose. C'est par cette opération que commence la fabrication des *alcools d'industrie*.

La diastase de l'orge germée transforme l'amidon en matière sucrée fermentescible, et c'est sur cette transformation que repose la fabrication de la *bière*.

La matière amylacée constitue un bon aliment. On en absorbe avec le pain, les pommes de terre, les grains des légumineuses.

Un certain nombre de fécules sont utilisées dans l'alimentation : sagou, arrow-root, tapioca, etc.

Sous l'influence d'un peu d'iode, la matière amylacée *se colore en bleu*. Cette réaction est extrêmement sensible.

Cellulose.

Formule : $[C^6(H^2O)^5]^n$.

530. La cellulose est la matière solide qui forme la paroi des fibres et des tissus des végétaux. Le bois est composé, en grande partie, de cellulose à laquelle se trouvent associés des sucs, des sels minéraux et différents principes organiques. On peut dire que les variétés de cellulose sont aussi nombreuses que les espèces végétales, mais ces diverses variétés de produits possèdent toutes les mêmes caractères chimiques. D'ailleurs, la cellulose se trouve à un état de pureté plus ou moins grand selon les plantes et selon les organes végétaux considérés. Si le bois est de la cellulose très impure, le coton est, par contre, presque entièrement constitué par cet hydrate de carbone.

La cellulose est un produit de la plus haute importance pratique, puisqu'elle constitue les fibres employées pour la fabrication des tissus.

531. La molécule de cellulose peut être considérée comme formée de plusieurs groupements $C^6(H^2O)^5$. Aussi peut-on, par fixation d'eau au moyen de l'acide sulfurique, en détacher des molécules de glucoses fermentescibles. C'est pour cela qu'en traitant des chiffons (le linge est de la cellulose) par l'acide sulfurique, on obtient une matière fermentescible (*sucre de chiffon*).

532. Le *papier* est une pâte formée de cellulose. La cellulose seule donne un papier poreux (papier buvard, papier à filtre). Mais, en ajoutant de l'alun et des résines, aplatissant sous de lourds rouleaux, on a le papier sur lequel on peut écrire : l'alun et la résine bouchent les pores de la cellulose.

Si l'on plonge du papier à filtre dans un bain d'acide sulfurique et d'eau, on le transforme en une sorte de parchemin, imperméable et difficilement déchirable.

533. La cellulose possède plusieurs fois la fonction alcool ; on peut donc la convertir en éthers par les acides. En particulier, avec l'acide nitrique on obtient la *nitro-cellulose*, encore appelée *coton-poudre* ou *fulmi-coton*. Une fois comprimé, le coton-poudre est un explosif dangereux avec lequel on prépare les *poudres sans fumée.*

En faisant, dans l'alcool et l'éther, une solution d'une cellulose nitrique, on obtient un produit visqueux qui est le *collodion*. Celui-ci, versé en couche mince, laisse, après évaporation du dissolvant, une pellicule très fine.

Comprimées avec du camphre (substance solide produite par un arbre qui croît principalement au Japon), les celluloses nitriques fournissent le *celluloïd*, cette matière qui imite l'ivoire et l'écaille. Nous comprenons maintenant pourquoi le celluloïd est une matière qu'il est dangereux d'approcher d'une flamme.

534. Dans un entonnoir renfermant de la tournure de cuivre, versons de l'ammoniaque concentrée. Il y a attaque et formation d'une liqueur que nous allons faire passer à nouveau sur le cuivre, et ainsi de suite, un certain nombre de fois, jusqu'à ce qu'elle soit d'un beau bleu foncé. Ce liquide est connu sous le nom de liqueur de SCHWEITZER. A son contact, la cellulose se gonfle, puis se dissout. Par addition d'eau, la cellulose est précipitée, mais elle se présente maintenant sous une forme gélatineuse. En faisant écouler en très minces filets continus la solution de cellulose et la faisant arriver dans de l'eau froide, la cellulose se coagule et forme une *soie artificielle*. On emploie aussi à cet effet des dérivés de la cellulose, tels que son éther acétique.

Acides.

Généralités.

535. Les aldéhydes (qui, nous le savons, se forment par enlèvement de 2 atomes d'hydrogène aux alcools correspondants, sous l'influence d'une oxydation modérée) sont susceptibles de s'oxyder elles-mêmes pour se convertir en acides :

$$CH^3 - CH^2OH \longrightarrow CH^3 - CHO \longrightarrow CH^3 - COOH.$$

Alcool $\qquad$ Aldéhyde $\qquad$ Acide

A la série homologue des alcools, définis en partant des hydrocarbures saturés, correspond donc la série homologue des acides organiques :

$$H - COOH$$
$$CH^3 - COOH$$
$$CH^3 - CH^2 - COOH$$
$$CH^3 - CH^2 - CH^2 - COOH$$
etc., etc.

Les acides organiques sont caractérisés par le groupement - COOH et possèdent des propriétés analogues à celles des acides minéraux, en ce sens qu'ils renferment de l'hydrogène remplaçable par du métal et que la substitution du métal à l'hydrogène peut se faire sous l'influence d'un hydrate basique, avec élimination d'eau. Exemples :

$$CH^3 - COOH + KOH = CH^3 - COOK + H^2O.$$

Nous avons vu que les acides réagissent sur les alcools pour donner des éthers composés. Exemple :

$$CH^3 - COOH + CH^3 - CH^2OH = CH^3 - COOCH^2 - CH^3 + H^2O.$$

Il existe des composés plusieurs fois acides, c'est-à-dire renfermant dans leur molécule plusieurs groupements - COOH.

Un acide organique est monobasique quand il renferme un seul groupement - COOH ; il est polybasique s'il en renferme plusieurs.

Le nom d'un acide organique se forme de la façon suivante : on fait suivre le mot *acide* du nom de l'hydrocarbure saturé auquel correspond l'acide, en ajoutant à ce nom la désinence *oïque*. Exemple : le composé $CH^3 - COOH$ se nomme acide éthanoïque. Cependant certains acides, comme l'*acide acétique*, $CH^3 - COOH$, conservent les noms sous lesquels on était habitué à les désigner avant l'adoption de cette règle de nomenclature.

Nous nous occuperons en particulier de quelques acides : l'acide acétique (le principe le plus important du vinaigre), les acides gras provenant des graisses et des huiles, l'acide oxalique, acide bibasique employé dans l'économie domestique.

Acide acétique.

Formule : $CH^3 - COOH$.

Préparation. — 536. Nous avons vu que, lorsqu'on distille du bois dans les cylindres en tôle (*fig.* 29, p. 71), on recueille des matières volatiles qui renferment de l'esprit-de-bois (§ 494). En même temps que l'esprit-de-bois, ces matières contiennent de l'acide acétique et constituent la source industrielle de ce produit.

Propriétés et usages. — 537. C'est un liquide incolore, doué d'une odeur piquante. Il se solidifie au-dessous de 17°, bout à 118° et se dissout dans l'eau et dans l'alcool. Il est employé en pharmacie, dans les laboratoires, dans l'industrie des produits chimiques. Il sert, en particulier, à préparer le blanc de céruse et l'acétate d'aluminium qui est employé comme mordant en teinture.

VINAIGRE

538. L'acide acétique est l'acide correspondant à l'alcool éthylique ; on peut donc l'obtenir par oxydation de celui-ci :

$$CH^3 - CH^2OH + 20 = CH^3 - COOH + H^2O.$$

En particulier, lorsqu'on abandonne le vin ou la bière à l'air, leur alcool se convertit en acide acétique et l'on a du *vinaigre*.

Cette oxydation est le résultat d'une véritable fermentation : c'est l'œuvre d'un végétal microscopique, le *Mycoderma aceti*, qui se multiplie à la surface du liquide. Il convertit donc l'alcool en acide acétique, tout comme le ferment alcoolique transforme la glucose en alcool.

La transformation du vin en vinaigre est facilitée par l'addition d'un peu de vinaigre déjà préparé, qui apporte le *Mycoderma aceti*.

Corps gras. — Savons.

539. Nous avons vu (§ 492 et 507) que les corps gras (huiles, graisses, beurres) sont formés essentiellement par des *éthers composés*. Ces éthers composés proviennent de la combinaison d'un certain nombre d'acides, appelés *acides gras*, avec un alcool triatomique, la *glycérine*, que nous avons étudié précédemment.

Si donc on saponifie les corps gras, en d'autres termes si on les décompose, soit par l'eau, soit par un alcali, on met en liberté, dans le premier cas, les acides gras et la glycérine, dans le second cas, des sels alcalins des acides gras (sels qui constituent les *savons*) et de la glycérine.

Deux importantes fabrications industrielles reposent sur ce dédoublement des matières grasses : 1° la fabrication des *bougies stéariques;* 2° la fabrication des *savons*.

Bougies stéariques. — 540. Les bougies sont des cylindres formés d'acides gras entourant une mèche. On prépare ces acides gras en saponifiant les graisses de bœuf ou de mouton. La saponification s'effectue de différentes façons : soit par la chaux, soit par la vapeur d'eau surchauffée, soit au moyen de l'acide sulfurique. Décrivons, à titre d'exemple, la saponification par la chaux ou saponification calcaire.

On opère dans un *autoclave* (*fig.* 91), c'est-à-dire dans un vase clos. Dans cet autoclave on chauffe le suif avec de l'eau et de la chaux, au moyen d'un jet de vapeur.

Les éthers qui constituent le suif sont saponifiés, la glycérine est mise en liberté, et il se forme un savon calcaire (mélange des sels de calcium des acides gras). On fait arriver le produit dans l'acide sulfurique étendu et chaud. Celui-ci déplace les acides gras qui viennent surnager, et s'empare du calcium pour former du sulfate de calcium.

Le liquide renferme la glycérine.

Les acides gras sont formés d'un mélange d'acides solides (*acide stéarique* notamment) et d'un acide liquide (*acide oléique*). On exprime la masse à l'aide

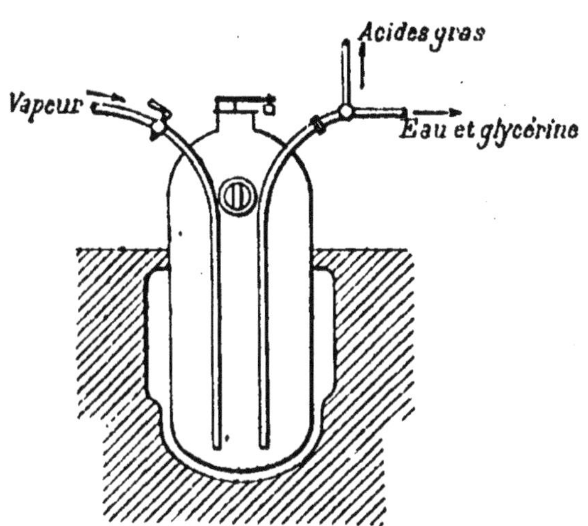

Fig. 91. — Autoclave pour la saponification calcaire.

d'une presse hydraulique; l'acide oléique, liquide, s'écoule; on l'utilise en savonnerie. La masse solide qui reste est coulée, après fusion, dans des moules cylindriques au centre desquels est disposée la mèche. On a ainsi les bougies que l'on termine en les coupant et les polissant.

Savons. — **541.** Les savons sont les sels des acides organiques contenus dans les corps gras, sels de sodium (savons durs) ou de potassium (savons mous), selon que la saponification est effectuée à l'aide de la soude ou de la potasse.

Nous allons pouvoir faire une expérience qui nous donnera une idée des opérations que l'on effectue industriellement.

Dans 100 centimètres cubes d'eau, dissolvons 7 grammes de soude caustique. Partageons cette lessive en deux portions égales. Mettons l'une d'elles dans une capsule en porcelaine avec 50 centimètres cubes d'eau et 50 centimètres cubes d'huile d'olive, par exemple.

Faisons bouillir environ une demi-heure. Au bout de ce temps, et sans cesser de chauffer, ajoutons petit à petit la seconde portion de la lessive de soude, en agitant avec une baguette de verre. La masse devient épaisse. C'est l'*empâtage*. Les éthers qui constituent l'huile ont été saponifiés et le savon formé, comme d'ailleurs la glycérine, se dissout dans l'eau.

Le savon est soluble dans l'eau pure, mais il ne l'est pas dans l'eau additionnée de sel marin. Quand la saponification est complète, c'est-à-dire quand une goutte déposée sur une soucoupe se fige par refroidissement et donne une matière entièrement soluble dans l'eau, ajoutons environ 10 grammes de sel de cuisine (c'est le *relargage*). Maintenons pendant quelques minutes l'ébullition et laissons refroidir. Versons ensuite la masse dans un verre. Au bout d'un certain temps, le savon, insoluble dans l'eau salée, se réunit à la surface du liquide et l'eau tient en dissolution la glycérine.

542. Les savons de soude et de potasse sont solubles dans l'eau et les solutions de savon sont aptes elles-mêmes à s'emparer d'un grand nombre de substances en les dissolvant, d'où l'emploi du savon pour le blanchissage du linge.

Par contre, les savons de chaux sont insolubles. Si nous prenons une solution de savon ordinaire et si nous y versons un peu de chaux, nous observerons la formation d'un précipité dû à l'insolubilité du savon de chaux qui prend naissance. Cela nous explique pourquoi les eaux calcaires ou sélénitenses sont impropres au savonnage.

Acide oxalique.

Formule : COOH-COOH.

543. C'est un corps deux fois acide que l'on trouve dans un grand nombre de végétaux (en particulier dans l'oseille), soit à l'état de liberté, soit sous la forme d'oxalate acide de potassium ou d'oxalate de calcium.

Il cristallise avec 2 molécules d'eau : $COOH-COOH + 2H^2O$.

C'est un *poison*.

En dissolution, on l'emploie pour nettoyer les objets de cuivre (eau de cuivre) et enlever les taches d'encre et de rouille.

Acide tartrique.

Formule : $COOH - CHOH - CHOH - COOH$.

544. C'est un composé deux fois acide et deux fois alcool secondaire, que l'on rencontre sous forme de tartrate acide de potassium (crème de tartre), $COOH - CHOH - CHOH - COOK$, sur les parois des tonneaux renfermant du vin.

Amines et Amides.

Amines.

545. Prenons un alcool, $CH^3 - CH^2OH$, par exemple. Supposons que nous éliminions une molécule d'eau entre cette molécule d'alcool et une molécule de gaz ammoniac, comme l'indique le schéma :

$$CH^3 - CH^2OH \quad \begin{matrix} H \\ Az{-}H \\ H \end{matrix} \longrightarrow CH^3 - CH^2 - AzH^2.$$
Amine

Nous avons ce qu'on appelle une *amine*. L'amine est, on le voit, le résultat de la substitution, à un atome d'hydrogène du gaz ammoniac, d'un radical monovalent formant précédemment avec OH un alcool (radical alcoolique).

Une semblable amine, qui provient de la substitution *d'un seul radical alcoolique à un seul atome d'hydrogène* du gaz ammoniac, est dite *amine primaire*.

Si l'on substitue *deux radicaux* alcooliques, identiques ou différents, à *deux atomes d'hydrogène* du gaz ammoniac, on a ce qu'on appelle une *amine secondaire*, par exemple :

$$\begin{matrix} CH^3 - CH^2 \\ CH^3 - CH^2 \end{matrix}\Big\rangle AzH.$$

Enfin, si l'on substitue de tels radicaux aux *trois atomes d'hydrogène*, on a une *amine tertiaire*, par exemple :

$$\begin{matrix} CH^3 - CH^2 \\ CH^3 - CH^2 \\ CH^3 - CH^2 \end{matrix}\Big\rangle Az.$$

Les amines sont de véritables bases organiques analogues au gaz ammoniac. Elles possèdent des odeurs nauséabondes. Il s'en forme dans les cadavres en putréfaction.

Amides.

546. On définit la fonction amide en partant de la fonction acide, comme on définit la fonction amine en partant de la fonction alcool. Par exemple :

$$CH^3 - CO \fbox{OH} \atop Az \fbox{H \atop -H \atop H} \longrightarrow CH^3 - CO - AzH^2.$$
amide

On voit que l'amide est le résultat de la substitution, à un atome d'hydrogène du gaz ammoniac, d'un radical monovalent formant précédemment avec OH un acide (reste acide).

Si un *seul atome d'hydrogène* du gaz ammoniac est substitué, on a une *amide primaire*, par exemple :

$$CH^3 - CO - AzH^2.$$

Si *deux atomes d'hydrogène* sont substitués, on a une *amide secondaire*, par exemple :

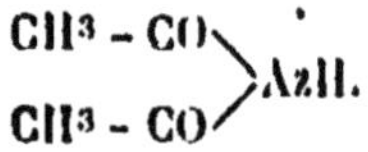

$$\left. {CH^3 - CO \atop CH^3 - CO} \right\rangle AzH.$$

Si les *trois atomes d'hydrogène* sont substitués, on a une *amide tertiaire*, par exemple :

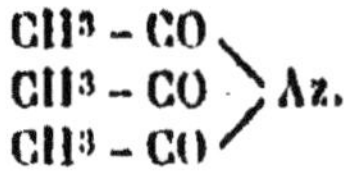

$$\left. {CH^3 - CO \atop CH^3 - CO \atop CH^3 - CO} \right\rangle Az.$$

547. Aux composés deux fois acides peuvent correspondre des composés deux fois amides.

L'*urée*, que l'on trouve dans l'urine, est un composé deux fois amide, correspondant à l'acide carbonique qui est bibasique, CO^3H^2 :

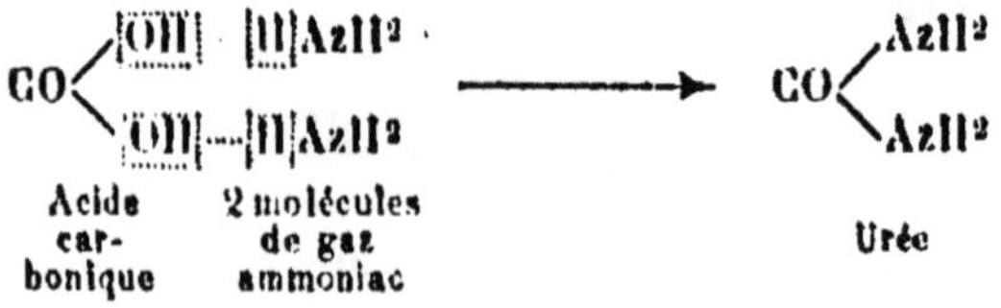

$$CO \left\langle {\fbox{OH} \quad \fbox{H}AzH^2 \atop \fbox{OH} - \fbox{H}AzH^2} \right. \longrightarrow CO \left\langle {AzH^2 \atop AzH^2} \right.$$

<table>
<tr><td>Acide carbonique</td><td>2 molécules de gaz ammoniac</td><td>Urée</td></tr>
</table>

548. Par déshydratation d'une amide, on a ce qu'on appelle un *nitrile*. Prenons comme exemple le premier acide de la série, celui qui correspond au méthane, l'acide méthanoïque que l'on appelle généralement acide formique, H - COOH. Son amide a pour formule H - CO - AzH². Il donne par déshydration le *nitrile formique* :

$$\text{H - CO - Az H}^2 \longrightarrow \text{H - C = Az.}$$

Le nitrile formique n'est autre chose que ce poison violent, appelé *acide cyanhydrique*, que l'on rencontre dans un certain nombre de végétaux.

CHAPITRE III

SÉRIE AROMATIQUE

—

Généralités.

549. Nous avons vu que, sous l'influence de la chaleur, 3 molécules d'acétylène peuvent s'unir :

$$3\ CH \equiv CH = C^6H^6,$$

pour former une seule molécule d'un autre corps appelé *benzine*. Et nous avons montré qu'il est logique de représenter la benzine, qu'on appelle aussi *benzène*, par une formule telle que les atomes de carbone forment les sommets d'un hexagone régulier :

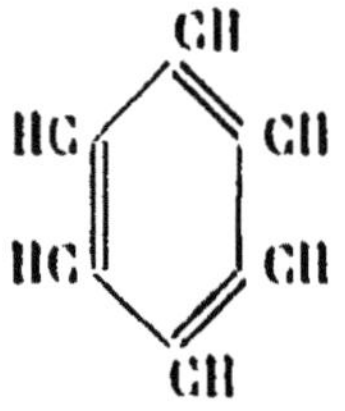

$$
\begin{array}{ccc}
 & CH & \\
HC & & CH \\
HC & & CH \\
 & CH &
\end{array}
$$

Les composés qui renferment un noyau d'atomes de carbone tel que celui de la benzine, composés qui dérivent de la benzine par des substitutions faites aux atomes d'hydrogène, forment la série aromatique.

Les six atomes d'hydrogène de la benzine sont, d'après la formule écrite plus haut, absolument identiques entre eux. C'est bien ainsi qu'il faut que nous les supposions pour être d'accord avec les faits expérimentaux. En effet, si deux atomes de carbone étaient placés différemment, une substitution donnerait deux dérivés différents, selon qu'elle s'effectuerait sur l'un ou sur l'autre de ces deux atomes. Or on n'a jamais obtenu qu'un seul dérivé monosubstitué de la benzine. Il faut donc qu'aucun atome de carbone ne soit différent des autres.

Hydrocarbures. — **550.** Comme ceux de la série grasse, les composés de la série aromatique se groupent d'après leurs fonctions chimiques; et les diverses fonctions chimiques que l'on rencontre dérivent d'une façon plus ou moins directe des hydrocarbures.

Établissons donc tout d'abord la filiation entre les hydrocarbures de la série aromatique.

Benzine et ses homologues. — **551.** L'hydrocarbure aromatique le plus simple est la benzine, C^6H^6. Quand nous avons défini les hydrocarbures homologues de la série grasse, nous avons montré qu'on peut passer du plus simple d'entre eux, qui est le méthane CH^4, à l'homologue supérieur, en remplaçant H par $-CH^3$. Il en est de même ici. En remplaçant un atome d'hydrogène de la benzine par $-CH^3$, on a l'homologue de la benzine $C^6H^5-CH^3$, que l'on nomme *méthylbenzine* ou encore *toluène*. Sa formule peut s'écrire :

$$
\begin{array}{c}
CH^3 \\
| \\
C \\
HC \diagup \diagdown CH \\
HC \diagdown \diagup CH \\
CH
\end{array}
$$

En substituant à nouveau un groupe $-CH^3$ à un atome d'hydrogène, soit dans la chaîne grasse, soit dans le noyau benzénique, on obtient les homologues du toluène, et ainsi de suite. On peut définir, en prenant la benzine comme point de départ, une série homologue d'hydrocarbures, comme on l'a fait en partant du méthane.

Nous aurons à envisager séparément dans une molécule :

1° le noyau benzénique ; 2° le groupement fixé au noyau benzénique et dont les atomes de carbone forment une chaîne ouverte, en d'autres termes une chaîne grasse. Cette chaîne grasse pourra, d'ailleurs, être saturée ou non saturée. Le noyau benzénique apportera au corps des propriétés particulières et la chaîne grasse lui communiquera d'une façon indépendante les caractères des composés de la série grasse.

Naphtaline et anthracène. — **552.** Une molécule peut renfermer plusieurs noyaux benzéniques. De ce nombre sont les molécules de la naphtaline et de l'anthracène.

La naphtaline, $C^{10}H^8$, possède une formule

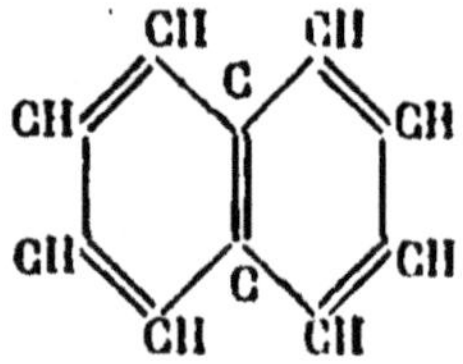

$$\text{[formule développée de la naphtaline]}$$

formée de deux hexagones fixés directement à l'un l'autre. L'anthracène, $C^{14}H^{10}$, est formé de deux noyaux benzéniques réunis par deux groupes CH :

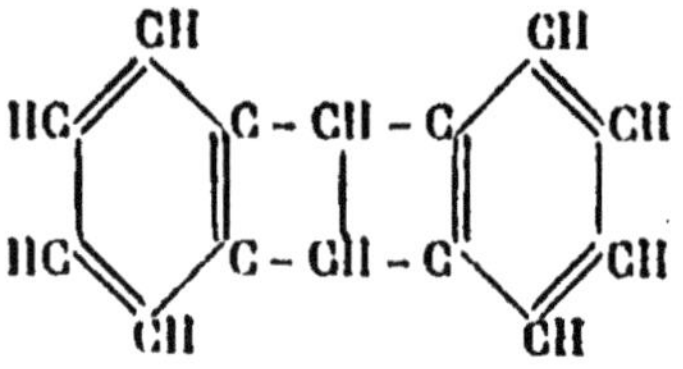

$$\text{[formule développée de l'anthracène]}$$

On peut écrire cette formule plus simplement :

$$C^6H^4 \left\langle \begin{array}{c} CH \\ | \\ CH \end{array} \right\rangle C^6H^4$$

Fonctions oxygénées et fonctions azotées. — **553.** Nous résumons ici ce que nous avons dit déjà au début de l'étude de la chimie organique au sujet de ces fonctions, en faisant ressortir les particularités concernant la série aromatique.

La fonction *alcool*, qui dérive de la fonction hydrocarbure par la substitution du groupe OH à un atome d'hydrogène *d'une chaîne grasse*, figurera dans la série aromatique. Nous avons vu en effet que des chaînes grasses peuvent être fixées au noyau benzénique.

De la fonction alcool dérivera la fonction *aldéhyde* et la fonction *acide*. Et nous aurons la filiation qu'indique l'exemple suivant :

$$C^6H^5 - CH^3 \;\rightarrow\; C^6H^5 - CH^2OH \;\rightarrow\; C^6H^5 - CHO \;\rightarrow\; C^6H^5 - COOH.$$

Hydrocarbure   Alcool   Aldéhyde   Acide

A un alcool correspond une *amine* :

$$C^6H^5 - CH^2OH \;\rightarrow\; C^6H^5 - CH^2 - AzH^2,$$

Alcool   Amine

et à un acide correspond une *amide* :

$$C^6H^5 - COOH \;\rightarrow\; C^6H^5 - CO - AzH^2.$$

Acide   Amide

Ce que nous venons de dire jusqu'ici n'est pas particulier à la série aromatique.

554. Considérons maintenant, non plus, comme nous venons de le faire, une chaîne grasse (fixée ou non à un noyau benzénique), mais bien le noyau benzénique. Et substituons à un atome d'hydrogène *de ce noyau* un groupement OH. Nous n'aurons pas un alcool, mais un composé présentant des caractères différents. Nous l'appellerons un *phénol*. Le plus simple est celui qui dérive de l'hydrocarbure aromatique également le plus simple, c'est-à-dire de la benzine :

$$C^6H^6 \;\rightarrow\; C^6H^5OH.$$

Benzine   Phénol

Un alcool, par substitution de AzH² à OH, donne une amine; un phénol, dans les mêmes conditions, donnera, lui aussi, une amine :

$$C^6H^5OH \;\rightarrow\; C^6H^5 - AzH^2.$$

Phénol   Amine correspondante

En résumé, dans la série aromatique, nous aurons à considérer une fonction que nous n'avons pas rencontrée dans la série grasse, la fonction phénol. De plus, on y trouve deux classes différentes d'amines : les amines correspondant aux alcools et les *amines correspondant aux phénols*. Dans ces dernières, le groupe AzH^2 se trouve fixé au noyau benzénique.

Hydrocarbures.

555. La benzine est le plus important des hydrocarbures aromatiques. C'est en même temps le premier terme d'une série homologue. Indépendamment de la benzine et de ses homologues, il convient de mentionner la naphtaline et l'anthracène, qui sont d'intéressantes matières premières.

Généralités.

556. Nous avons vu qu'on passe de la benzine à ses homologues par des substitutions successives de groupements - CH^3 à des atomes d'hydrogène. Pratiquement cette substitution s'effectue en traitant l'hydrocarbure aromatique par le chlorure de méthyle CH^3Cl en présence du chlorure d'aluminium.

Dans une première phase de la réaction, le chlorure d'aluminium réagit sur l'hydrocarbure aromatique (par exemple C^6H^6) d'après l'équation :

$$C^6H^6 + Al^2Cl^6 = HCl + C^6H^5 - Al^2Cl^5.$$

Ensuite, le composé intermédiaire formé réagit sur le chlorure de méthyle :

$$C^6H^5 - Al^2Cl^5 + CH^3Cl = C^6H^5 - CH^3 + Al^2Cl^6.$$

On a ainsi l'homologue que l'on désirait obtenir et le chlorure d'aluminium est régénéré.

Propriétés générales. — 557. Nous avons pu remarquer, dans la formule de la benzine, et, d'une manière générale, dans le noyau benzénique, la présence de trois doubles liaisons. Or, nous sommes habitués à cette idée qu'un composé non saturé ne peut donner de produit de substitution qu'après s'être saturé par voie d'addition. Nous serons donc un peu surpris d'apprendre qu'ici il peut en être autrement.

En présence de la lumière solaire, le chlore, par exemple, donnera bien avec la benzine des produits d'addition en saturant successivement les trois doubles liaisons : $C^6H^6Cl^2$, $C^6H^6Cl^4$ et $C^6H^6Cl^6$. Mais, dans d'autres circonstances, le noyau de la benzine peut fournir directement des *produits de substitution*, et par conséquent fonctionner comme un noyau saturé. Nous devons donc envisager les doubles liaisons du noyau benzénique

comme douées d'une stabilité particulière. Notre imagination sera satisfaite en attribuant cette stabilité à la symétrie de la molécule et en comparant ce fait à la stabilité des pierres formant l'arche d'un pont.

558. Cette bonne grâce particulière que l'hydrogène du noyau benzénique
met à céder sa place donne lieu à des réactions spéciales à la série aromatique.

L'acide sulfurique fumant réagit sur la benzine, par exemple, d'après
l'équation :

$$C^6H^6 + SO^4H^2 = C^6H^5 - SO^3H + H^2O.$$

Un atome d'hydrogène de la benzine va s'unir à un OH de l'acide sulfurique pour former H^2O et le groupe $-SO^3H$ monovalent qui reste va
prendre la place de l'hydrogène.

Un composé tel que $C^6H^5 - SO^3H$ s'appelle un *acide sulfoné*. Il possède
des propriétés acides, à cause de l'atome d'hydrogène qui reste, provenant de l'acide sulfurique.

Les acides sulfonés sont intéressants : ils servent à préparer les phénols.
La substitution de SO^3H à H peut se répéter.

559. L'acide azotique réagit d'une façon analogue sur les composés aromatiques :

$$C^6H^6 + AzO^3H = C^6H^5 - AzO^2 + H^2O.$$

Il y a substitution de AzO^2 à H. On a ce qu'on appelle un *dérivé nitré*.
Celui-ci, sous l'influence de l'hydrogène naissant, est susceptible de céder
son oxygène, tandis que le groupement AzO^2 se transforme en groupement AzH^2. On a une amide correspondant à un phénol :

$$C^6H^5 - AzO^2 + 6H = C^6H^5 - AzH^2 + 2H^2O.$$

Cette substitution peut se répéter une seconde et une troisième fois.

Benzine.

Formule : C^6H^6.

Les goudrons de houille. — 560. Lorsqu'on chauffe de la
houille en vase clos, on obtient : 1° un ensemble de produits
gazeux combustibles qui constituent le gaz d'éclairage ; 2° des
produits liquides qui distillent et se condensent par refroidissement ; ce sont les eaux ammoniacales et les goudrons ; 3° des
résidus solides, coke et charbon des cornues.

Les goudrons constituent aujourd'hui une matière première
de la plus haute importance, qui fournit, à l'industrie des
produits organiques, des substances fondamentales, telles
que la benzine.

Pour extraire ces principes si importants [du goudron de houille, on soumet celui-ci à une distillation fractionnée (*fig.* 92), et l'on sépare :

1° Les *huiles légères*, qui distillent avant 150°. Ce sont des mélanges d'hydrocarbures dont le principal est la benzine ;

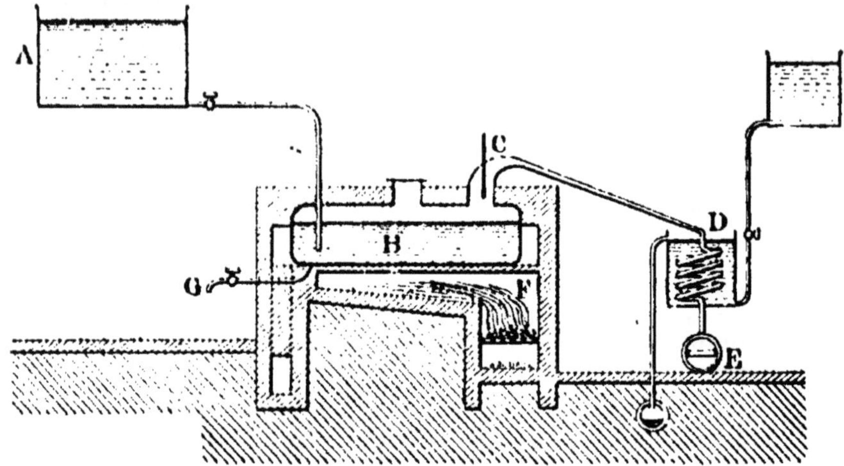

Fig. 92. — Distillation fractionnée des goudrons de houille.

A, réservoir à goudrons ;
B, chaudière ;
C, chapiteau portant un thermomètre pour surveiller la température ;
D, serpentin et réfrigérant ;
E, vase où l'on recueille le produit distillé. Ce vase est changé, pour recueillir séparément : les huiles légères ; les huiles moyennes ; les huiles lourdes ;
F, foyer ;
G, tuyau de vidange pour le brai.

2° Les *huiles moyennes*, distillant entre 150 et 200° ;

3° Les *huiles lourdes*, bouillant au-dessus de 200° ;

4° Le *brai*, qui est le résidu de la distillation et qui constitue une masse noirâtre.

Extraction de la benzine. — 561. Ce sont les huiles légères des goudrons de houille qui fournissent la benzine. Ces huiles renferment, en même temps que la benzine et ses homologues, des carbures éthyléniques, des bases organiques et des phénols.

Les carbures éthyléniques se combinent avec l'acide sulfurique; on peut donc les éliminer, en même temps que les bases, au moyen de cet acide.

Les phénols sont solubles dans les alcalis, on les élimine par lavage au moyen d'une lessive alcaline.

Le produit ainsi traité est soumis à la distillation fractionnée et l'on en sépare la benzine, qui bout à 80°. On la purifie par cristallisation.

Propriétés et applications. — **562.** La benzine, autrement dit le benzène, est un liquide incolore, plus léger que l'eau, doué d'une odeur forte, insoluble dans l'eau, soluble dans l'alcool et dans l'éther.

C'est un excellent *dissolvant* pour un grand nombre de substances organiques, en particulier pour les produits odorants des végétaux, les graisses, les résines, etc. Comme le point d'ébullition de ce corps est assez bas pour permettre aisément sa séparation par distillation, on peut l'employer comme dissolvant dans l'extraction des matières organiques qu'il dissout.

Son emploi par les teinturiers pour le nettoyage à sec est basé précisément sur son pouvoir dissolvant.

La benzine bout à 80° et cristallise par refroidissement.

Elle brûle avec une flamme fuligineuse.

Le mélange de sa vapeur avec l'air détone au contact d'une flamme. Aussi faut-il, dans les ateliers où l'on emploie la benzine, prendre de sérieuses mesures de prudence pour éviter les accidents.

Dans un verre entouré d'un mélange réfrigérant de glace et de sel marin, mettons de l'acide azotique fumant et, en agitant avec une baguette de verre, versons lentement de la benzine. Celle-ci se dissout. Versons le contenu du verre dans l'eau. Il se sépare un liquide huileux qui se rassemble au fond du vase. Décantons l'eau. Il nous reste un produit à odeur très prononcée d'amande amère.

Sous l'influence de l'acide azotique, le groupement AzO^2 s'est substitué à un atome d'hydrogène de la benzine, d'après l'équation :

$$C^6H^6 + AzO^3H = C^6H^5 - AzO^2 + H^2O.$$

Il s'est formé de la *nitrobenzine*, $C^6H^5 - AzO^2$, ou essence de mirbane.

Ce produit est employé pour parfumer des savons de toilette à bas prix, mais il sert surtout dans la fabrication d'une substance, l'*aniline*, $C^6H^5 - AzH^2$, qui est une amine et qui a une grande importance dans l'industrie des matières colorantes. En effet, quand on traite la nitrobenzine par un mélange capable de produire un dégagement d'hydrogène, on a la réaction :

$$C^6H^5 - AzO^2 + 6H = C^6H^5 - AzH^2 + 2H^2O.$$

Phénols.

Généralités.

563. Un phénol est, nous le rappelons, le produit de la substitution d'un groupement OH à un atome d'hydrogène dans un *noyau benzénique*.

La fonction phénol peut se trouver répétée plusieurs fois dans une molécule. On a alors un phénol polyatomique.

Les phénols présentent des analogies à la fois avec les alcools et avec les acides.

Comme les alcools, ils fournissent des *éthers-oxydes* et des *éthers composés*.

Comme les acides, ils réagissent sur les alcalis : il y a substitution du métal à l'hydrogène du groupe oxhydryle (formation d'un *phénolate* alcalin) et élimination d'eau.

Par exemple :

$$C^6H^5OH + KOH = C^6H^5OK + H^2O.$$

Le phénolate alcalin formé est soluble dans l'eau, de sorte que les lessives alcalines dissolvent les phénols.

Extraction des phénols. — 564. Sur la propriété des phénols de se dissoudre dans les lessives alcalines, repose une méthode pratique de séparation de ces corps d'avec les substances insolubles et sans action sur les alcalis.

Prenons un exemple : l'essence de Thym contient un phénol, appelé thymol, et d'autres substances qui ne sont ni des phénols ni des acides et qui, par conséquent, sont sans action sur les alcalis ; ces dernières substances sont en outre insolubles dans l'eau. Pour en séparer le thymol, nous agitons l'essence de Thym avec une solution de soude à 10 0/0, dans un entonnoir à décantation tel que le représente la figure 93. Le thymol se convertit en sel de sodium qui se dissout, les autres substances sont insolubles; elles forment une huile qui se réunit à la surface du liquide. On fait écouler la solution alcaline que l'on reçoit dans un vase et on met le thymol en liberté à l'aide d'un acide, l'acide chlorhydrique par exemple. Le thymol se sépare complètement.

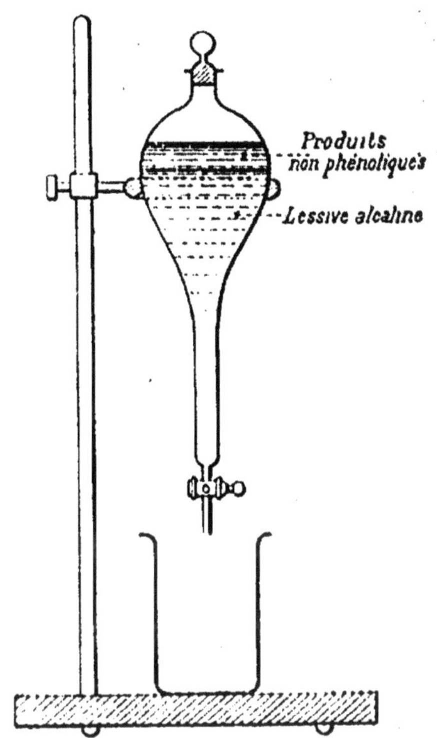

Fig. 93. — Extraction d'un phénol.

Réaction. — 565. Les phénols se colorent, avec une solution de chlorure ferrique, en violet, en bleu, en vert, ou en rouge. Ces réactions sont très sensibles.

Propriétés antiseptiques. — 566. En général, les phénols possèdent des propriétés antiseptiques qui ouvrent des débouchés commerciaux à un certain nombre d'entre eux.

Préparation. — 567. On obtient les phénols en partant des acides sulfonés correspondants (§ 558). Ainsi, pour obtenir le phénol $C^6H^5.OH$, on part de l'acide sulfoné $C^6H^5.SO^3H$, obtenu comme il est indiqué au paragraphe 558. On fond cet acide avec la potasse caustique. Tout d'abord, l'acide est neutralisé :

$$C^6H^5.SO^3H + KOH = C^6H^5.SO^4K + H^2O.$$

Ensuite, se produit la réaction :

$$C^6H^5.SO^3K + KOH = C^6H^5.OH + SO^3K^2.$$

Le phénol formé en présence d'un excès de potasse donne le composé $C^6H^5.OK$ (§ 563). On aura donc finalement à mettre le phénol en liberté à l'aide d'un acide, l'acide chlorhydrique par exemple.

Phénol.

Formule : C^6H^5OH.

568. Le plus simple de tous les phénols, le phénol ordinaire, C^6H^5OH, est quelquefois encore désigné sous le nom d'acide phénique, qui lui avait été attribué primitivement à cause de ses propriétés acides.

On l'extrait des huiles moyennes de houille à l'aide d'une lessive alcaline (§ 563) et on le prépare artificiellement en partant de la benzine.

C'est un corps solide cristallisé en petites aiguilles incolores fondant à 42°. Son odeur est caractéristique. Il est soluble dans l'alcool et un peu soluble dans l'eau.

Sa solution aqueuse donne avec le chlorure ferrique Fe^2Cl^6 une coloration d'un bleu violacé.

Il est vénéneux, c'est un antiseptique remarquable ; aussi est-il employé comme tel (eau phéniquée).

Acide picrique. — 569. Quand on fait bouillir le phénol avec l'acide nitrique, il se forme le phénol trinitré, produit de substitution de $3AzO^2$ à $3H$ du noyau benzénique (§ 559), $C^6H^2(OH)(AzO^2)^3$, appelé *acide picrique*.

L'acide picrique est une substance solide d'un jaune clair. Il sert à teindre la laine et la soie en jaune.

En réagissant sur les bases grâce à son groupement phénolique, il donne des picrates jaunes ou orangés. Ces picrates, comme d'ailleurs l'acide picrique lui-même, sont des explosifs. On les emploie comme tels.

Alcools, aldéhydes et acides.

570. Le groupement fonctionnel d'un alcool, d'une aldéhyde ou d'un acide est, d'après ce que nous avons vu précédemment, indépendant du noyau benzénique. Un tel groupement communique donc à une molécule les mêmes propriétés, qu'il s'agisse d'un composé de la série grasse ou d'un composé de la série aromatique. Nous n'avons donc rien de nouveau à apprendre, au point de vue général, au sujet de ces fonctions.

Pour fixer les idées, nous citerons quelques-uns de leurs représentants.

Alcools. — 571. L'alcool aromatique le plus simple est l'*alcool benzylique*, $C^6H^5 - CH^2OH$.

L'homologue supérieur, c'est-à-dire le terme suivant de la série homologue, est l'*alcool phényléthylique*, $C^6H^5 - CH^2 - CH^2OH$, dont l'odeur rappelle celle de la rose. Cet alcool est d'ailleurs un des principes odorants de la rose et se prépare aujourd'hui artificiellement pour les besoins de la parfumerie.

Aldéhydes. — 572. La plus simple, l'*aldéhyde benzoïque*, $C^6H^5 - CHO$, est l'essence d'amande amère fournie par les noyaux de pêches, d'abricots, etc., et préparée artificiellement.

L'homologue supérieur, $C^6H^5 - CH^2 - CHO$, l'*aldéhyde phénylacétique*, possède un parfum très puissant. On l'emploie en parfumerie sous le nom de jacinthe.

D'ailleurs, parmi les matières odorantes, les aldéhydes ont de nombreux représentants. La *vanilline*, substance à laquelle la gousse de Vanille doit son arome, est une aldéhyde.

Acides. — 573. L'acide aromatique le plus simple est l'*acide benzoïque*, $C^6H^5 - COOH$.

Un acide bibasique, l'*acide phtalique*, $C^6H^4 \Big\langle \begin{matrix} COOH \\ COOH \end{matrix}$, obtenu par oxydation de la naphtaline que l'on extrait du goudron de houille, joue un rôle important dans l'industrie des matières colorantes.

Le *tanin*, ce principe de l'écorce de chêne qui sert à conserver les peaux (tannage), n'est autre chose qu'un dérivé d'un composé, l'*acide gallique*, $C^6H^2(COOH)(OH)^3$, qui est une fois acide et trois fois phénol. Le tanin est un éther provenant de l'action d'une molécule d'acide gallique fonctionnant comme acide, sur une autre molécule d'acide gallique fonctionnant comme phénol.

Comme phénol, le tanin donne une coloration avec les sels de fer. En mélangeant une solution de tanin et une solution de sulfate de fer, on a l'encre ordinaire.

Amines.

574. Les amines aromatiques correspondent soit aux alcools, soit aux phénols.

La plus simple, l'*aniline* ou *phénylamine*, $C^6H^5 - AzH^2$, qui correspond au phénol ordinaire, est le point de départ d'un grand nombre de matières colorantes.

Elle s'obtient en faisant réagir sur la nitrobenzine (§ 562) un mélange susceptible de produire de l'hydrogène.

C'est un liquide incolore doué d'une odeur désagréable.

Comme l'aniline, plusieurs autres amines de la série aromatique occupent une place importante parmi les composés aptes à se transformer en matières tinctoriales. Et le fait de voir un groupe de substances analogues trouver des applications de même nature n'a rien qui doive nous surprendre maintenant. Connaissant la merveilleuse harmonie qui existe entre l'organisation atomique des corps et la façon dont la matière se manifeste à nos sens ou agit sur nous, nous pouvons nous attendre à ce que les caractères sur lesquels reposent des applications déterminées : propriétés tinctoriales, vertus thérapeutiques, pouvoir odorant, et tant d'autres encore, se rencontrent chez un grand nombre de composés dont la constitution présente certaines analogies.

CHAPITRE IV

ALCALOÏDES ET MATIÈRES ALBUMINOÏDES

575. Il ne faudrait pas penser que tous les composés organiques sont compris dans les deux séries que nous venons d'étudier. Il en est d'autres, et de très importants, qui ne répondent ni à la définition que nous avons donnée des corps de la série grasse, ni à la définition des corps de la série aromatique. En particulier, on rencontre, chez certaines molécules, des noyaux cycliques très particuliers dans lesquels des atomes d'azote constituent des anneaux de la chaîne. A cette catégorie de corps appartiennent un certain nombre de bases organiques contenues dans les végétaux, connues sous le nom d'*alcaloïdes*, substances auxquelles la plupart des plantes médicinales doivent leur activité.

D'autre part, les *albumines*, matières qui constituent la partie essentielle de l'organisme et se trouvent dans tous les liquides participant à la nutrition du corps, sont d'une nature encore inconnue. Il faut donc les étudier à part. Nous n'entreprendrons pas la description de ces substances, alcaloïdes et matières albuminoïdes, mais nous fixerons cependant notre attention sur leur existence, ainsi que sur l'importance de leurs applications ou de leur rôle physiologique.

Alcaloïdes.

576. Certains végétaux renferment, à l'état de combinaison avec des acides organiques, des matières azotées douées de propriétés basiques. Ce sont les *alcaloïdes* ou *alcalis végétaux*.

Les alcaloïdes possèdent généralement des vertus thérapeutiques. Les procédés de l'analyse immédiate ont permis d'isoler ces corps à l'état de pureté, de sorte que l'on a pu substituer, à des médicaments d'une composition incertaine, des produits bien définis dont on peut mesurer la dose et prévoir les effets. Au surplus, les alcaloïdes ont pu être engagés dans des combinaisons plus actives, ou d'un emploi plus sûr. La chimie, en révélant les secrets de l'architecture atomique des corps, a permis d'établir des relations entre la présence de tel ou tel groupement d'atomes dans une molécule et les propriétés physiologiques de cette molécule. Et, la synthèse venant à son aide, le chimiste a pu s'exercer avec succès à préparer des corps possédant la structure correspondant aux vertus thérapeutiques qu'il désirait voir apparaître.

Parmi les principaux alcaloïdes naturels, nous mentionnerons :

La *nicotine*, contenue dans le tabac. C'est un poison agissant sur les centres nerveux ;

La *morphine*, que l'on extrait des capsules de pavot. Son chlorhydrate est employé comme calmant. Les sels de morphine sont des poisons ;

La *quinine*, de l'écorce de quinquina ; ses sels (le sulfate notamment) sont des fébrifuges ;

La *strychnine*, qui est un poison dangereux contenu dans la noix vomique. Elle provoque des convulsions tétaniques ;

La *cocaïne* des feuilles de Coca ; c'est l'anesthésique local qui a épargné tant de souffrances et facilité tant d'opérations chirurgicales.

Matières albuminoïdes.

577. Ce sont des matières neutres renfermant de l'azote, du carbone, de l'hydrogène, de l'oxygène et un peu de soufre. Elles sont amorphes, incolores, inodores, insipides. Au contact de l'eau, elles sont susceptibles de se gonfler. La chaleur les coagule et les insolubilise.

Le blanc d'œuf est le type de ces substances.

On connaît des albumines végétales. Le gluten, mélangé à l'amidon dans la farine, en est un exemple.

Certaines substances, comme la peau, la matière organique des os, se transforment, sous l'influence de l'eau surchauffée, en une matière soluble dans l'eau et qui, par refroidissement, forme une gelée. La matière ainsi formée est appelée *gélatine*. Elle est employée dans l'alimentation, dans la fabrication des plaques photographiques, des colles fortes, etc.

TABLE DES MATIÈRES

PREMIÈRE PARTIE

LEÇONS PRÉPARATOIRES

CHAPITRE I

NOTIONS PRÉLIMINAIRES

CHAPITRE II

INITIATION A L'ÉTUDE DES PHÉNOMÈNES CHIMIQUES

CHAPITRE III

PRINCIPES FONDAMENTAUX DE LA CHIMIE

DEUXIÈME PARTIE

MÉTALLOÏDES

CHAPITRE I

GÉNÉRALITÉS SUR LES MÉTALLOÏDES. — HYDROGÈNE

CHAPITRE II

MÉTALLOÏDES DE LA PREMIÈRE FAMILLE

CHAPITRE III

MÉTALLOÏDES DE LA DEUXIÈME FAMILLE

CHAPITRE IV

MÉTALLOÏDES DE LA TROISIÈME FAMILLE

CHAPITRE V

MÉTALLOÏDES DE LA QUATRIÈME FAMILLE

CHAPITRE VI

MÉTALLOÏDE DE LA CINQUIÈME FAMILLE

TROISIÈME PARTIE

MÉTAUX

CHAPITRE I

GÉNÉRALITÉS

CHAPITRE II

MÉTAUX ALCALINS ET MÉTAUX ALCALINO-TERREUX

CHAPITRE III

MÉTAUX USUELS

CHAPITRE IV

MÉTAUX PRÉCIEUX

QUATRIÈME PARTIE

LEÇONS PRÉPARATOIRES

CHAPITRE I

GÉNÉRALITÉS

CHAPITRE II

SÉRIE GRASSE

CHAPITRE III

SÉRIE AROMATIQUE

CHAPITRE IV

ALCALOÏDES ET MATIÈRES ALBUMINOÏDES

Tours. — Imprimerie DESLIS FRÈRES ET Cⁱᵉ.

www.ingramcontent.com/pod-product-compliance
Ingram Content Group UK Ltd.
Pitfield, Milton Keynes, MK11 3LW, UK
UKHW020607230726
13926UKWH00005B/2240